4.2.5 制作旅游摄影书籍封面

4.4 制作投资宝典书籍封面

5.1 制作时尚杂志封面

5.1.5 制作汽车杂志封面

5.2 制作时尚饮食栏目

5.2.5 制作流行服饰栏目

5.3 制作化妆品栏目

5.4 制作新娘杂志封面

6.1 制作手机宣传单

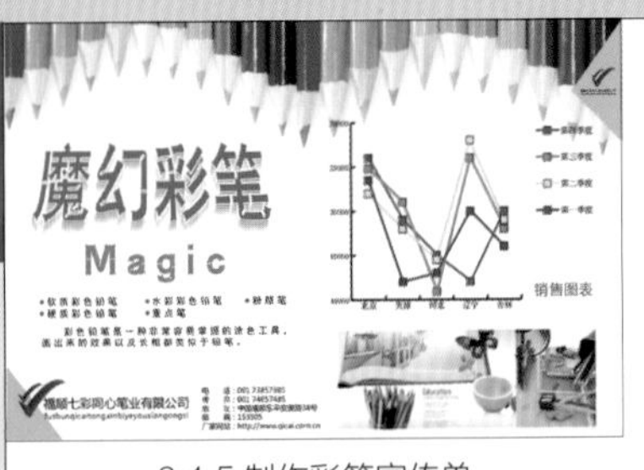

6.1.5 制作彩笔宣传单

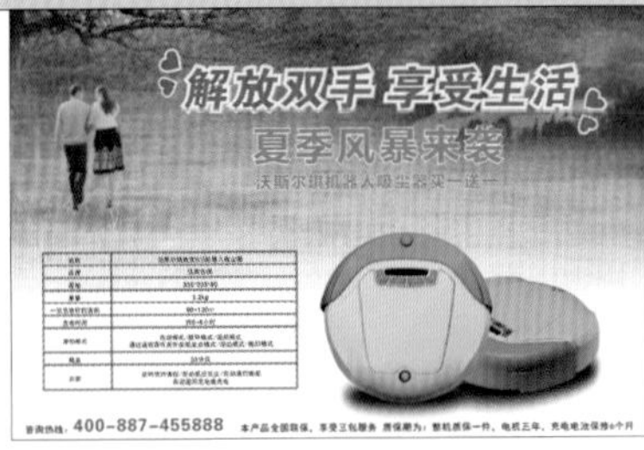

6.2 制作吸尘器宣传单

6.2.5 制作液晶电视宣传单

6.3 制作房地产宣传单

6.4 制作电脑宣传单

7.1 制作啤酒广告

7.1.5 制作茶艺广告

7.2 制作计算机广告

7.3 制作葡萄酒广告

7.4 制作情人节广告

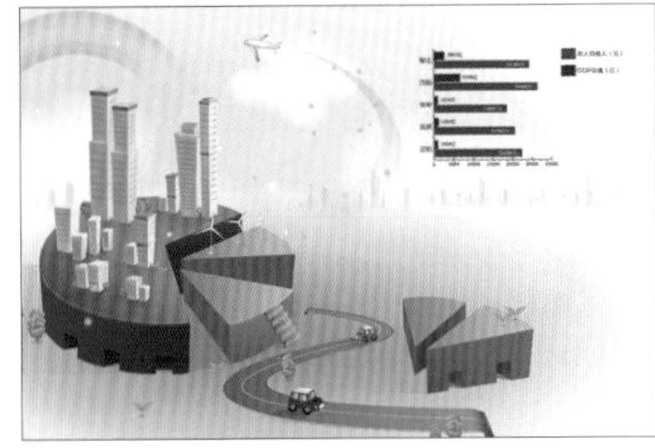
8.4 制作城市商业指数统计表

10.2 制作少儿读物书籍封面

中等职业教育数字艺术类规划教材

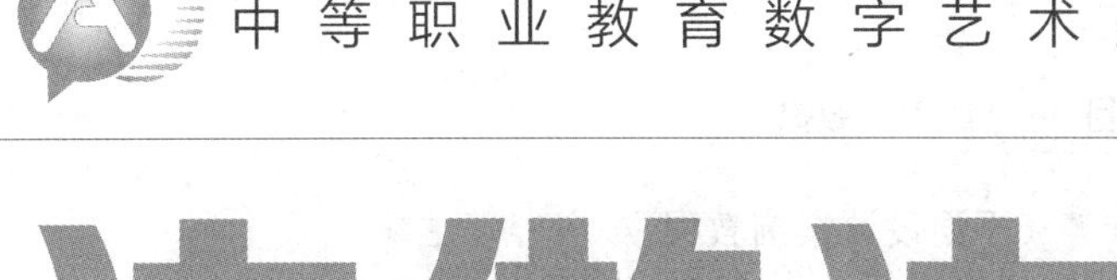

边做边学

Illustrator CS5 平面设计案例教程

房婷婷 主编 郦发仲 副主编

人民邮电出版社
北京

图书在版编目（C I P）数据

Illustrator CS5平面设计案例教程 / 房婷婷主编
. -- 北京 : 人民邮电出版社, 2014.6（2022.6重印）
（边做边学）
中等职业教育数字艺术类规划教材
ISBN 978-7-115-35050-3

Ⅰ. ①I… Ⅱ. ①房… Ⅲ. ①图形软件－中等专业学校－教材 Ⅳ. ①TP391.41

中国版本图书馆CIP数据核字(2014)第051368号

内 容 提 要

本书全面系统地介绍Illustrator CS5 的基本操作方法和矢量图形制作技巧，并对其在平面设计领域的应用进行深入的讲解，包括初识Illustrator CS5、实物的绘制、插画设计、书籍装帧设计、杂志设计、宣传单设计、广告设计、宣传册设计、包装设计、综合设计实训等内容。

本书内容的讲解均以课堂实训案例为主线，通过案例的操作，学生可以快速熟悉案例设计理念。书中的软件相关功能解析部分使学生能够深入学习软件功能；课堂实战演练和课后综合演练，可以拓展学生的实际应用能力，提高学生的软件使用技巧；综合设计实训，可以帮助学生快速地掌握商业图形的设计理念和设计元素，顺利达到实战水平。本书配套光盘中包含了书中所有案例的素材及效果文件，以利于教师授课，学生学习。

本书可作为中等职业学校数字艺术类专业平面设计课程的教材，也可供相关人员学习参考。

◆ 主　　编　房婷婷
副 主 编　郦发仲
责任编辑　王　平
责任印制　杨林杰

◆ 人民邮电出版社出版发行　　北京市丰台区成寿寺路 11 号
邮编　100164　　电子邮件　315@ptpress.com.cn
网址　https://www.ptpress.com.cn
涿州市京南印刷厂印刷

◆ 开本：787×1092　1/16　　彩插：1
印张：14　　2014 年 6 月第 1 版
字数：361 千字　　2022 年 6 月河北第 19 次印刷

定价：39.80 元（附光盘）

读者服务热线：(010) 81055256　印装质量热线：(010) 81055316
反盗版热线：(010) 81055315
广告经营许可证：京东市监广登字 20170147 号

前　　言

Illustrator 是由 Adobe 公司开发的矢量图形处理和编辑软件。它功能强大、易学易用，已经成为平面设计领域最流行的软件之一。目前，我国很多中等职业学校的数字艺术类专业，都将 Illustrator 列为一门重要的专业课程。为了帮助中等职业学校的教师全面、系统地讲授这门课程，使学生能够熟练地使用 Illustrator 来进行设计创意，我们几位长期在职业学校从事 Illustrator 教学的教师与专业平面设计公司经验丰富的设计师合作，共同编写了本书。

根据现代职业学校的教学方向和教学特色，我们对本书的编写体系做了精心的设计。全书根据 Illustrator 在设计领域的应用方向来布置分章，每章按照"课堂实训案例—软件相关功能—课堂实战演练—课后综合演练"这一思路进行编排，力求通过课堂实训案例，使学生快速熟悉艺术设计理念和软件功能；通过软件相关功能解析，使学生深入学习软件功能和制作特色；通过课堂实战演练和课后综合演练，拓展学生的实际应用能力。

在内容编写方面，我们力求细致全面、重点突出；在文字叙述方面，我们注意言简意赅、通俗易懂；在案例选取方面，我们强调案例的针对性和实用性。

本书配套光盘中包含了书中所有案例的素材及效果文件。另外，为方便教师教学，本书还配备了详尽的课堂实战演练和课后综合演练的操作步骤文稿、PPT 课件、教学大纲、商业实训案例文件等丰富的教学资源，任课教师可登录人民邮电出版社教学服务与资源网（www.ptpedu.com.cn）免费下载使用。本书的参考学时为 45 学时，各章的参考学时参见下面的学时分配表。

章	课 程 内 容	课 时 分 配
第 1 章	初识 Illustrator CS5	2
第 2 章	实物的绘制	5
第 3 章	插画设计	6
第 4 章	书籍装帧设计	5
第 5 章	杂志设计	4
第 6 章	宣传单设计	5
第 7 章	广告设计	3
第 8 章	宣传册设计	4
第 9 章	包装设计	6
第 10 章	综合设计实训	5
课时总计		45

本书由房婷婷任主编，郦发仲任副主编，参与本书编写工作的还有周志平、葛润平、张旭、吕娜、孟娜、张敏娜、张丽丽、邓雯、薛正鹏、王攀、陶玉、陈东生、周亚宁、程磊等。

由于编者水平有限，书中难免存在错误和不妥之处，敬请广大读者批评指正。

编　者

2014 年 2 月

目　录

第 1 章　初识 Illustrator CS5

第 2 章　实物的绘制

第 6 章 宣传单设计

第 7 章 广告设计

第 8 章 宣传册设计

第 9 章 包装设计

第 10 章 综合设计实训

第1章 初识 Illustrator CS5

Illustrator 是由 Adobe 公司开发的矢量图形处理和编辑软件。本章详细讲解 Illustrator CS5 的基础知识和基本操作。读者通过学习，要对 Illustrator CS5 有初步的认识和了解，并能够掌握软件的基本操作方法，为以后的学习打下一个坚实的基础。

课堂学习目标

- 掌握工作界面的基本操作
- 掌握设置文件的基本方法
- 掌握图像的基本操作方法

1.1 界面操作

1.1.1 【操作目的】

通过打开文件和取消编组熟悉菜单栏的操作，通过选取图形掌握工具箱中工具的使用方法，通过改变图形的颜色掌握控制面板的使用方法。

1.1.2 【操作步骤】

步骤 1 打开 Illustrator 软件，选择“文件 > 打开”命令，弹出“打开”对话框。选择光盘中的“Ch01 > 01”文件，单击“打开”按钮，打开文件，如图 1-1 所示，显示 Illustrator 的软件界面。

图 1-1

步骤 2 选择左侧工具箱中的“选择”工具，单击选取左下角的文字和图形，如图 1-2 所示。按 Ctrl+C 组合键复制文字和图形。按 Ctrl+N 组合键，弹出“新建文档”对话框，选项的设置如图 1-3 所示，单击“确定”按钮，新建文件。按 Ctrl+V 组合键将复制的文字和图形粘贴到页面中，如图 1-4 所示。

图 1-2

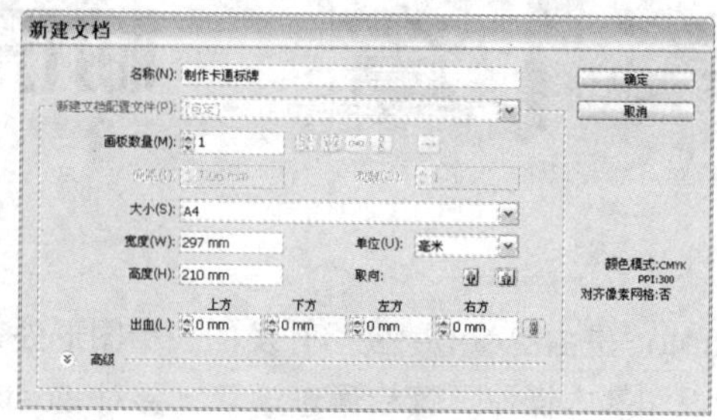

图 1-3

图 1-4

步骤 3 在上方的菜单栏中选择“对象 > 取消编组”命令，取消对象的编组状态。选择“选择”工具，选取图形上方的文字，如图 1-5 所示。单击绘图窗口右侧的“色板”按钮，弹出“色板”面板，单击选择需要的颜色，如图 1-6 所示，文字效果如图 1-7 所示。

图 1-5

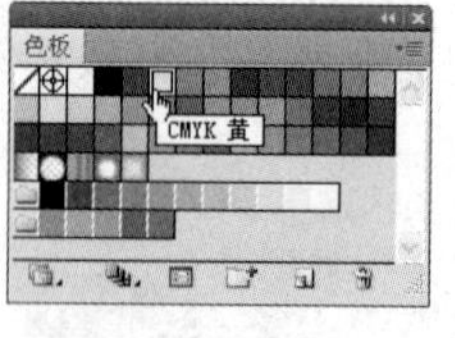

图 1-6

图 1-7

步骤 4 按 Ctrl+S 组合键，弹出“存储为”对话框，设置保存文件的名称、路径和类型，单击“保存”按钮保存文件。

1.1.3 【相关工具】

1. 界面介绍

Illustrator CS5 的工作界面主要由标题栏、菜单栏、工具箱、工具属性栏、控制面板、页面区

域、滚动条、状态栏等部分组成，如图 1-8 所示。

图 1-8

标题栏：标题栏左侧是当前运行程序的图标，右侧是控制窗口的按钮。

菜单栏：包括 Illustrator CS5 中所有的操作命令，主要包括 9 个主菜单，每一个菜单又包括各自的子菜单，通过选择这些命令可以完成基本操作。

工具箱：包括 Illustrator CS5 中所有的工具，大部分工具还有其展开式工具栏，其中包括了与该工具功能相类似的工具，可以更方便、快捷地进行绘图与编辑。

工具属性栏：当选择工具箱中的一个工具后，会在 Illustrator CS5 的工作界面中出现该工具的属性栏。

控制面板：使用控制面板可以快速调出许多设置数值和调节功能的对话框，它是 Illustrator CS5 中最重要的组件之一。控制面板是可以折叠的，可根据需要分离或组合，具有很大的灵活性。

页面区域：指在工作界面的中间以黑色实线表示的矩形区域，这个区域的大小就是用户设置的页面大小。

滚动条：当屏幕内不能完全显示出整个文档的时候，通过对滚动条的拖曳来实现对整个文档的全部浏览。

状态栏：显示当前文档视图的显示比例，当前正使用的工具、时间和日期等信息。

2. 菜单栏及其快捷方式

熟练地使用菜单栏能够快速有效地绘制和编辑图像，达到事半功倍的效果，下面详细介绍菜单栏。

Illustrator CS5 中的菜单栏包含“文件”、“编辑”、“对象”、“文字”、“选择”、“效果”、“视图”、“窗口”和“帮助”共 9 个菜单，如图 1-9 所示。每个菜单里又包含相应的子菜单。

文件(F)　编辑(E)　对象(O)　文字(T)　选择(S)　效果(C)　视图(V)　窗口(W)　帮助(H)

图 1-9

每个下拉菜单的左边是命令的名称，在经常使用的命令右边是该命令的快捷组合键，要执行该命令，可以直接按下键盘上的快捷组合键，这样可以提高操作速度。例如，“选择 > 全部”命

令的快捷组合键为 Ctrl+A。

有些命令的右边有一个黑色的三角形▶，表示该命令还有相应的子菜单，用鼠标单击三角形▶，即可弹出其子菜单。有些命令的后面有省略号 ···，表示用鼠标单击该命令可以弹出相应对话框，在对话框中可进行更详尽的设置。有些命令呈灰色，表示该命令在当前状态下为不可用，需要选中相应的对象或在合适的设置时，该命令才会变为黑色，即可用状态。

3. 工具箱

Illustrator CS5 的工具箱内包括了大量具有强大功能的工具，这些工具可以使用户在绘制和编辑图像的过程中制作出更加精彩的效果。工具箱如图 1-10 所示。

工具箱中部分工具按钮的右下角带有一个黑色三角形，表示该工具还有展开工具组，用鼠标按住该工具不放，即可弹出展开工具组。例如，用鼠标按住文字工具 T，将展开文字工具组，如图 1-11 所示。用鼠标单击文字工具组右边的黑色三角形，如图 1-12 所示，文字工具组就从工具箱中分离出来，成为一个相对独立的工具栏，如图 1-13 所示。

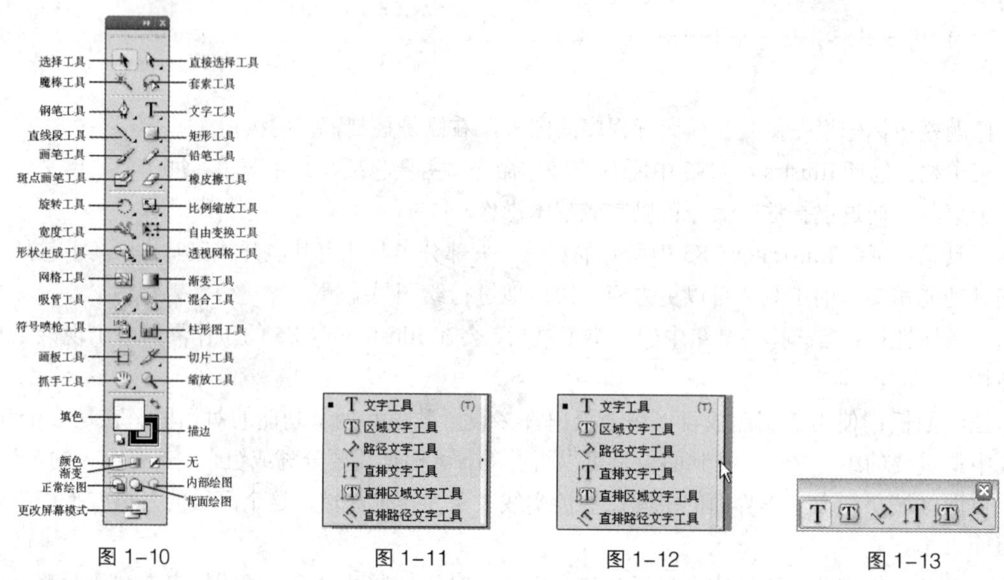

图 1-10　　图 1-11　　图 1-12　　图 1-13

下面分别介绍各个展开式工具组。

直接选择工具组：包括 2 个工具，即直接选择工具和编组选择工具，如图 1-14 所示。

钢笔工具组：包括 4 个工具，即钢笔工具、添加锚点工具、删除锚点工具和转换锚点工具，如图 1-15 所示。

文字工具组：包括 6 个工具，即文字工具、区域文字工具、路径文字工具、直排文字工具、直排区域文字工具和直排路径文字工具，如图 1-16 所示。

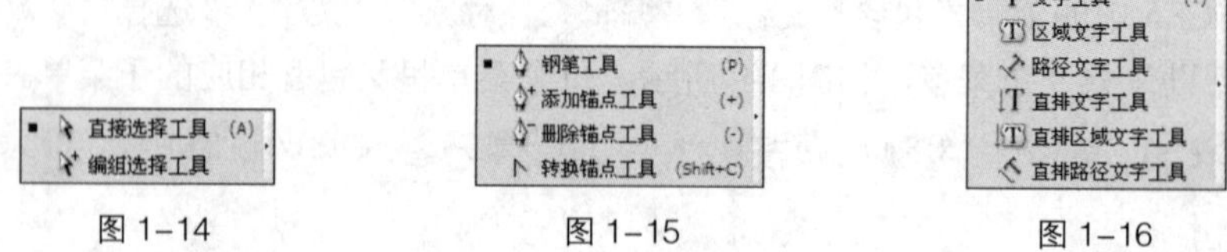

图 1-14　　图 1-15　　图 1-16

直线段工具组：包括 5 个工具，即直线段工具、弧形工具、螺旋线工具、矩形网格工具和极坐标网格工具，如图 1-17 所示。

矩形工具组：包括 6 个工具，即矩形工具、圆角矩形工具、椭圆工具、多边形工具、星形工具和光晕工具，如图 1-18 所示。

铅笔工具组：包括 3 个工具，即铅笔工具、平滑工具和路径橡皮擦工具，如图 1-19 所示。

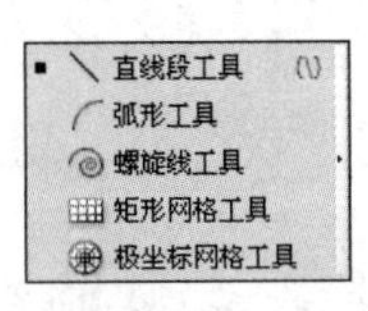

图 1–17

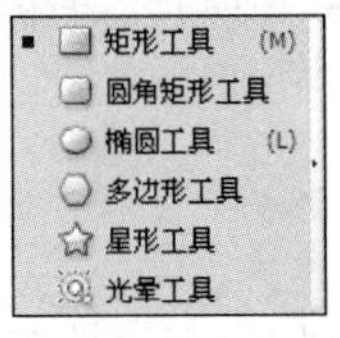

图 1–18

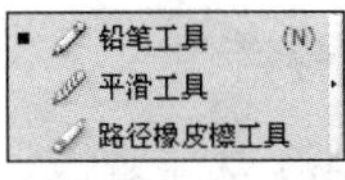

图 1–19

旋转工具组：包括 2 个工具，即旋转工具和镜像工具，如图 1-20 所示。

比例缩放工具组：包括 3 个工具，即比例缩放工具、倾斜工具和整形工具，如图 1-21 所示。

宽度工具组：包括 8 个工具，即宽度工具、变形工具、旋转扭曲工具、缩拢工具、膨胀工具、扇贝工具、晶格化工具和皱褶工具，如图 1-22 所示。

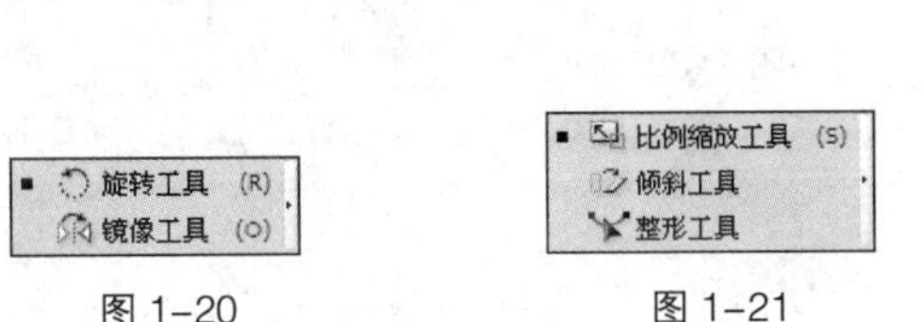

图 1–20

图 1–21

宽度工具 (Shift+W)
变形工具 (Shift+R)
旋转扭曲工具
缩拢工具
膨胀工具
扇贝工具
晶格化工具
皱褶工具

图 1–22

符号喷枪工具组：包括 8 个工具，即符号喷枪工具、符号移位器工具、符号紧缩器工具、符号缩放器工具、符号旋转器工具、符号着色器工具、符号滤色器工具和符号样式器工具，如图 1-23 所示。

柱形图工具组：包括 9 个工具，即柱形图工具、堆积柱形图工具、条形图工具、堆积条形图工具、折线图工具、面积图工具、散点图工具、饼图工具和雷达图工具，如图 1-24 所示。

吸管工具组：包括 2 个工具，即吸管工具和度量工具，如图 1-25 所示。

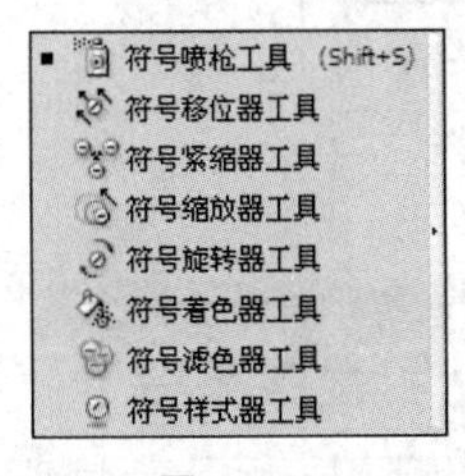

图 1–23

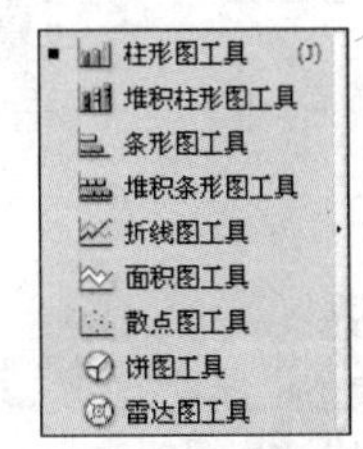

图 1–24

图 1–25

切片工具组：包括 2 个工具，即切片工具和切片选择工具，如图 1-26 所示。

橡皮擦工具组：包括 3 个工具，即橡皮擦工具、剪刀工具和美工刀工具，如图 1-27 所示。

抓手工具组：包括 2 个工具，即抓手工具和打印拼贴工具，如图 1-28 所示。

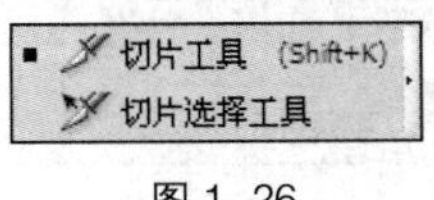

图 1–26

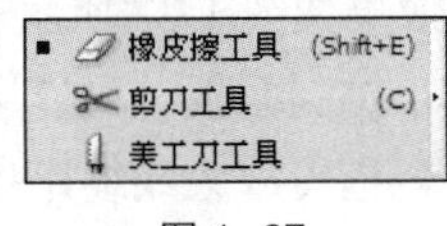

图 1–27

图 1–28

形状生成器工具组：包括 3 个工具，即形状生成器工具、实时上色工具和实时上色选择工具，如图 1-29 所示。

透视网格工具组：包括 2 个工具，即透视网格工具和透视选区工具，如图 1-30 所示。

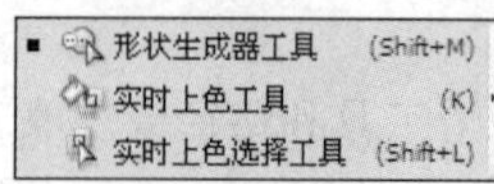

图 1–29

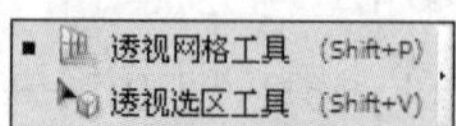

图 1–30

4. 工具属性栏

Illustrator CS5 的工具属性栏可以快捷应用与所选对象相关的选项，它根据所选工具和对象的不同来显示不同的选项，包括画笔、描边、样式等多个控制面板的功能。

选择路径对象的锚点后，工具属性栏如图 1-31 所示。选择“文字”工具 T 后，工具属性栏如图 1-32 所示。

图 1–31

图 1–32

5. 控制面板

Illustrator CS5 的控制面板位于工作界面的右侧，它包括许多实用、快捷的工具和命令。随着 Illustrator CS5 功能的不断增强，控制面板也相应地不断改进使之更加合理，为用户绘制和编辑图像带来了更大的方便。控制面板以组的形式出现，图 1-33 所示为其中的一组控制面板。

用鼠标选中并按住“色板”控制面板的标题不放，如图 1-34 所示，向页面中拖曳，如图 1-35 所示。拖曳到控制面板组外时，释放鼠标左键，将形成独立的控制面板，如图 1-36 所示。

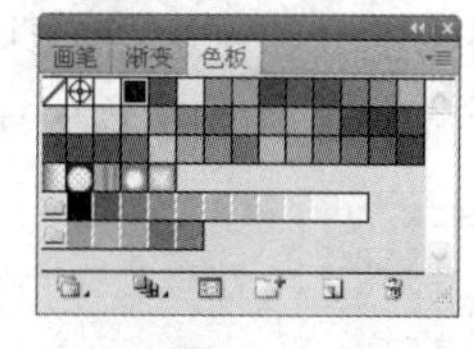

图 1–33

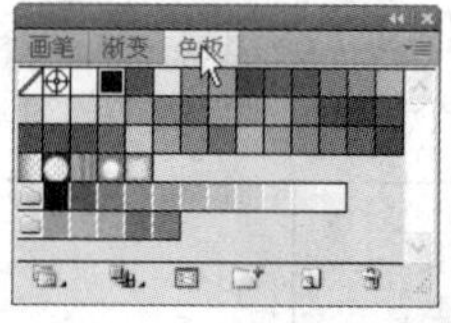

图 1–34

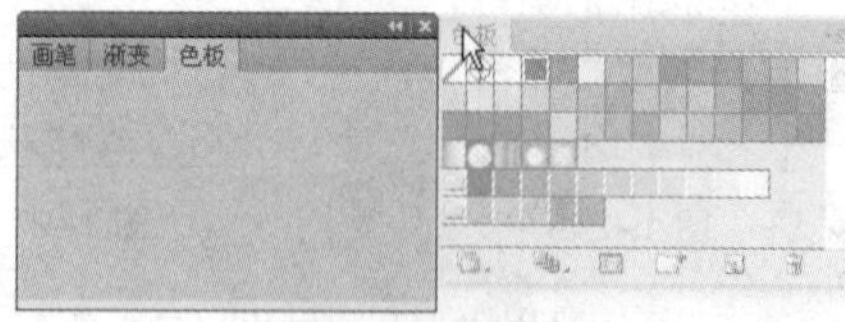

图 1–35

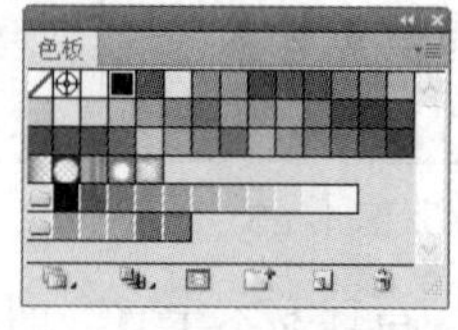

图 1–36

用鼠标单击控制面板右上角的折叠图标按钮◀◀和展开面板按钮▶▶来折叠或展开控制面板，效果如图 1-37 所示。控制面板右下角的图标用于放大或缩小控制面板，可以用鼠标单击图标，并按住鼠标左键不放，拖曳放大或缩小控制面板。

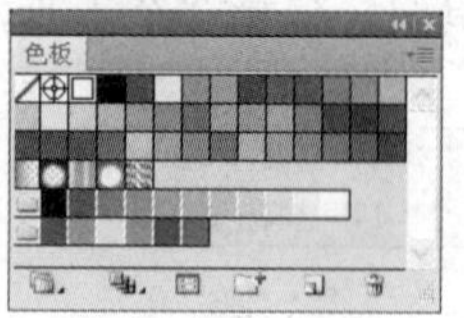

图 1–37

绘制图形图像时，经常需要选择不同的选项和数值，可

以通过控制面板来直接操作。通过选择“窗口”菜单中的各个命令可以显示或隐藏控制面板。这样可省去反复选择命令或关闭窗口的麻烦。控制面板为设置数值和修改命令提供了一个方便快捷的平台，使软件的交互性更强。

6. 状态栏

状态栏在工作界面的最下面，包括 3 个部分：左边的百分比表示的是当前文档的显示比例；中间的弹出式菜单可显示当前使用的工具，当前的日期、时间，文件操作的还原次数以及文档配置文件；右边是滚动条，当绘制的图像过大不能完全显示时，可以通过拖曳滚动条浏览整个图像，如图 1-38 所示。

图 1–38

1.2 文件设置

1.2.1 【操作目的】

通过打开效果熟练掌握打开命令，通过复制文件熟练掌握新建命令，通过关闭新建文件掌握保存和关闭命令。

1.2.2 【操作步骤】

步骤 1 打开 Illustrator 软件，选择“文件 > 打开”命令，弹出“打开”对话框，如图 1-39 所示。选择光盘中的“Ch01 > 03”文件，单击“打开”按钮，打开素材文件，效果如图 1-40 所示。

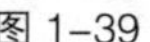

图 1–39

图 1–40

步骤 2 按 Ctrl+A 组合键全选图形，如图 1-41 所示。按 Ctrl+C 组合键复制图形。选择“文件 > 新建”命令，弹出“新建文档”对话框，选项的设置如图 1-42 所示，单击“确定”按钮，新建一个页面。

图 1-41

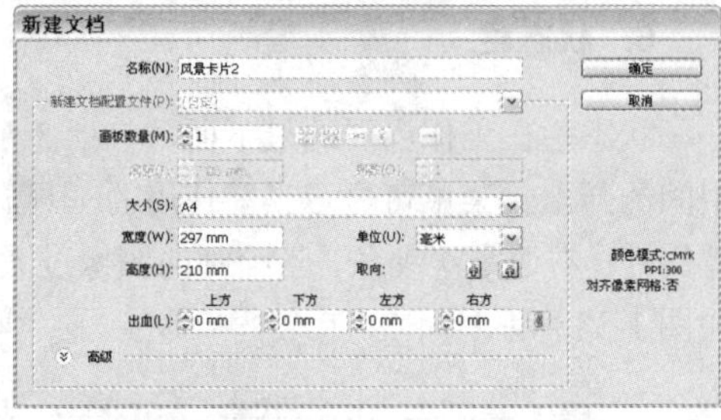

图 1-42

步骤 3 按 Ctrl+V 组合键粘贴图形到新建的页面中，并将其拖曳到适当的位置，如图 1-43 所示。单击绘图窗口右上角的☒按钮，弹出提示对话框，如图 1-44 所示。单击“是”按钮，弹出“存储为”对话框，选项的设置如图 1-45 所示。单击“保存”按钮，弹出“Illustrator 选项”对话框，选项的设置如图 1-46 所示，单击“确定”按钮保存文件。

图 1-43

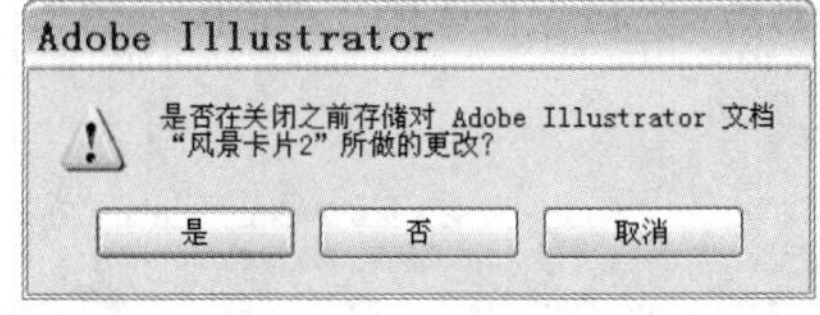

图 1-44

图 1-45

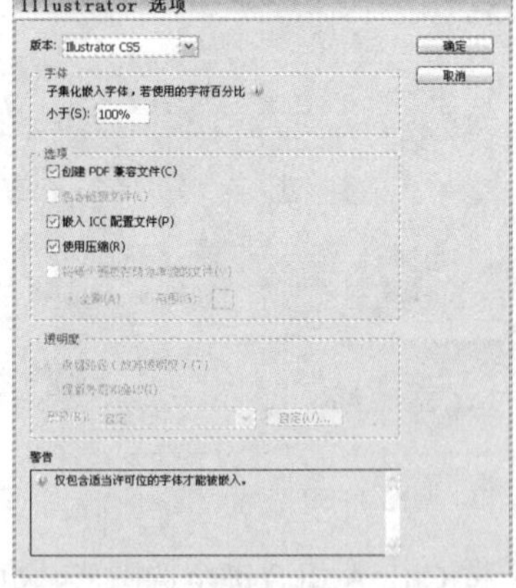

图 1-46

步骤 4 再次单击绘图窗口右上角的☒按钮，关闭打开的“风景卡片”文件。单击标题栏右侧的“关闭”按钮，可关闭软件。

1.2.3 【相关工具】

1. 新建文件

选择“文件 > 新建”命令（组合键为 Ctrl+N），弹出“新建文档”对话框，如图 1-47 所示。设置相应的选项后，单击“确定”按钮，即可建立一个新的文档。

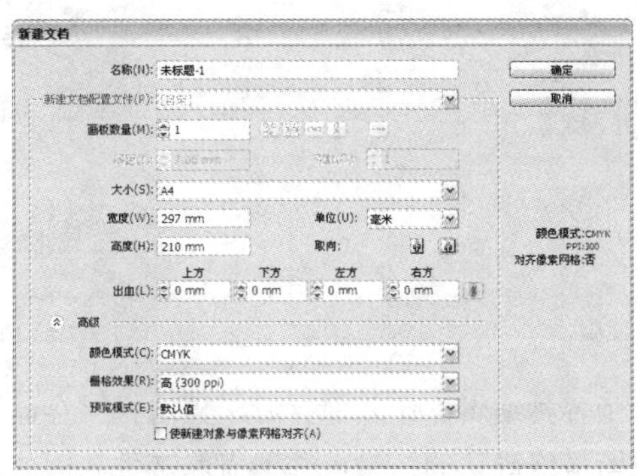

图 1–47

“名称”选项：可以在选项中输入新建文件的名称，默认状态下为“未标题-1”。

“新建文档配置文件”选项：主要是基于所需的输出文件来选择新的文档配置以启动新文档。其中包括“打印”、“Web”、“移动设备”、“视频和胶片”、“基本 CMYK”、“基本 RGB”和“Flash Catalyst”，每种配置都包含大小、颜色模式、单位、方向、透明度以及分辨率的预设值。

“画板数量”选项：画板表示可以包含可打印图稿的区域。可以设置画板的数量及排列方式，每个文档可以有 1~100 个画板。默认状态下为 1 个画板。

“间距”和“列数”选项：设置多个画板之间的间距和列数。

“大小”选项：可以在下拉列表中选择系统预先设置的文件尺寸，也可以在右边的“宽度”和“高度”选项中自定义文件尺寸。

“宽度”和“高度”选项：用于设置文件的宽度和高度的数值。

“单位”选项：设置文件所采用的单位，默认状态下为“毫米”。

“取向”选项：用于设置新建页面竖向或横向排列。

“出血”选项：用于设置文档中上方、下方、左方、右方出血标志的位置。可以设置的最大出血值为 72 点，最小出血值为 0 点。

“颜色模式”选项：用于设置新建文件的颜色模式。

“栅格效果”选项：设置最终图像的分辨率。

“预览模式”选项：设置图片的预览模式，可以选择默认值、像素或叠印预览模式。

2. 打开文件

选择“文件 > 打开”命令（组合键为 Ctrl+O），弹出“打开”对话框，如图 1-48 所示。在“查找范围”选项框中选择要打开的文件，单击“打开”按钮，即可打开选择的文件。

3. 保存文件

当用户第一次保存文件时，选择“文件 > 存储”命令（组合键为 Ctrl+S），弹出“存储为”

对话框，如图 1-49 所示。在对话框中输入要保存文件的名称，设置保存文件的路径、类型。设置完成后，单击“保存”按钮，即可保存文件。

图 1-48

图 1-49

当用户对图形文件进行了各种编辑操作并保存后，再选择“存储”命令时，将不弹出“存储为”对话框，计算机直接保留最终确认的结果，并覆盖原文件。因此，在未确定要放弃原始文件之前，应慎用此命令。

若既要保留修改过的文件，又不想放弃原文件，则可以用“存储为”命令。选择“文件 > 存储为”命令（组合键为 Shift +Ctrl+S），弹出“存储为”对话框，在对话框中可以为修改过的文件重新命名，并设置文件的路径和类型。设置完成后，单击“保存”按钮，原文件依旧保留不变，修改过的文件被另存为一个新的文件。

4. 关闭文件

选择“文件 > 关闭”命令（组合键为 Ctrl+W），如图 1-50 所示，可将当前文件关闭。“关闭”命令只有当有文件被打开时才呈现为可用状态。

也可单击绘图窗口右上角的☒按钮来关闭文件，若当前文件被修改过或是新建的文件，那么在关闭文件的时候系统就会弹出一个提示框，如图 1-51 所示。单击“是”按钮可先保存文件再关闭文件，单击“否”按钮即不保存文件的更改而直接关闭文件，单击“取消”按钮即取消关闭文件操作。

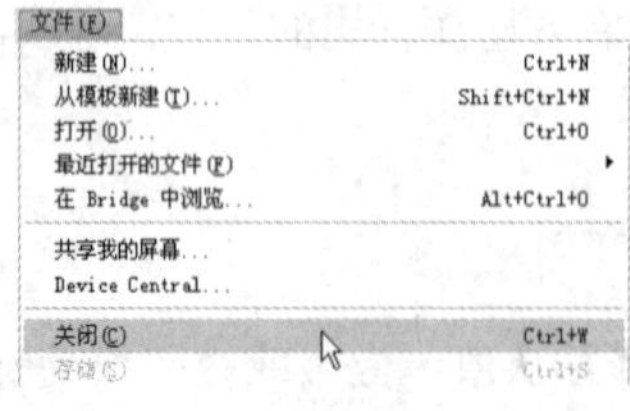

图 1-50

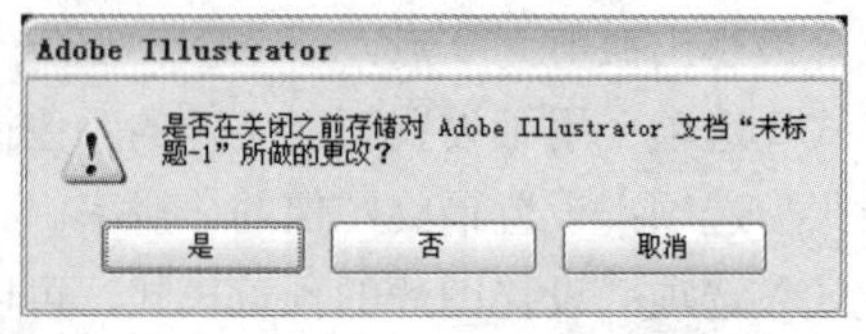

图 1-51

1.3 图像操作

1.3.1 【操作目的】

通过将窗口层叠显示命令掌握窗口排列的方法，通过缩小文件掌握图像的显示方式，通过在轮廓中删除不需要的图形掌握图像视图模式的切换方法。

1.3.2 【操作步骤】

步骤 1 打开光盘中的“Ch01 > 04”文件，如图 1-52 所示。新建 3 个文件，并分别将仙鹤、太阳和房子图片复制到新建的文件中，如图 1-53 和图 1-54 所示。

图 1-52

图 1-53

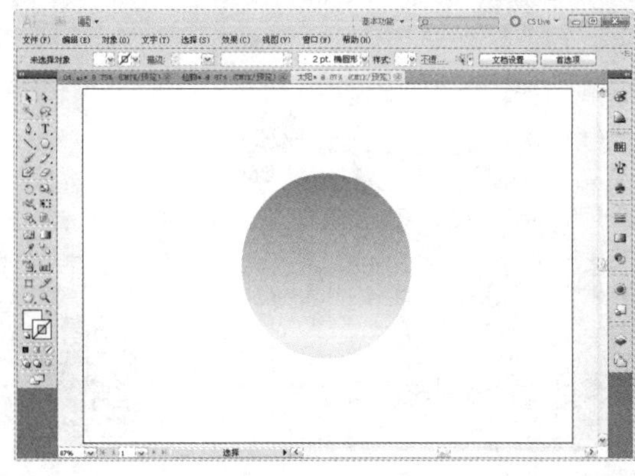

图 1-54

步骤 2 选择“窗口 > 排列 > 平铺”命令，可将 4 个窗口在软件中平铺显示，如图 1-55 所示。单击“04”窗口的标题栏，将窗口显示在前面，如图 1-56 所示。

图 1-55

图 1-56

步骤 3 选择“缩放”工具，在绘图页面中单击，使页面放大，如图 1-57 所示。按住 Alt 键的同时，多次单击直到页面的大小适当，如图 1-58 所示。

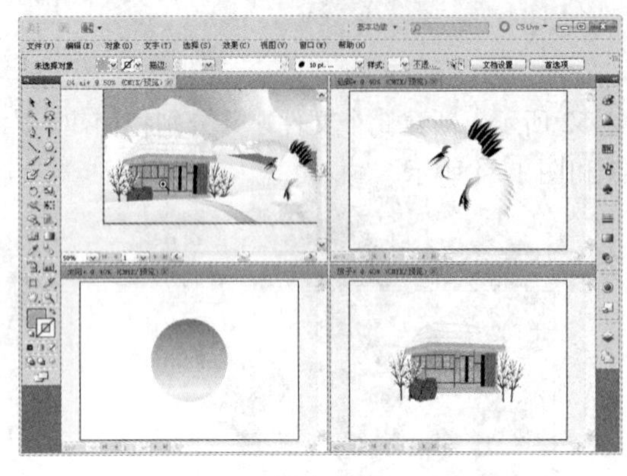

图 1–57

图 1–58

步骤 4 选择“窗口 > 排列 > 合并所有窗口”命令，将 4 个窗口在软件中合并。单击“仙鹤”窗口的标题栏，将窗口显示在前面，如图 1-59 所示。双击“抓手”工具，将图像调整为适合窗口大小的显示，如图 1-60 所示。

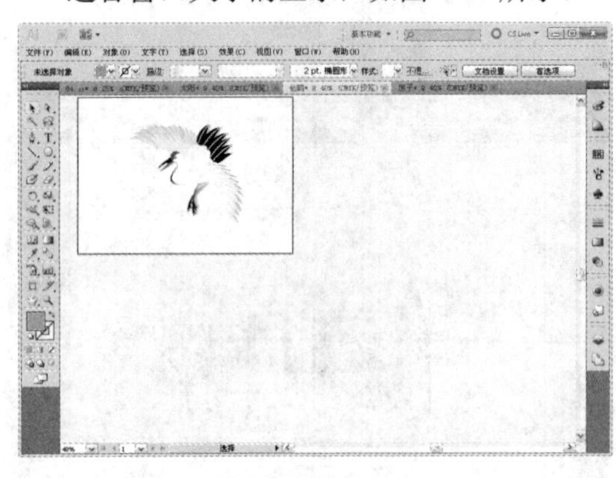

图 1–59

图 1–60

步骤 5 选择“视图 > 轮廓”命令，绘图页面显示图形的轮廓，如图 1-61 所示。选取图形的轮廓，取消编组并删除不需要的图形轮廓，如图 1-62 所示。

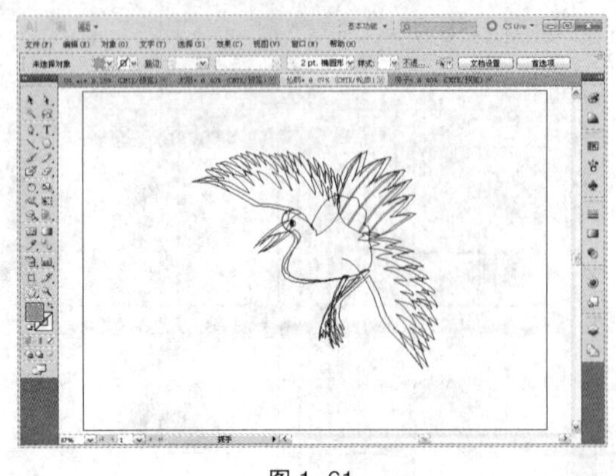

图 1–61

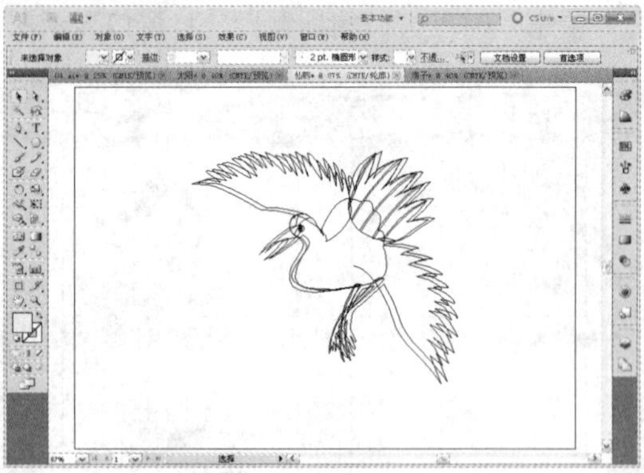

图 1–62

步骤 6 选择“视图 > 预览”命令，绘图页面显示预览效果，如图 1-63 所示。将复制的效果分别保存到需要的文件夹中。

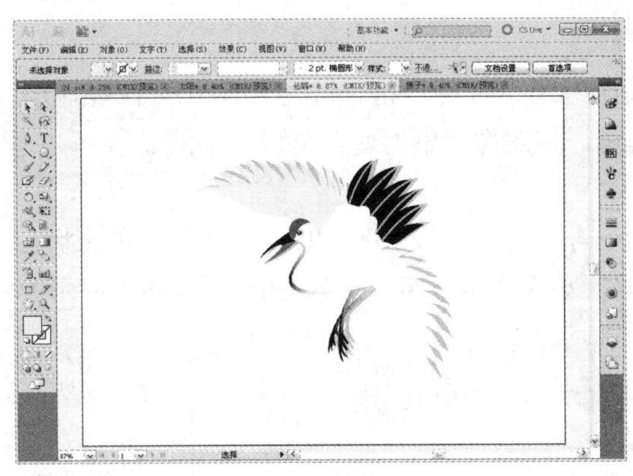

图 1-63

1.3.3 【相关工具】

1. 图像的视图模式

Illustrator CS5 包括 4 种视图模式，即“预览”、“轮廓”、“叠印预览”和“像素预览”，绘制图像的时候，可根据不同的需要选择不同的视图模式。

“预览”模式是系统默认的模式，图像显示效果如图 1-64 所示。

“轮廓”模式隐藏了图像的颜色信息，用线框轮廓来表现图像。这样在绘制图像时有很高的灵活性，可以根据需要，单独查看轮廓线，大大地节省了图像运算的速度，提高了工作效率。“轮廓”模式的图像显示效果如图 1-65 所示。如果当前图像为其他模式，选择“视图 > 轮廓”命令（组合键为 Ctrl+Y），将切换到“轮廓”模式，再选择“视图 > 预览”命令（组合键为 Ctrl+Y），将切换到“预览”模式。

“叠印预览”可以显示接近油墨混合的效果，如图 1-66 所示。如果当前图像为其他模式，选择“视图 > 叠印预览”命令（组合键为 Alt +Shift+Ctrl+Y），将切换到“叠印预览”模式。

“像素预览”可以将绘制的矢量图像转换为位图显示，这样可以有效控制图像的精确度和尺寸等。转换后的图像在放大时会看见排列在一起的像素点，如图 1-67 所示。如果当前图像为其他模式，选择“视图 > 像素预览”命令（组合键为 Alt +Ctrl+Y），将切换到“像素预览”模式。

图 1-64

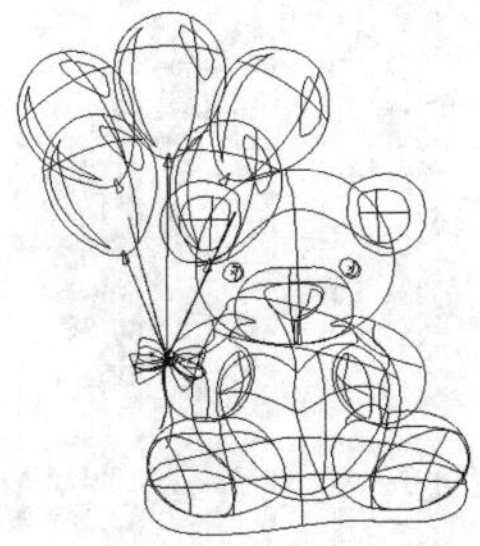

图 1-65

图 1-66

图 1-67

2. 图像的显示方式

◎ 适合窗口大小显示图像

绘制图像时，可以选择“适合窗口大小”命令来显示图像，这时图像就会最大限度地显示在工作界面中并保持其完整性。

选择“视图 > 适合窗口大小”命令（组合键为 Ctrl+0），图像显示的效果如图 1-68 所示。也可以用鼠标双击手形工具，将图像调整为适合窗口大小的显示。

◎ 显示图像的实际大小

选择“实际大小”命令可以将图像按 100%的效果显示，在此状态下可以对文件进行精确的编辑。选择“视图 > 实际大小”命令（组合键为 Ctrl+1），图像显示的效果如图 1-69 所示。

图 1–68

图 1–69

◎ 放大显示图像

选择“视图 > 放大”命令（组合键为 Ctrl++），每选择一次“放大”命令，页面内的图像就会被放大一级。例如，图像以 100%的比例显示在屏幕上，选择“放大”命令一次，则变成 150%，再选择一次，即变成 200%，放大的效果如图 1-70 所示。

也可使用缩放工具放大显示图像。选择“缩放”工具，在页面中鼠标指针会自动变为放大镜，每单击一次鼠标左键，图像就会放大一级。例如，图像以 100%的比例显示在屏幕上，单击鼠标一次，则变成 150%，放大的效果如图 1-71 所示。

提 示 如果当前在使用其他工具，若要切换到缩放工具，按住 Ctrl+Spacebar（空格）组合键即可。

图 1–70

图 1–71

若对图像的局部区域放大，先选择“缩放”工具，然后把“缩放”工具定位在要放大的区域外，按住鼠标左键并拖曳鼠标，使鼠标画出的矩形框圈选所需的区域，如图 1-72 所示，然后释放鼠标左键，这个区域就会放大显示并填满图像窗口，如图 1-73 所示。

图 1–72

图 1–73

也可使用状态栏放大显示图像。在状态栏中的百分比数值框中直接输入需要放大的百分比数值，按 Enter 键即可执行放大操作。

还可使用“导航器”控制面板放大显示图像。单击面板右下角较大的三角图标，可逐级地放大图像。拖拉三角形滑块可以自由将图像放大。在左下角百分比数值框中直接输入数值后，按 Enter 键也可以将图像放大，如图 1-74 所示。

图 1–74

提　示　放大图像后，选择“抓手”工具，当图像中鼠标指针变为手形，按住鼠标左键在放大的图像中拖曳鼠标，可以观察图像的每个部分。如果正在使用其他的工具进行操作，按住 Space（空格）键，可以转换为手形工具。

◎ **缩小显示图像**

选择“视图 > 缩小”命令，每选择一次“缩小”命令，页面内的图像就会被缩小一级（也可连续按 Ctrl+-组合键），效果如图 1-75 所示。

也可使用缩小工具缩小显示图像。选择“缩放”工具，在页面中鼠标指针会自动变为放大镜图标，按住 Alt 键，则屏幕上的图标变为缩小工具图标。按住 Alt 键不放，用鼠标单击图像一次，图像就会缩小显示一级。

提　示 在使用其他工具时，若切换到缩小工具，按住 Alt+Ctrl+Spacebar（空格）组合键即可。

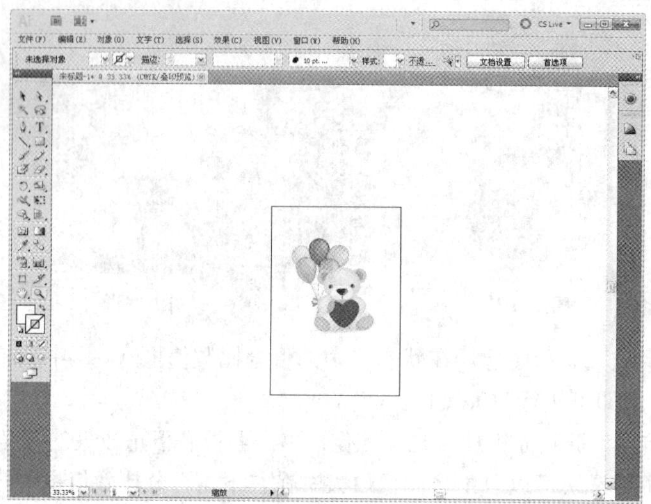

图 1-75

也可使用状态栏命令缩小显示图像。在状态栏中的百分比数值框 50% 中直接输入需要缩小的百分比数值，按 Enter 键即可执行缩小操作。

还可使用“导航器”控制面板缩小显示图像。单击面板左下角较小的三角图标，可逐级地缩小图像，拖拉三角形滑块可以任意将图像缩小。在左下角百分比数值框中直接输入数值后，按 Enter 键也可以将图像缩小。

◎ **全屏显示图像**

全屏显示图像，可以更好地观察图像的完整效果。全屏显示图像有以下几种方法。

单击工具箱下方的屏幕模式转换按钮，可以在 3 种模式之间相互转换，即正常屏幕模式、带有菜单栏的全屏模式和全屏模式。反复按 F 键，也可切换不同的屏幕显示模式。

正常屏幕模式：如图 1-76 所示，这种屏幕显示模式包括标题栏、菜单栏、工具箱、工具属性栏、控制面板、状态栏和打开文件的标题栏。

带有菜单栏的全屏模式：如图 1-77 所示，这种屏幕显示模式包括菜单栏、工具箱、工具属性栏和控制面板。

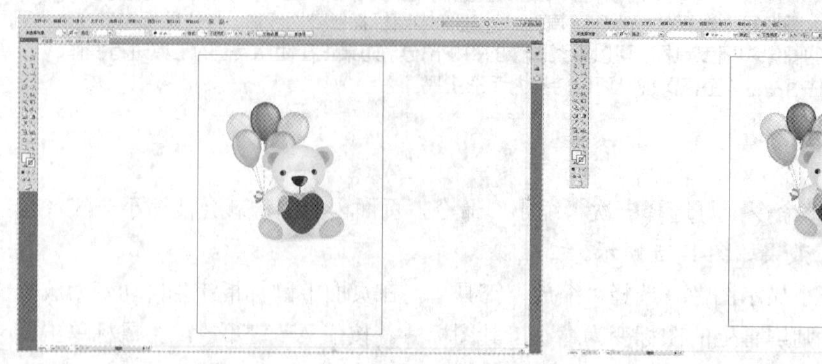

图 1-76　　图 1-77

全屏模式：如图 1-78 所示，这种屏幕只显示页面。按 Tab 键，可以调出菜单栏、工具箱、工具属性栏和控制面板，效果如图 1-79 所示。

图 1-78

图 1-79

3. 窗口的排列方法

当用户打开多个文件时，屏幕会出现多个图像文件窗口，这就需要对窗口进行布置和摆放。下面将介绍对窗口进行布置和摆放的方法和技巧。

选择“窗口 > 排列 > 全部在窗口中浮动”或“窗口 > 排列 > 平铺”命令，图像的效果如图 1-80 和图 1-81 所示。

图 1-80

图 1-81

4. 标尺、参考线和网格的设置和使用

Illustrator CS5 提供了标尺、参考线和网格等工具，利用这些工具可以帮助用户对所绘制和编辑的图形图像精确地定位，还可测量图形图像的准确尺寸。

◎ 标尺

选择“视图 > 标尺 > 显示标尺”命令（组合键为 Ctrl+R），显示出标尺，效果如图 1-82 所示。如果要将标尺隐藏，可以选择“视图 > 标尺 > 隐藏标尺”命令（组合键为 Ctrl+R），将标尺隐藏。

如果需要设置标尺的显示单位，选择“编辑 > 首选项 > 单位”命令，弹出“首选项”对话框，如图 1-83 所示，可以在“常规”选项的下拉列表中设置标尺的显示单位。

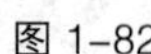

图 1-82

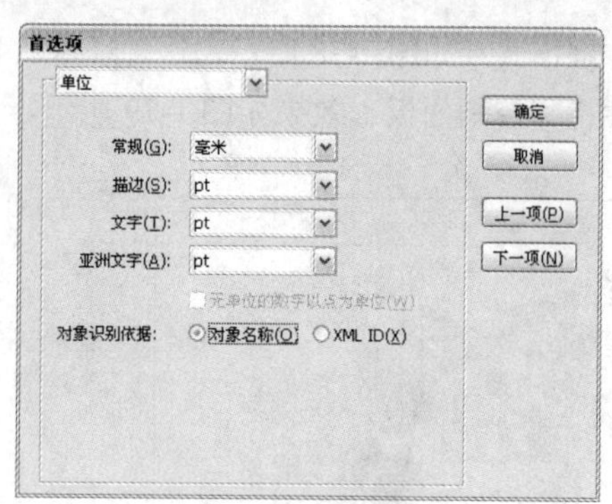

图 1-83

如果仅需要对当前文件设置标尺的显示单位，选择“文件 > 文档设置”命令，弹出“文档设置”对话框，如图 1-84 所示，可以在“单位”选项的下拉列表中设置标尺的显示单位。这种方法设置的标尺单位对以后新建立的文件标尺单位不起作用。

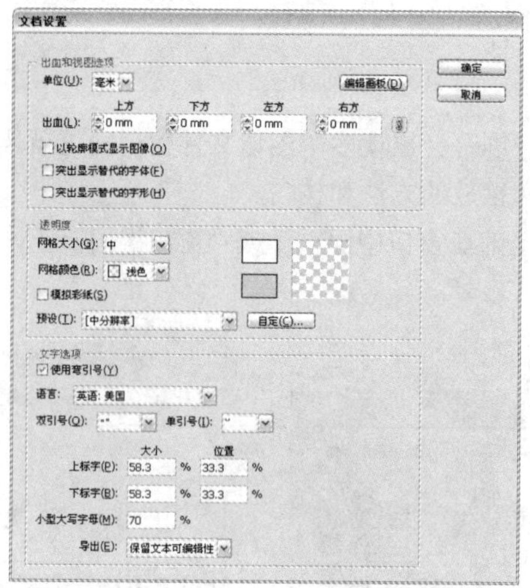

图 1-84

在系统默认的状态下，标尺的坐标原点在工作页面的左上角，如果想要更改坐标原点的位置，单击水平标尺与垂直标尺的交点并拖曳到页面中，释放鼠标，即可将坐标原点设置在此处。如果想要恢复标尺原点的默认位置，双击水平标尺与垂直标尺的交点即可。

◎ **参考线**

如果想要添加参考线，可以用鼠标在水平或垂直标尺上向页面中拖曳参考线，还可根据需要将图形或路径转换为参考线。选中要转换的路径，如图 1-85 所示，选择“视图 > 参考线 > 建立参考线”命令，将选中的路径转换为参考线，如图 1-86 所示。选择“视图 > 参考线 > 释放参考线”命令，可以将选中的参考线转换为路径。

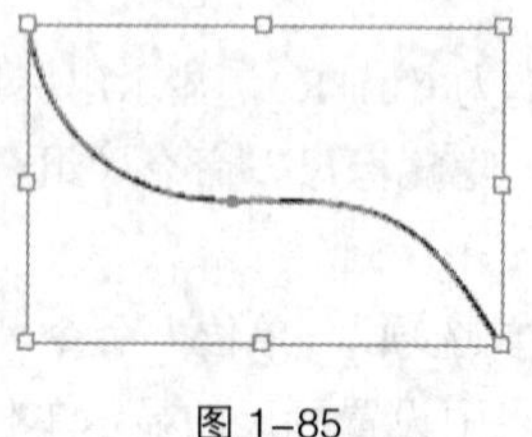

图 1-85

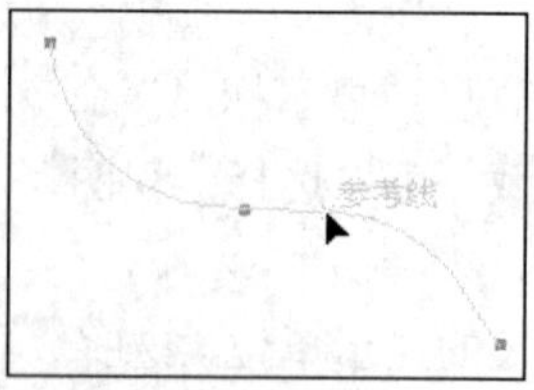

参考线

图 1-86

选择“视图 > 参考线 > 锁定参考线”命令，可以将参考线进行锁定。选择“视图 > 参考线 > 隐藏参考线”命令，可以将参考线隐藏。选择“视图 > 参考线 > 清除参考线”命令，可以清除参考线。

选择“视图 > 智能参考线”命令，可以显示智能参考线。当图形移动或旋转到一定角度时，智能参考线就会高亮显示并给出提示信息。

◎ **网格**

选择“视图 > 显示网格”命令，显示出网格，如图 1-87 所示。选择“视图 > 隐藏网格”命令，将网格隐藏。如果需要设置网格的颜色、样式、间隔等属性，选择“编辑 > 首选项 > 参考线和网格”命令，弹出“首选项”对话框，如图 1-88 所示。

图 1-87

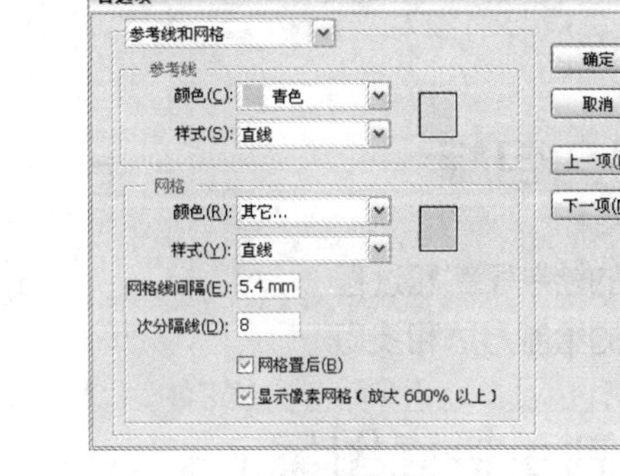

图 1-88

“颜色”选项：设置网格的颜色。

“样式”选项：设置网格的样式，包括线和点。

“网格线间隔”选项：设置网格线的间距。

“次分隔线”选项：用于细分网格线的多少。

“网格置后”选项：设置网格线显示在图形的上方或下方。

第2章 实物的绘制

绘制效果逼真并经过艺术化处理的实物可以应用到书籍设计、杂志设计、海报设计、宣传单设计、广告设计、包装设计、网页设计等多个设计领域。本章以多个实物对象为例，讲解实物的绘制方法和制作技巧。

课堂学习目标

- 掌握实物的绘制思路和过程
- 掌握实物的绘制方法和技巧

2.1 绘制手机壳图案

2.1.1 【案例分析】

螃蟹自古以来就是非常美味的食物，所以在生活中螃蟹的可爱图案随处可见。本案例要求为手机壳制作图案，并以螃蟹为主要图形进行设计。

2.1.2 【设计理念】

在设计过程中，使用粉红色作为背景，给人可爱、甜美的印象；黑色的螃蟹图形生动形象，且充满设计感，让人过目难忘；下方粉色的椭圆形图案向前逐渐变大，形成视觉上的空间感，使画面更加完整形象。（最终效果参看光盘中的“Ch02 > 效果 > 绘制手机壳图案”，见图 2-1。）

图 2-1

2.1.3 【操作步骤】

1. 绘制背景

步骤 1 按 Ctrl+N 组合键新建一个文档，设置文档的宽度为 123mm，高度为 235mm，取向为竖向，颜色模式为 CMYK，单击“确定”按钮。

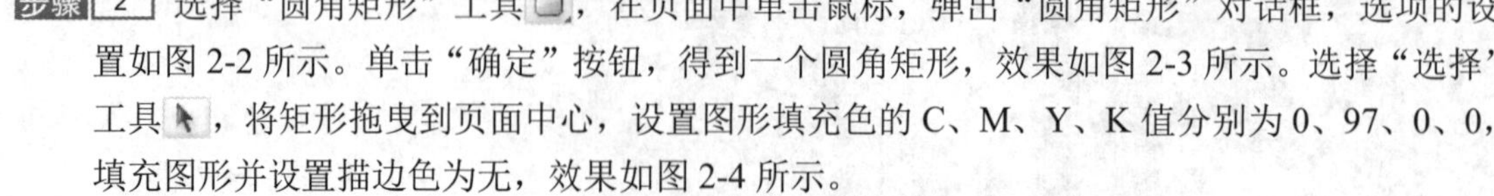

步骤 2 选择“圆角矩形”工具，在页面中单击鼠标，弹出“圆角矩形”对话框，选项的设置如图 2-2 所示。单击“确定”按钮，得到一个圆角矩形，效果如图 2-3 所示。选择“选择”工具，将矩形拖曳到页面中心，设置图形填充色的 C、M、Y、K 值分别为 0、97、0、0，填充图形并设置描边色为无，效果如图 2-4 所示。

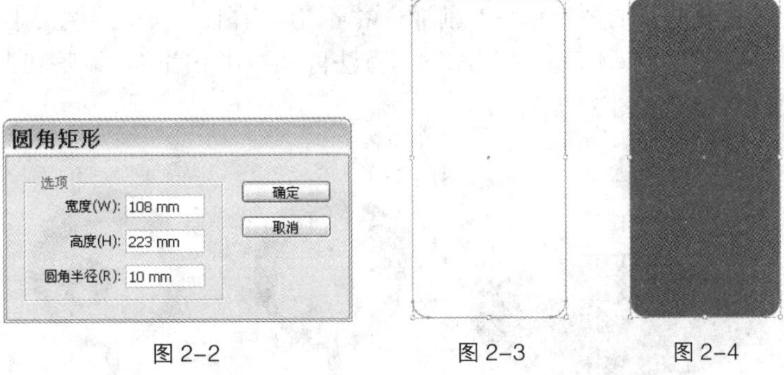

图 2-2　　图 2-3　　图 2-4

步骤 3 选择“圆角矩形”工具，在矩形上方再绘制一个圆角矩形，如图 2-5 所示。填充图形为白色并设置描边颜色为无，效果如图 2-6 所示。

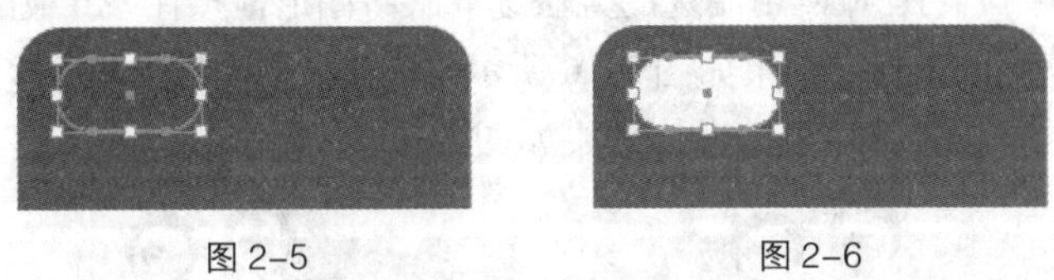

图 2-5　　图 2-6

步骤 4 选择“椭圆”工具，在矩形下方绘制一个椭圆形，如图 2-7 所示。设置图形填充色的 C、M、Y、K 值分别为 0、70、0、0，填充图形并设置描边色为无，效果如图 2-8 所示。选择“选择”工具，按住 Alt 键的同时分别用鼠标拖曳图形，复制并调整其大小，效果如图 2-9 所示。

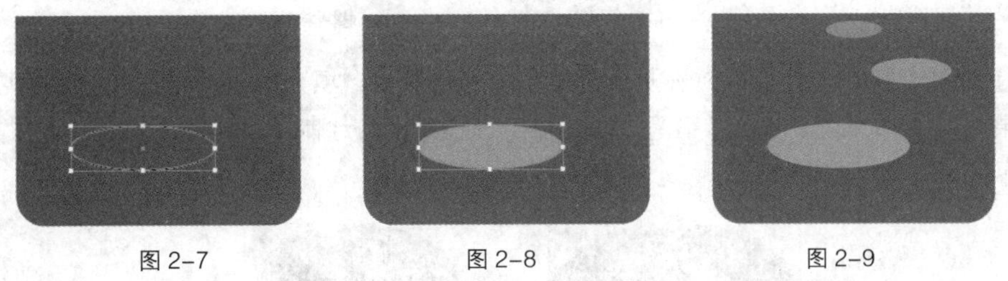

图 2-7　　图 2-8　　图 2-9

2. 绘制螃蟹

步骤 1 选择“椭圆”工具，在页面外绘制一个椭圆形，填充图形为黑色并设置描边色为无，效果如图 2-10 所示。选择“钢笔”工具，在适当的位置绘制一条曲线，如图 2-11 所示。在属性栏中将“描边粗细”选项设置为 2 pt，效果如图 2-12 所示。

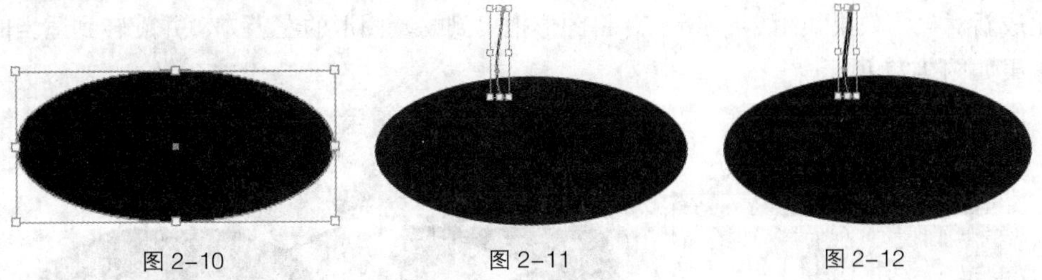

图 2-10　　图 2-11　　图 2-12

步骤 2 选择“椭圆”工具，按住 Shift 键的同时绘制一个圆形，填充图形为黑色并设置描边色为无，效果如图 2-13 所示。选择“选择”工具，选中图形，按 Ctrl+C 组合键复制图形，按 Ctrl+F 组合键将复制的图形粘贴在前面，填充图形为白色，等比例缩小图形并拖曳到适当的位置，效果如图 2-14 所示。使用相同的方法再复制几个圆形，调整其大小并分别填充图形适当的颜色，效果如图 2-15 所示。

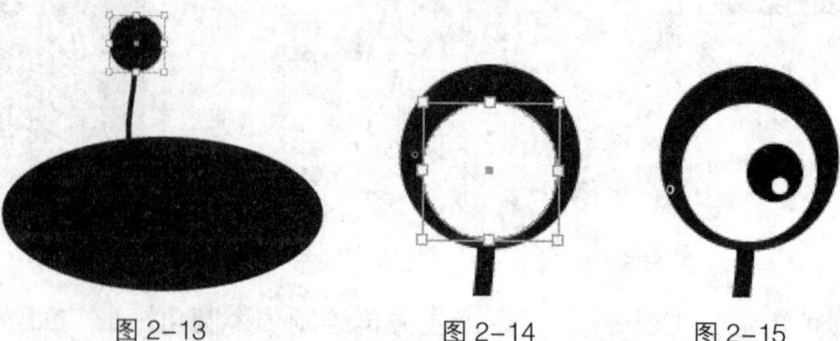
图 2-13　图 2-14　图 2-15

步骤 3 选择“选择”工具，用圈选的方法选取眼睛图形，按住 Alt 键的同时向右拖曳图形到适当的位置，复制图形，效果如图 2-16 所示。选择“钢笔”工具，在左上角绘制图形，填充图形为黑色并设置描边色为无，效果如图 2-17 所示。

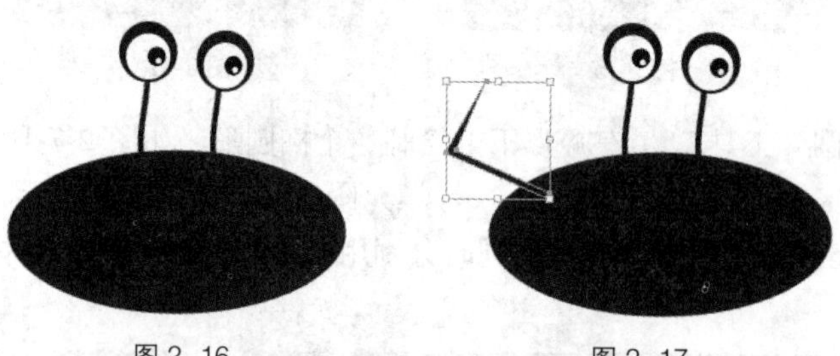
图 2-16　图 2-17

步骤 4 选择“椭圆”工具，在页面外绘制一个椭圆形，填充图形为黑色并设置描边色为无，效果如图 2-18 所示。选择“钢笔”工具，在图形上方绘制不规则闭合图形，效果如图 2-19 所示。

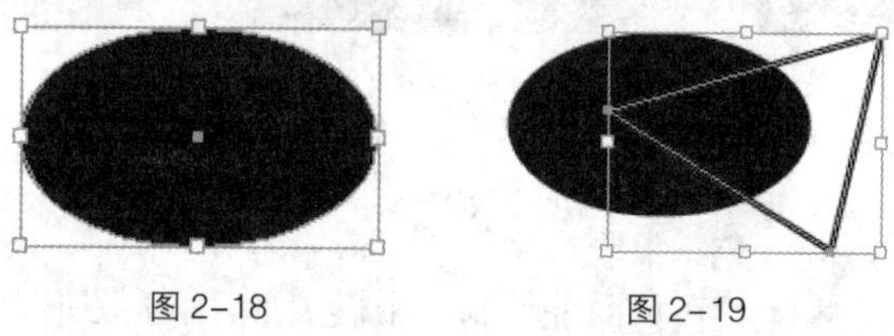
图 2-18　图 2-19

步骤 5 选择“选择”工具，按住 Shift 键的同时单击椭圆形将其同时选取。选择“窗口 > 路径查找器”命令，弹出“路径查找器”面板，单击“减去顶层”按钮，如图 2-20 所示，生成新对象，效果如图 2-21 所示。将图形拖曳到螃蟹图形的左上方，并旋转到适当的角度，效果如图 2-22 所示。

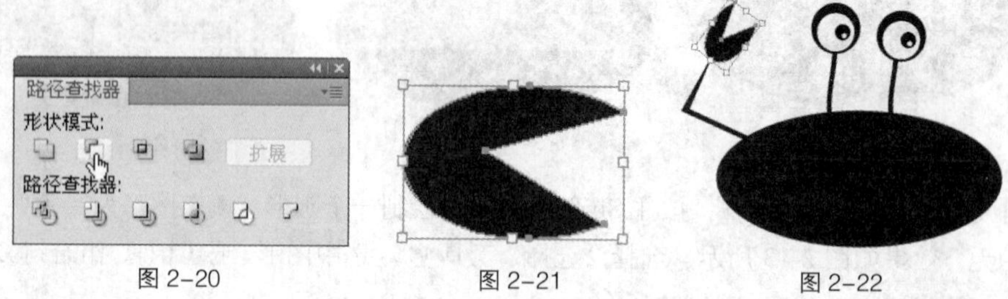

图 2-20　图 2-21　图 2-22

步骤 6 选择“钢笔”工具，在左下角分别绘制图形，填充图形为黑色并设置描边色为无，效果如图 2-23 所示。使用相同的方法绘制右侧的图形，效果如图 2-24 所示。

图 2-23　　图 2-24

步骤 7 选择“矩形”工具，在适当的位置绘制矩形，填充矩形为白色并设置描边色为无，效果如图 2-25 所示。选择“效果 > 变形 > 膨胀”命令，在弹出的对话框中进行设置，如图 2-26 所示。单击“确定”按钮，效果如图 2-27 所示。

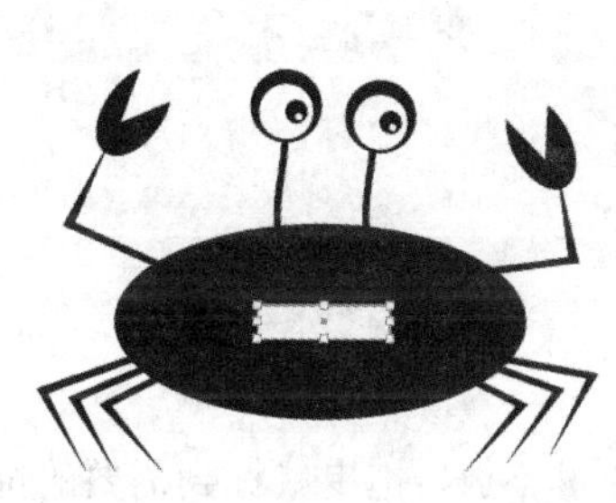

图 2-25

变形选项

样式(S): 膨胀　确定

水平(H)　垂直(V)　取消

弯曲(B): -58 %　预览(P)

扭曲

水平(O): 0 %

垂直(E): 0 %

图 2-26

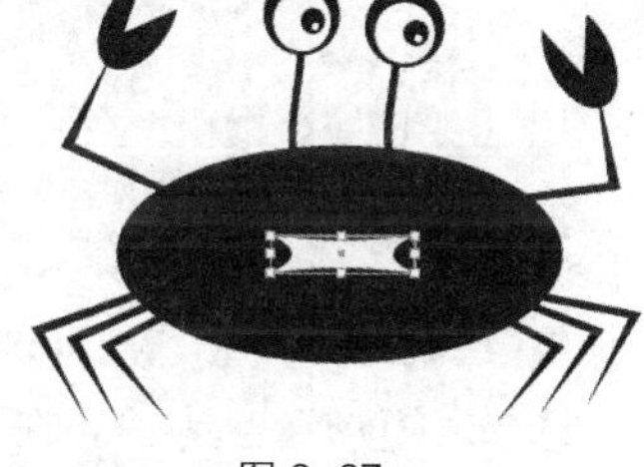

图 2-27

步骤 8 选择“选择”工具，使用圈选的方法将所绘制的图形同时选取，按 Ctrl+G 组合键将其编组，效果如图 2-28 所示。拖曳到页面中适当的位置，效果如图 2-29 所示。手机壳图案绘制完成。

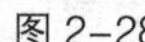

图 2-28　　图 2-29

2.1.4 【相关工具】

1. 绘制椭圆形和圆形

选择“椭圆”工具，在页面中需要的位置单击并按住鼠标左键不放，拖曳鼠标到需要的位置，释放鼠标左键，绘制出一个椭圆形，如图 2-30 所示。

选择“椭圆”工具，按住 Shift 键，在页面中需要的位置单击并按住鼠标左键不放，拖曳鼠标到需要的位置，释放鼠标左键，绘制出一个圆形，效果如图 2-31 所示。

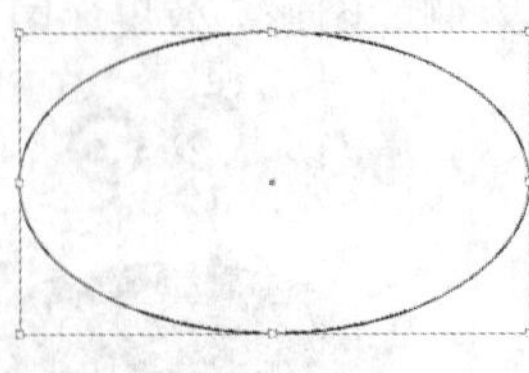
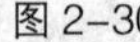
图 2-30

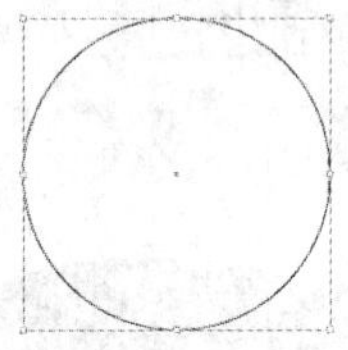
图 2-31

选择“椭圆”工具，在页面中需要的位置单击，弹出“椭圆”对话框，如图 2-32 所示。在对话框中，“宽度”选项可以设置椭圆形的宽度，“高度”选项可以设置椭圆形的高度。设置完成后，单击“确定”按钮，可得到如图 2-33 所示的精确椭圆形。用相同的方法可以绘制精确圆形。

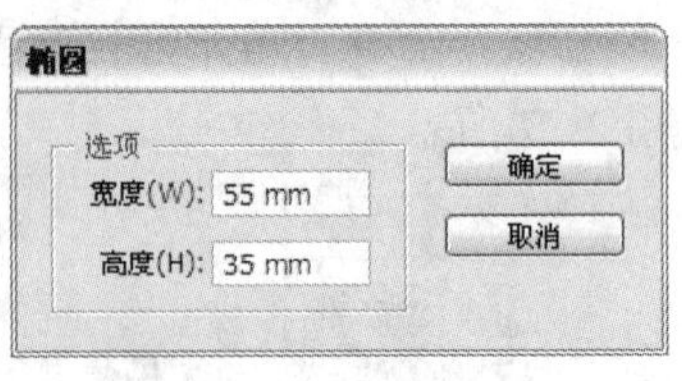

图 2-32

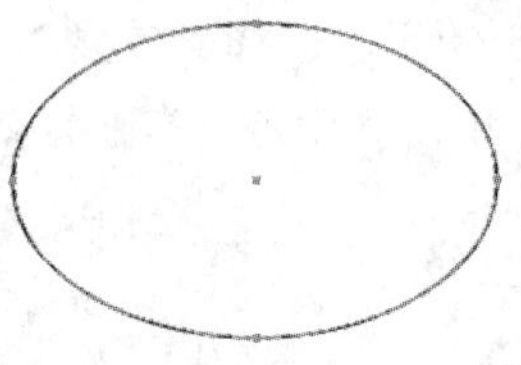
图 2-33

2. 绘制矩形

◎ 绘制矩形

选择“矩形”工具，在页面中需要的位置单击并按住鼠标左键不放，拖曳鼠标到需要的位置，释放鼠标左键，绘制出一个矩形，效果如图 2-34 所示。

选择“矩形”工具，按住 Shift 键，在页面中需要的位置单击并按住鼠标左键不放，拖曳鼠标到需要的位置，释放鼠标左键，绘制出一个正方形，效果如图 2-35 所示。

图 2-34

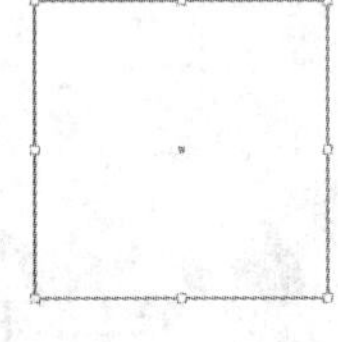
图 2-35

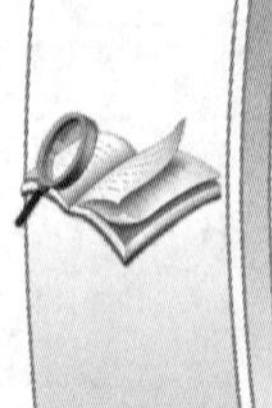

提　示

选择“矩形”工具，按住～键，在页面中需要的位置单击并按住鼠标左键不放，拖曳鼠标到需要的位置，释放鼠标左键，绘制出多个矩形。

选择“矩形”工具，按住 Alt 键，在页面中需要的位置单击并按住鼠标左键不放，拖曳鼠标到需要的位置，释放鼠标左键，可以绘制一个以鼠标单击点为中心的矩形。

选择“矩形”工具，按住 Alt+Shift 组合键，在页面中需要的位置单击并按住鼠标左键不放，拖曳鼠标到需要的位置，释放鼠标左键，可以绘制一个以鼠标单击点为中心的正方形。

选择“矩形”工具，在页面中需要的位置单击并按住鼠标左键不放，拖曳鼠标到需要的位置，再按住 Space 键，可以暂停绘制工作而在页面上任意移动未绘制完成的矩形，释放 Space 键后可继续绘制矩形。

上述方法在“圆角矩形”工具、“椭圆”工具、“多边形”工具和“星形”工具中同样适用。

◎ **精确绘制矩形**

选择“矩形”工具，在页面中需要的位置单击，弹出“矩形”对话框，如图 2-36 所示。在对话框中，“宽度”选项可以设置矩形的宽度，“高度”选项可以设置矩形的高度。设置完成后，单击“确定”按钮，得到如图 2-37 所示的矩形。

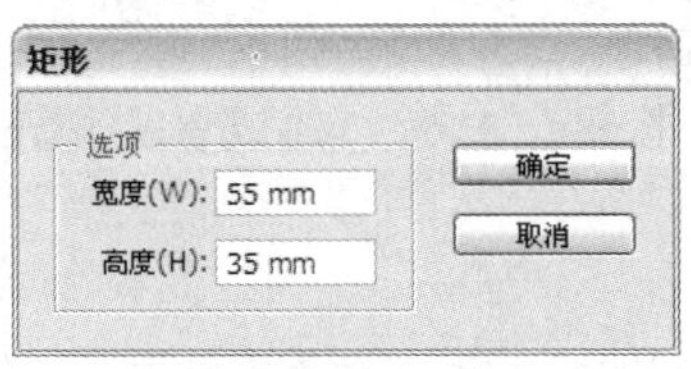

图 2-36

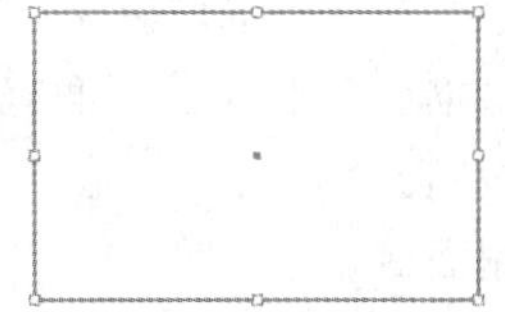

图 2-37

3. 绘制圆角矩形

◎ **绘制圆角矩形**

选择“圆角矩形”工具，在页面中需要的位置单击并按住鼠标左键不放，拖曳鼠标到需要的位置，释放鼠标左键，绘制出一个圆角矩形，效果如图 2-38 所示。

选择“圆角矩形”工具，按住 Shift 键，在页面中需要的位置单击并按住鼠标左键不放，拖曳鼠标到需要的位置，释放鼠标左键，可以绘制一个宽度和高度相等的圆角矩形，效果如图 2-39 所示。

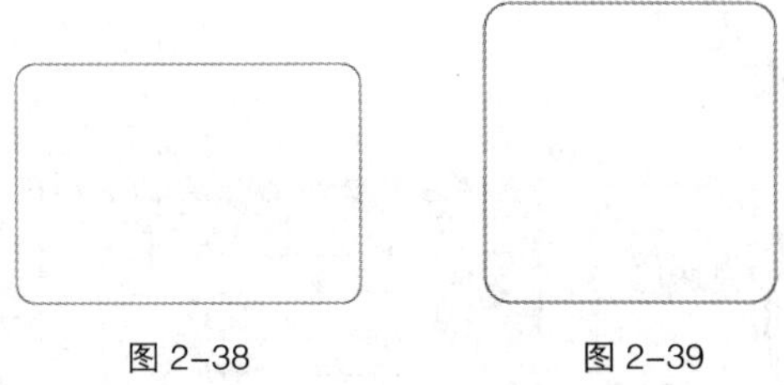

图 2-38　　图 2-39

◎ **精确绘制圆角矩形**

选择“圆角矩形”工具，在页面中需要的位置单击，弹出“圆角矩形”对话框，如图 2-40 所示。在对话框中，“宽度”选项可以设置圆角矩形的宽度，“高度”选项可以设置圆角矩形的高度，“圆角半径”选项可以控制圆角矩形中圆角半径的长度。设置完成后，单击“确定”按钮，得到如图 2-41 所示的圆角矩形。

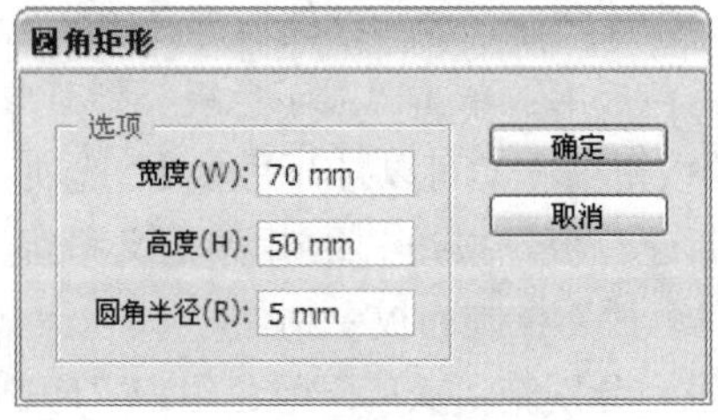

图 2-40

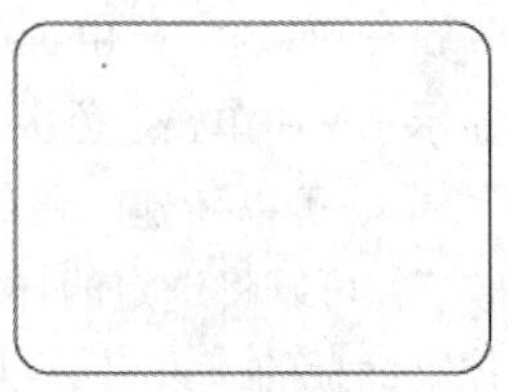

图 2-41

4. 颜色填充

Illustrator CS5 中用于颜色填充的工具包括工具箱下方的“填色”和“描边”工具、“颜色”

控制面板和“色板”控制面板。下面具体介绍 3 种填充工具的使用方法。

◎ **填充工具**

应用工具箱中的“填色”和“描边”工具，可以指定所选对象的填充颜色和描边颜色。当单击按钮（快捷键为 X）时，可以切换填色显示框和描边显示框的位置。按 Shift + X 组合键时，可使选定对象的颜色在填充和描边填充之间切换。

在“填色”和“描边”工具下面有 3 个按钮，它们分别是填充“颜色”按钮、“渐变”按钮和“无”按钮。

◎ **“颜色”控制面板**

Illustrator 也可以通过“颜色”控制面板设置对象的填充颜色。单击“颜色”控制面板右上方的图标，在弹出式菜单中选择当前取色时使用的颜色模式。无论选择哪一种颜色模式，控制面板中都将显示出相关的颜色内容，如图 2-42 所示。

选择“窗口 > 颜色”命令，弹出“颜色”控制面板。“颜色”控制面板上的按钮用来进行填充颜色和描边颜色之间的互相切换，操作方法与工具箱中按钮的使用方法相同。

将光标移动到取色区域，光标变为吸管形状，单击就可以选取颜色。拖曳各个颜色滑块或在各个数值框中输入有效的数值，可以调配出更精确的颜色，如图 2-43 所示。

更改或设定对象的描边颜色时，单击选取已有的对象，在“颜色”控制面板中切换到描边颜色，选取或调配出新颜色，这时新选的颜色被应用到当前选定对象的描边中，效果如图 2-44 所示。

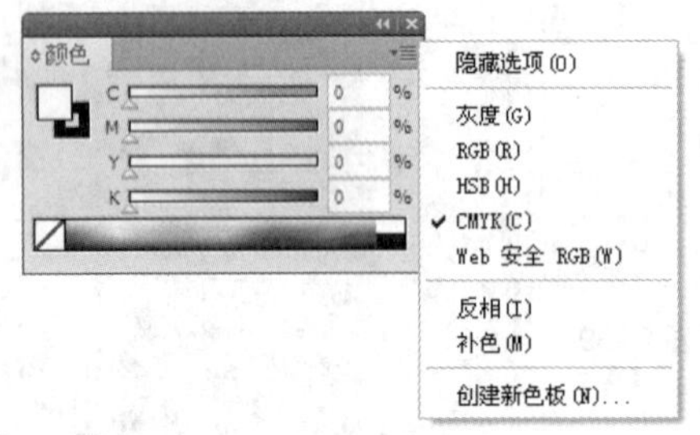

图 2-42

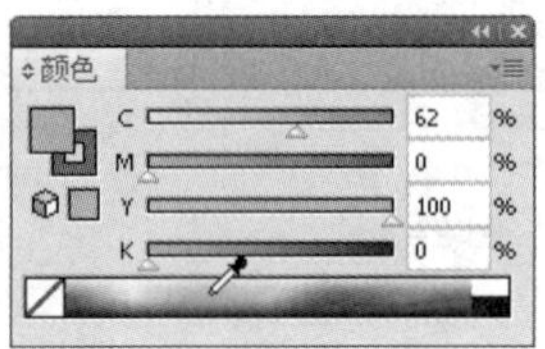

图 2-43

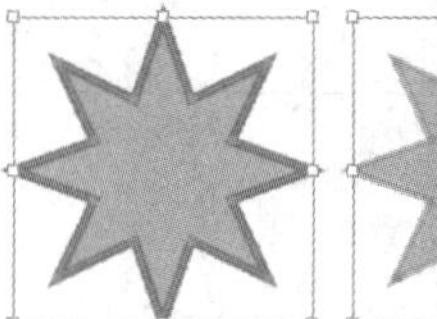

图 2-44

◎ **“色板”控制面板**

选择“窗口 > 色板”命令，弹出“色板”控制面板，在“色板”控制面板中单击需要的颜色或样本可以将其选中，如图 2-45 所示。

“色板”控制面板提供了多种颜色和图案，并且允许添加和存储自定义的颜色和图案。单击“色板库菜单”按钮，可以打开 Illustrator 的色板库；单击“显示色板类型菜单”按钮，可以使所有的样本显示出来；单击“色板选项”按钮，可以打开“色板”选项对话框；单击“新建颜色组”按钮，可以新建颜色组；“新建色板”按钮用于定义和新建一个新的样本；“删除色板”按钮可以将选定的样本从“色板”控制面板中删除。

在“色板”控制面板的下方有两组颜色组，分别是“灰度”颜色组和“印刷色”颜色组。通过使用任意的颜色组，可以很方便地填充颜色。

选择“窗口 > 色板库”命令，可以调出更多的色板库。引入外部色板库，增选的多个色板库都将显示在同一个“色板”控制面板中。

在“色板”控制面板左上角的方块标有斜红杠，表示无颜色填充。双击“色板”控制面板中的颜色缩略图的时候会弹出“色板选项”对话框，可以设置其颜色属性，如图 2-46 所示。

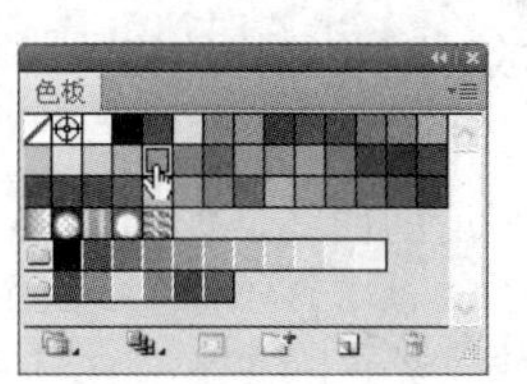

图2-45

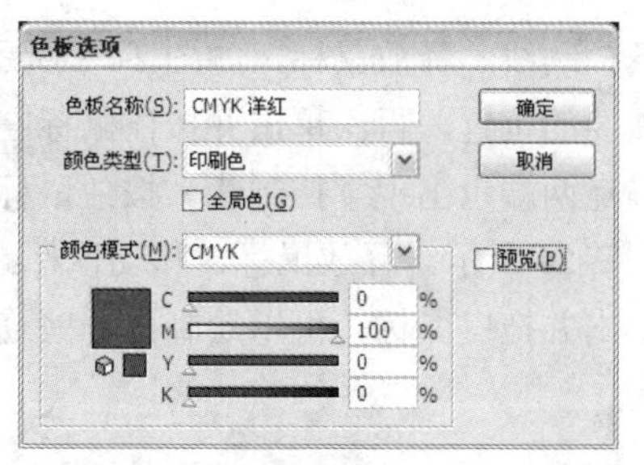

图2-46

单击“色板”控制面板右上方的按钮，将弹出下拉菜单，选择其中的“新建色板”命令，可以将选中的某一颜色或样本添加到“色板”控制面板中，如图2-47所示。单击“新建色板”按钮，也可以添加新的颜色或样本到“色板”控制面板中，如图2-48所示。

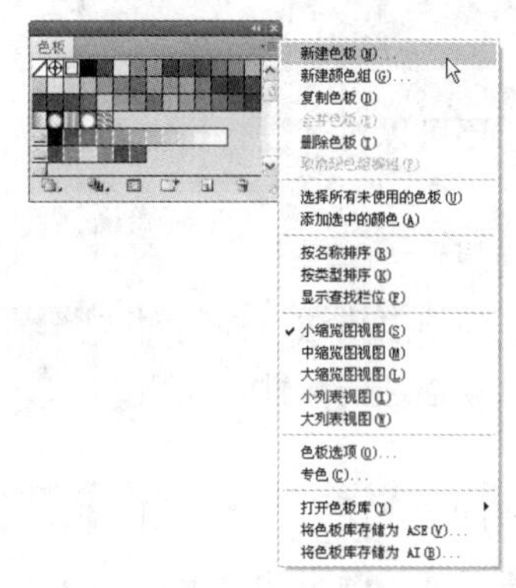

图2-47

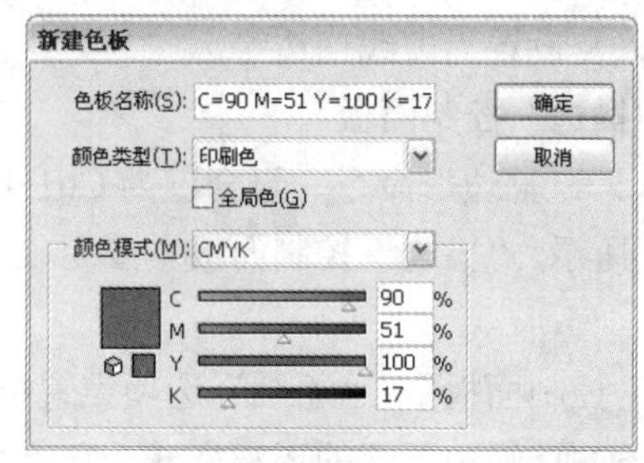

图2-48

Illustrator CS5除了“色板”控制面板中默认的样本外，在其“色板库”中还提供了多种色板。选择“窗口 > 色板库”命令，可以看到，在其子菜单中包括了不同的样本可供选择使用。

当选择“窗口 > 色板库 > 其他库”命令时，弹出对话框，可以将其他文件中的色板样本、渐变样本和图案样本导入到“色板”控制面板中。

5. 使用钢笔工具

◎ 绘制直线

选择“钢笔”工具，在页面中单击鼠标确定直线的起点，如图2-49所示。移动鼠标到需要的位置，再次单击鼠标确定直线的终点，如图2-50所示。

在需要的位置连续单击确定其他的锚点，就可以绘制出折线的效果，如图2-51所示。如果双击折线上的锚点，该锚点会被删除，折线的另外两个锚点将自动连接，如图2-52所示。

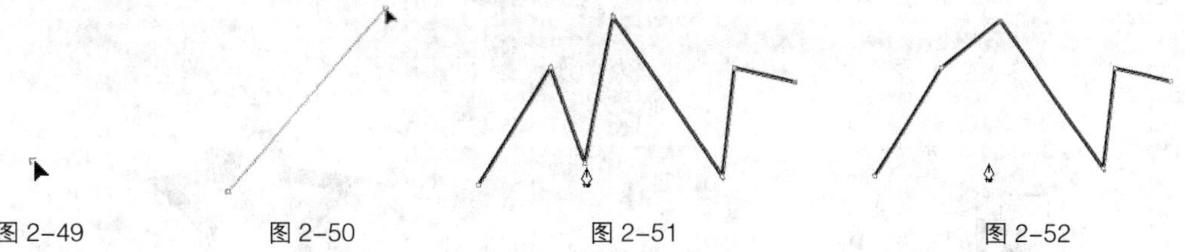

图2-49　图2-50　图2-51　图2-52

◎ 绘制曲线

选择“钢笔”工具，在页面中单击并按住鼠标左键拖曳鼠标来确定曲线的起点，起点的两

端分别出现了一条控制线，释放鼠标，如图 2-53 所示。

移动鼠标到需要的位置，再次单击并按住鼠标左键拖曳鼠标，出现了一条曲线段。拖曳鼠标的同时，第 2 个锚点两端也出现了控制线。按住鼠标不放，随着鼠标的移动，曲线段的形状也随之发生变化，如图 2-54 所示。释放鼠标，移动鼠标继续绘制。

如果连续地单击并拖曳鼠标，可以绘制出一些连续平滑的曲线，如图 2-55 所示。

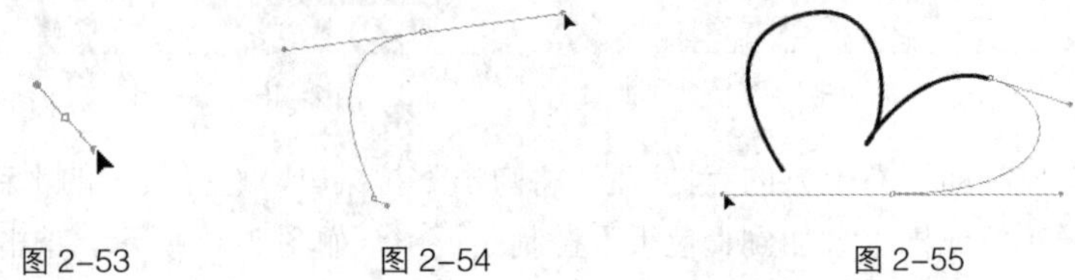

图 2-53　　图 2-54　　图 2-55

6. 编辑描边

描边其实就是对象的描边线，对描边进行填充时，还可以对其进行一定的设置，如更改描边的形状、粗细以及设置为虚线描边等。

◎ 使用“描边”控制面板

选择“窗口 > 描边”命令（组合键为 Ctrl+F10），弹出“描边”控制面板，如图 2-56 所示。“描边”控制面板主要用来设置对象描边的属性，如粗细、形状等。

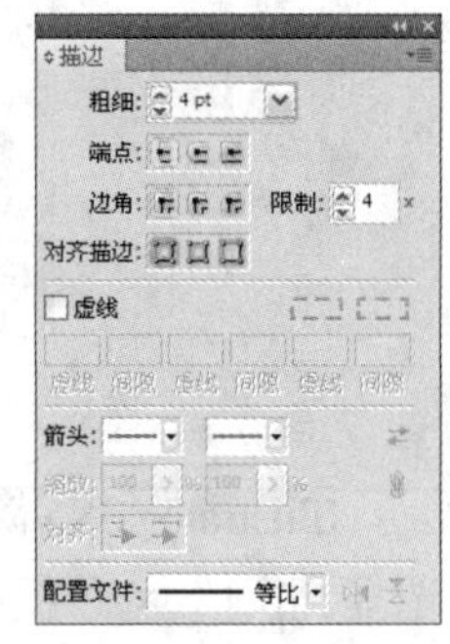

图 2-56

在“描边”控制面板中，“粗细”选项设置描边的宽度。“端点”选项组指定描边各线段的首端和尾端的形状样式，它有平头端点、圆头端点和方头端点3 种不同的顶点样式。“边角”选项组指定一段描边的拐点，即描边的拐角形状，它有 3 种不同的拐角接合形式，分别为斜接连接、圆角连接和斜角连接。“限制”选项设置斜角的长度，它将决定描边沿路径改变方向时伸展的长度。勾选“虚线”复选框可以创建描边的虚线效果。

◎ 设置描边的粗细

当需要设置描边的宽度时，要用到“粗细”选项，可以在其下拉列表中选择合适的粗细，也可以直接输入合适的数值。

单击工具箱下方的描边按钮，使用“星形”工具绘制一个星形并保持其被选取状态，效果如图 2-57 所示。在“描边”控制面板中的“粗细”选项的下拉列表中选择需要的描边粗细值，或者直接输入合适的数值。本例设置的粗细数值为 20pt，如图 2-58 所示；多边形的描边粗细被改变，效果如图 2-59 所示。

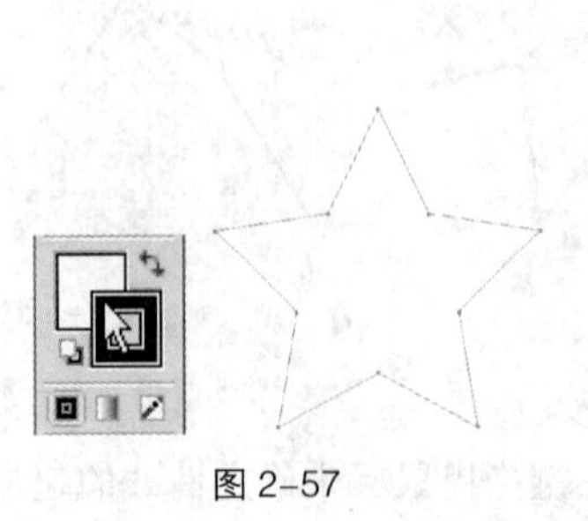

图 2-57

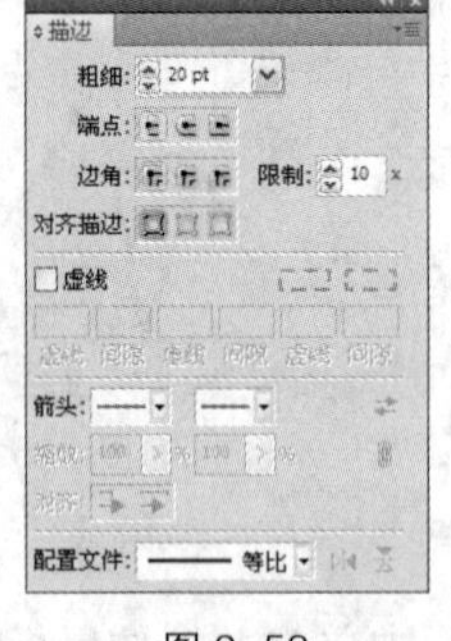

图 2-58

图 2-59

当要更改描边的单位时，可选择“编辑 > 首选项 > 单位”命令，弹出“首选项”对话框，如图 2-60 所示。可以在“描边”选项的下拉列表中选择需要的描边单位。

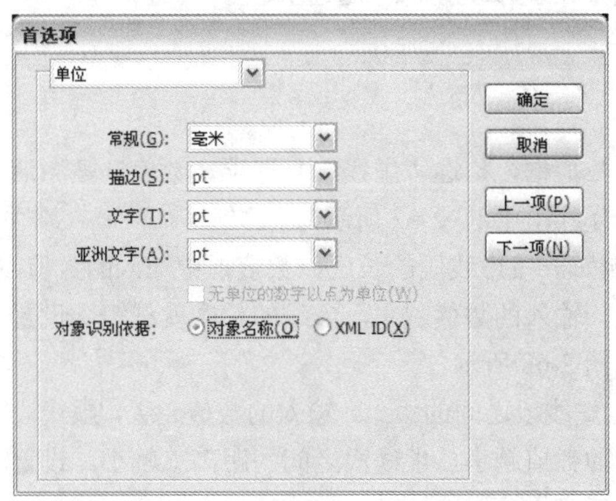

图 2-60

技 巧 选取需要的图形，在属性栏中的“描边粗细”文本框中直接输入数值也可设置图形的描边粗细。

◎ **设置描边的填充**

保持多边形被选取的状态，效果如图 2-61 所示。在“色板”控制面板中单击选取所需的填充样本，对象描边的填充效果如图 2-62 所示。

图 2-61　　图 2-62

保持多边形被选取的状态，效果如图 2-63 所示。在“颜色”控制面板中调配所需的颜色，如图 2-64 所示，或双击工具箱下方的“描边填充”按钮■，弹出“拾色器”对话框，如图 2-65 所示。在对话框中可以调配所需的颜色，对象描边的颜色填充效果如图 2-66 所示。

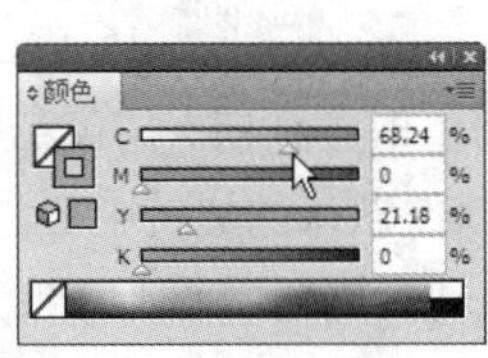

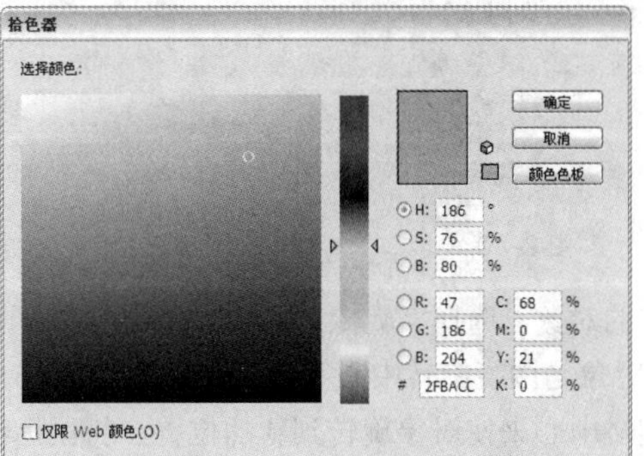

图 2-63　　图 2-64　　图 2-65　　图 2-66

提　示 不能使用渐变填充样本对描边进行填充。

◎ **设置虚线选项**

虚线选项里包括 6 个数值框，勾选“虚线”复选项，数值框被激活，第 1 个数值框默认的虚线值为 2pt，如图 2-67 所示。

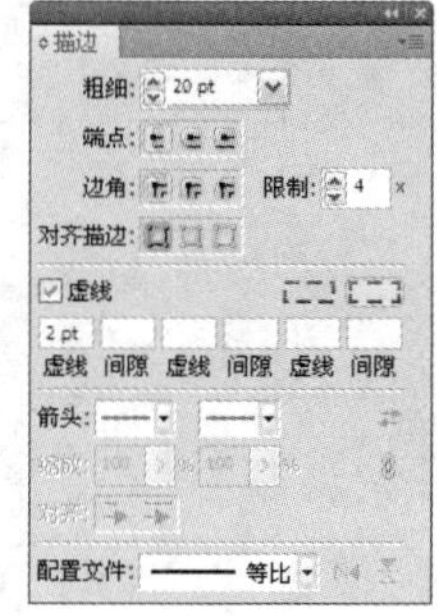

图 2-67

“虚线”选项用来设定每一段虚线段的长度，数值框中输入的数值越大，虚线的长度就越长；反之，输入的数值越小，虚线的长度就越短。设置不同虚线长度值的描边效果如图 2-68 所示。

“间隙”选项用来设定虚线段之间的距离，输入的数值越大，虚线段之间的距离越大；反之，输入的数值越小，虚线段之间的距离就越小。设置不同虚线间隙的描边效果如图 2-69 所示。

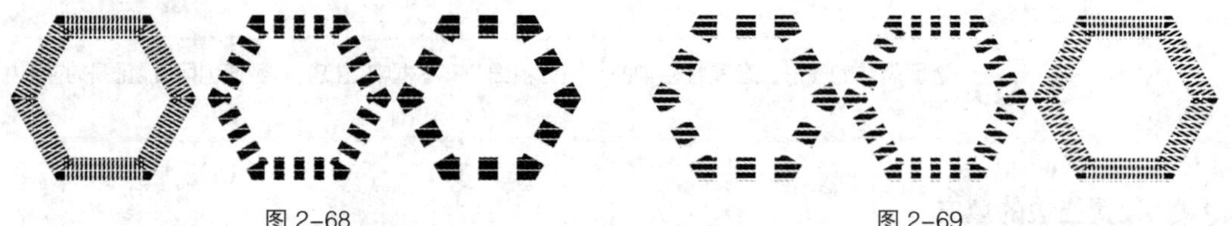

图 2-68　　　　图 2-69

7. 对象的旋转

◎ **使用工具箱中的工具旋转对象**

使用“选择”工具选取要旋转的对象，将鼠标指针移动到旋转控制手柄上，这时鼠标指针变为旋转符号“↰”，如图 2-70 所示。按下鼠标左键，拖动鼠标旋转对象，旋转时对象会出现蓝色的虚线，指示旋转方向和角度，如图 2-71 所示。旋转到需要的角度后释放鼠标左键，旋转对象的效果如图 2-72 所示。

选取要旋转的对象，选择“自由变换”工具，对象的四周出现控制柄。用鼠标拖曳控制柄，就可以旋转对象。此工具与“选择”工具的使用方法类似。

图 2-70

图 2-71

图 2-72

选取要旋转的对象，选择“旋转”工具，对象的四周出现控制柄。用鼠标拖曳控制柄，就可以旋转对象。对象是围绕旋转中心 来旋转的，Illustrator CS5 默认的旋转中心是对象的中心点。可以通过改变旋转中心来使对象旋转到新的位置，将鼠标移动到旋转中心上，按下鼠标左键拖曳旋转中心到需要的位置，如图 2-73 所示，用鼠标拖曳图形进行旋转，如图 2-74 所示。改变旋转

中心后旋转对象的效果如图 2-75 所示。

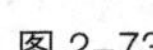

图 2–73

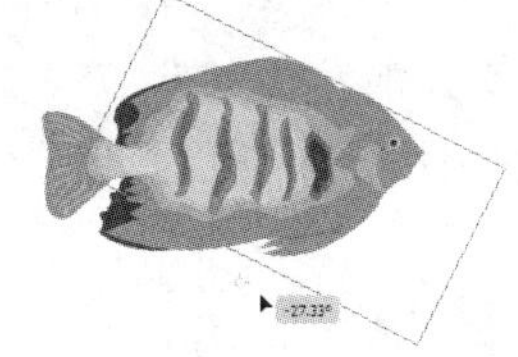

图 2–74

图 2–75

◎ **使用“变换”控制面板旋转对象**

选择“窗口 > 变换”命令，弹出“变换”控制面板。“变换”控制面板的使用方法和“移动对象”中的使用方法相同，这里不再赘述。

◎ **使用菜单命令旋转对象**

选择“对象 > 变换 > 旋转”命令或双击“旋转”工具，弹出“旋转”对话框，如图 2-76 所示。在对话框中，“角度”选项可以设置对象旋转的角度；勾选“对象”复选框，旋转的对象不是图案；勾选“图案”复选框，旋转的对象是图案；“复制”按钮用于在原对象上复制一个旋转对象。

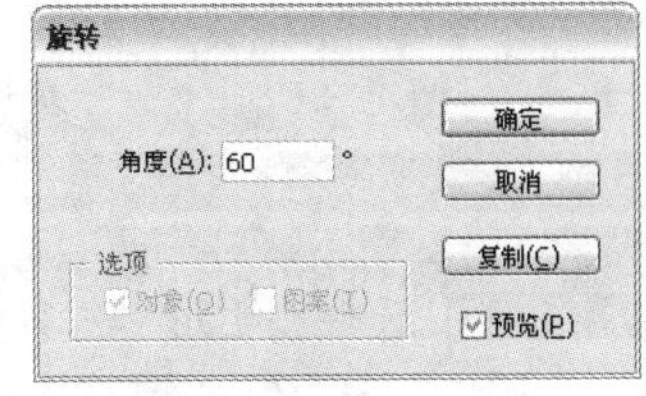

图 2–76

2.1.5 【实战演练】绘制餐厅标识

使用椭圆工具和钢笔工具绘制背景图形；使用星形工具、钢笔工具和椭圆工具绘制餐具图形。（最终效果参看光盘中的“Ch02 > 效果 > 绘制餐厅标识”，见图 2-77。）

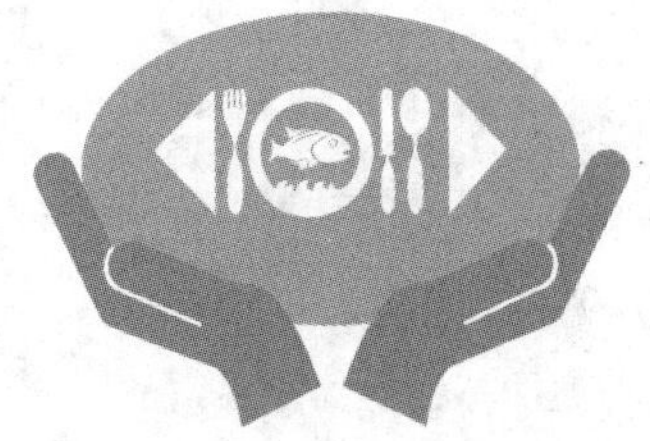

图 2–77

2.2 绘制路标导示

2.2.1 【案例分析】

导示系统现在已经被广泛应用，在现代商业场所、公共设施、城市交通、社区等公共空间中，导示不再是孤立的单体设计或简单的标牌，而是整合的品牌形象。本案例绘制路标导示，设计要求信息简洁、明确。

2.2.2 【设计理念】

在设计过程中，使用蓝色作为设计的主体，展现出沉稳的气质；中心蓝与白结合形成的标牌给人清爽干练的印象；下方红、白、黑形成的标牌具有很强的提示效果，能瞬间抓住人们的视线，达到警示的效果。（最终效果参看光盘中的“Ch02 > 效果 > 绘制路标导示”，见图 2-78。）

图 2–78

2.2.3 【操作步骤】

步骤 1 按 Ctrl+N 组合键新建一个文档，设置文档的宽度为 210mm，高度为 297mm，颜色模式为 CMYK，单击“确定”按钮。

步骤 2 选择“矩形”工具，在页面中绘制一个矩形，如图 2-79 所示。双击“渐变”工具，弹出“渐变”控制面板，在色带上设置 3 个渐变滑块，分别将渐变滑块的位置设为 0、50、100，并设置 C、M、Y、K 的值分别为 0（95、78、18、0）、50（95、30、15、0）、100（95、78、18、0），其他选项的设置如图 2-80 所示。图形被填充为渐变色并设置描边色为无，效果如图 2-81 所示。

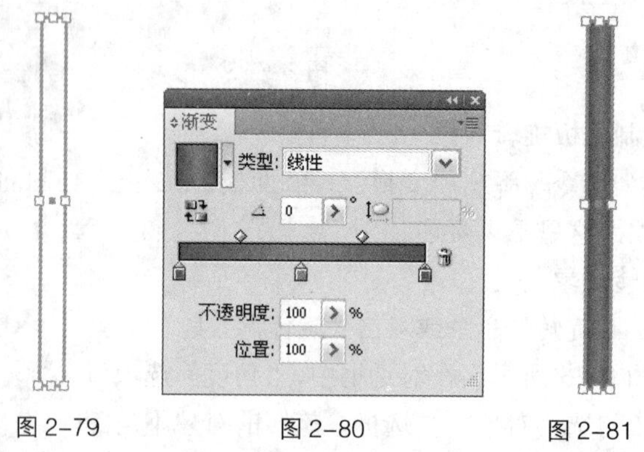

图 2-79　　图 2-80　　图 2-81

步骤 3 选择“矩形”工具，在渐变矩形下方绘制一个矩形，效果如图 2-82 所示。选择“吸管”工具，在渐变矩形对象上单击吸取对象的颜色，如图 2-83 所示，图形效果如图 2-84 所示。

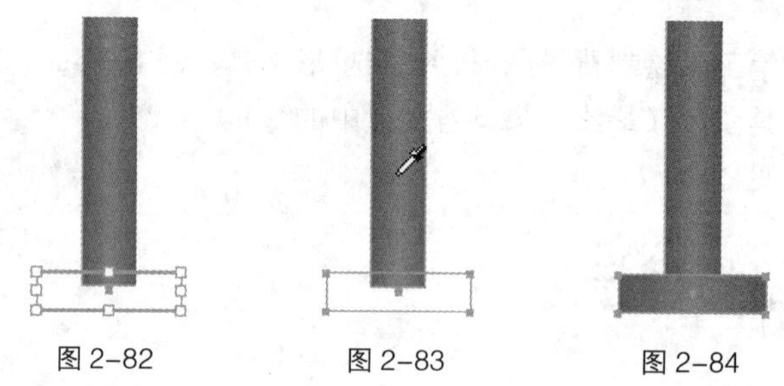

图 2-82　　图 2-83　　图 2-84

步骤 4 选择“矩形”工具，在渐变矩形上方再绘制一个矩形，如图 2-85 所示。设置图形填充色的 C、M、Y、K 值分别为 0、0、0、25，填充图形并设置描边色为无，效果如图 2-86 所示。选择“矩形”工具，在灰色矩形上再绘制一个黑色矩形，并设置描边色为无，效果如图 2-87 所示。

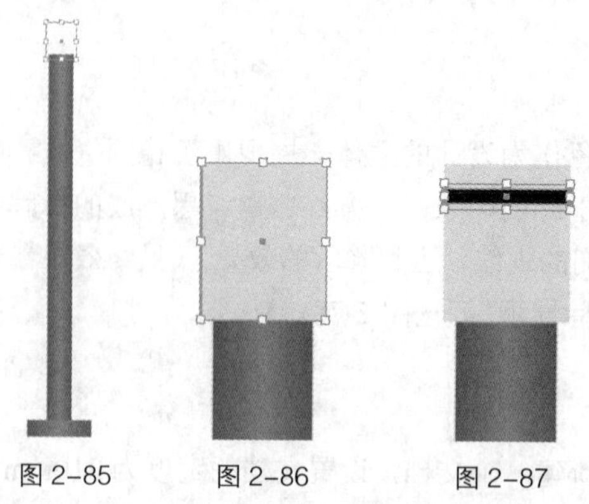

图 2-85　　图 2-86　　图 2-87

步骤 5 选择“椭圆”工具，按住 Shift 键的同时在渐变矩形上绘制一个圆形，效果如图 2-88

所示。在属性栏中将“描边粗细”选项设置为 3 pt，效果如图 2-89 所示。设置描边色为白色并设置图形填充色的 C、M、Y、K 值分别为 100、0、0、0，填充图形，效果如图 2-90 所示。

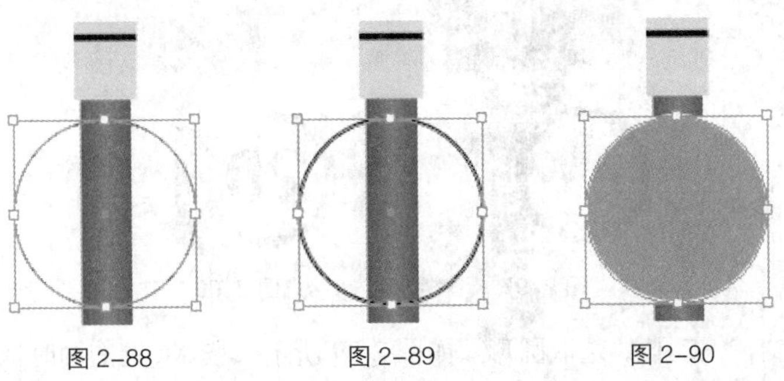

图 2-88　　图 2-89　　图 2-90

步骤 6　选择“钢笔”工具，在页面外分别绘制两个不规则闭合图形，如图 2-91 所示。选择“选择”工具，将两个图形同时选取，填充图形为白色并设置描边颜色为无。拖曳白色图形到页面中适当的位置并旋转到适当的角度，效果如图 2-92 所示。使用相同的方法制作其他图形，效果如图 2-93 所示。

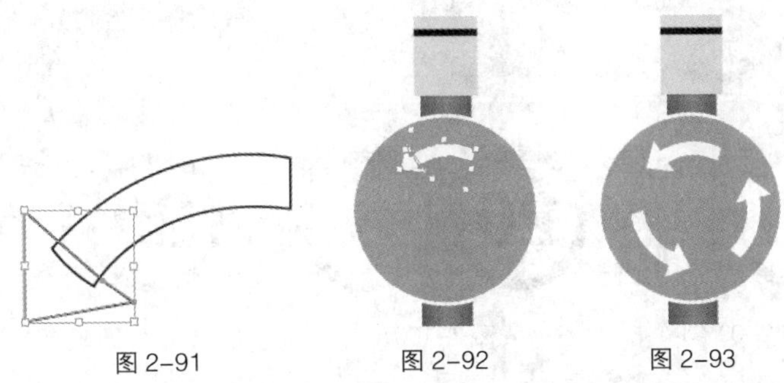

图 2-91　　图 2-92　　图 2-93

步骤 7　选择“选择”工具，单击选取蓝色圆形，如图 2-94 所示。按住 Alt 键的同时拖曳图形到适当的位置，复制图形，效果如图 2-95 所示。设置图形填充色的 C、M、Y、K 值分别为 0、100、100、0，填充图形，效果如图 2-96 所示。

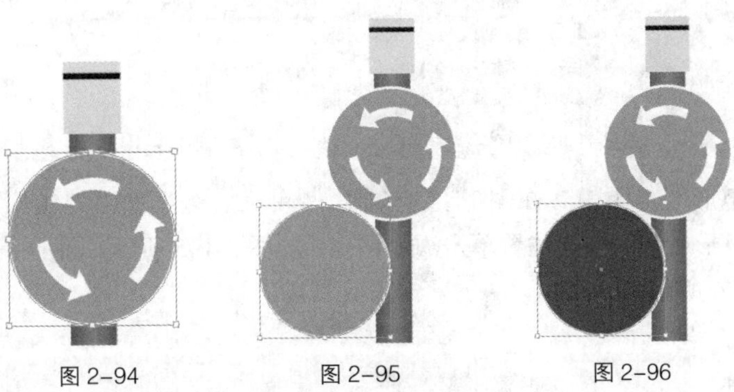

图 2-94　　图 2-95　　图 2-96

步骤 8　选择“椭圆”工具，按住 Alt+Shift 组合键的同时，以红色圆形的中心为中点再绘制一个圆形，填充图形为白色，并设置描边色为无，效果如图 2-97 所示。

步骤 9　选择“文字”工具，在白色圆形上输入需要的文字。选择“选择”工具，在属性栏中选择合适的字体并设置文字大小，效果如图 2-98 所示。

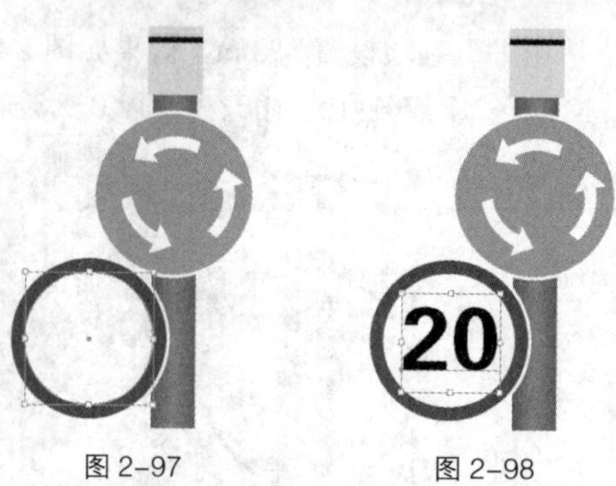

图 2-97　　图 2-98

步骤 10 选择“选择”工具选取圆形，如图 2-99 所示。按 Alt 键的同时拖曳图形到适当的位置，复制图形，效果如图 2-100 所示。选择“矩形”工具，在圆形上绘制一个矩形并旋转到适当的角度，设置图形填充色的 C、M、Y、K 值分别为 0、100、100、0，填充图形，效果如图 2-101 所示。

图 2-99　　图 2-100　　图 2-101

步骤 11 选择“钢笔”工具，在页面外绘制一个不规则闭合图形，如图 2-102 所示。选择“矩形”工具，在图形上绘制一个矩形，效果如图 2-103 所示。

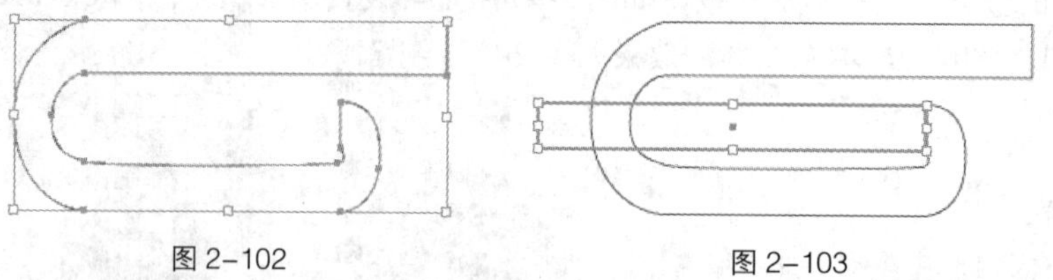
图 2-102　　图 2-103

步骤 12 选择“矩形”工具，在图形上再绘制一个矩形，效果如图 2-104 所示。选择“钢笔”工具，在矩形左侧的中间位置单击添加锚点，如图 2-105 所示，在上下节点上单击删除锚点，如图 2-106 所示。

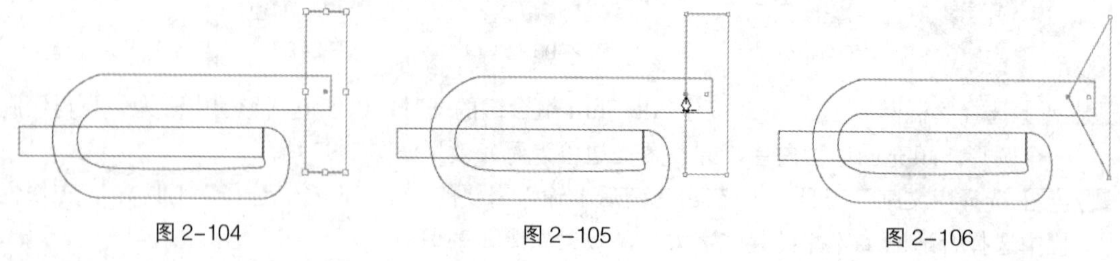
图 2-104　　图 2-105　　图 2-106

步骤 13 选择“选择”工具，使用圈选的方法将所绘制的图形同时选取，按 Ctrl+G 组合键将其编组，填充图形为黑色并设置描边色为无，效果如图 2-107 所示。将编组图形拖曳到页面中适当的位置，效果如图 2-108 所示。选择“对象 > 排列 > 后移一层”命令，将图形向后移动一层，效果如图 2-109 所示。路标导示绘制完成。

图 2–107　　图 2–108　　图 2–109

2.2.4 【相关工具】

1. 渐变填充

◎ 创建渐变填充

使用“多边形”工具绘制一个多边形，如图 2-110 所示。单击工具箱下方的“渐变”按钮，对多边形进行渐变填充，效果如图 2-111 所示。选择“渐变”工具，在图形中需要的位置单击设定渐变的起点并按住鼠标左键拖曳，再次单击确定渐变的终点，如图 2-112 所示，渐变填充的效果如图 2-113 所示。

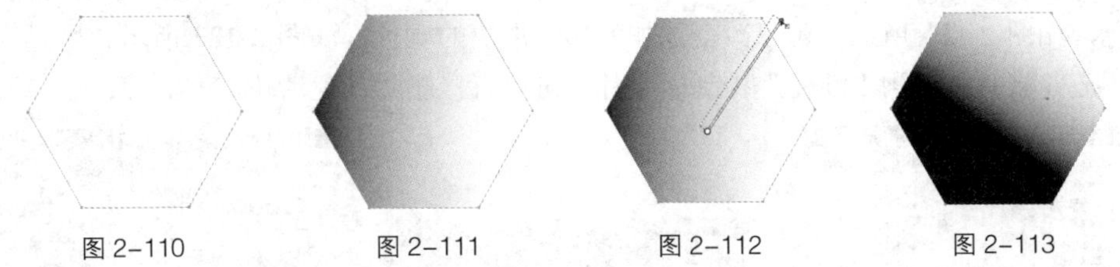

图 2–110　　图 2–111　　图 2–112　　图 2–113

在“色板”控制面板中单击需要的渐变样本，对多边形进行渐变填充，效果如图 2-114 所示。

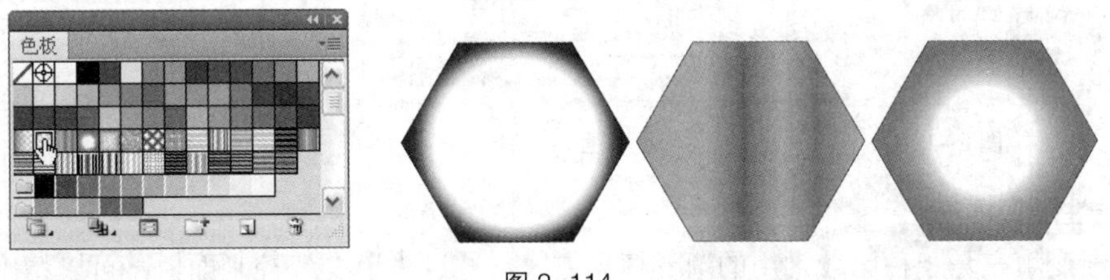

图 2–114

◎ 渐变控制面板

在“渐变”控制面板中可以设置渐变参数，可选择“线性”或“径向”渐变，设置渐变的起始、中间和终止颜色，还可以设置渐变的位置和角度。

选择“窗口 > 渐变”命令，弹出“渐变”控制面板，如图 2-115 所示。从“类型”选项的下拉列表中可以选择“径向”或“线性”渐变方式，如图 2-116 所示。

在“角度”选项的数值框中显示当前的渐变角度，重新输入数值后按 Enter 键，可以改变渐变的角度，如图 2-117 所示。

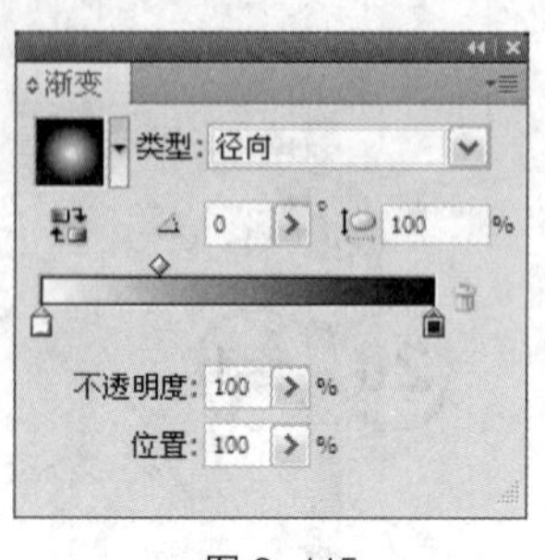

图 2–115

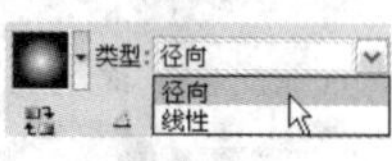

图 2–116

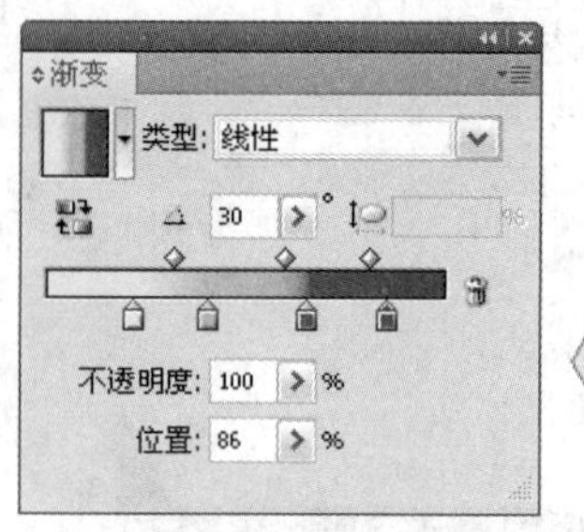

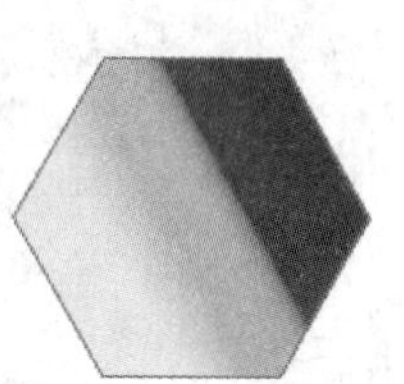
图 2–117

单击“渐变”控制面板下面的颜色滑块，在“位置”选项的数值框中显示出该滑块在渐变颜色中的颜色位置百分比，如图 2-118 所示。拖动该滑块改变该颜色的位置，将改变颜色的渐变梯度，如图 2-119 所示。

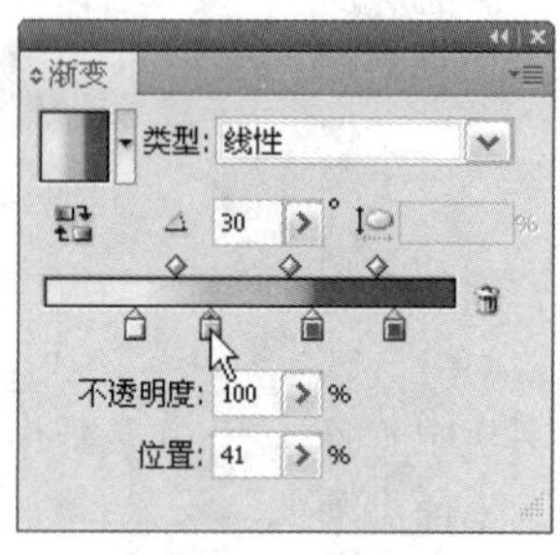

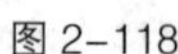
图 2–118

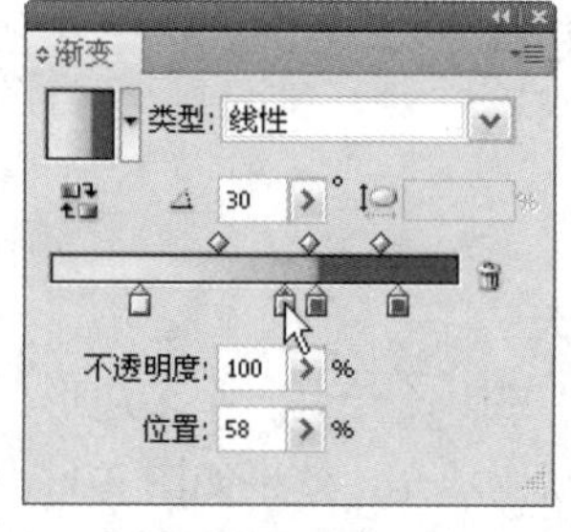

图 2–119

在渐变色谱条底边单击，可以添加一个颜色滑块，如图 2-120 所示。在“颜色”控制面板中调配颜色，如图 2-121 所示，可以改变添加的颜色滑块的颜色，如图 2-122 所示。用鼠标按住颜色滑块不放并将其拖出到“渐变”控制面板外，可以直接删除颜色滑块。

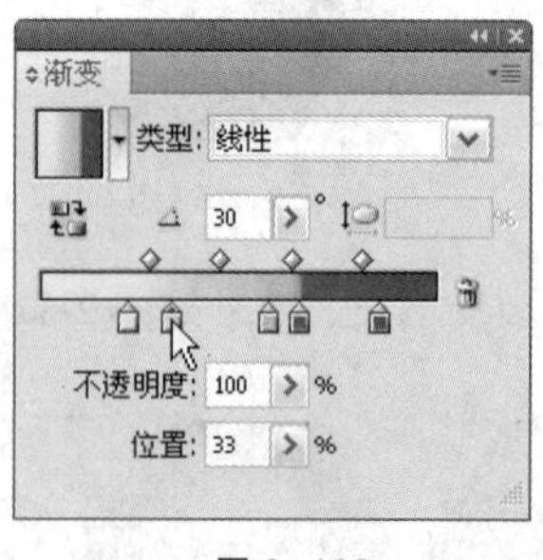

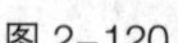
图 2–120

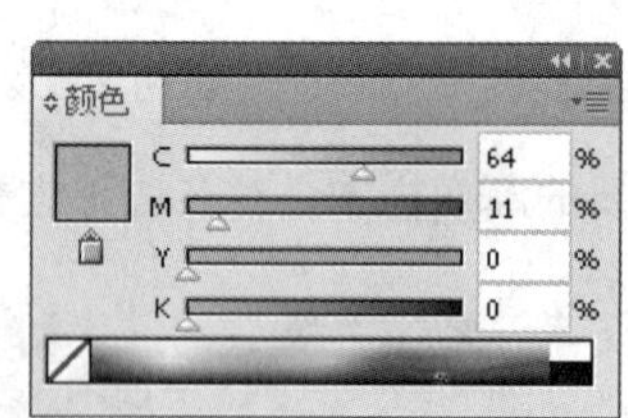

图 2–121

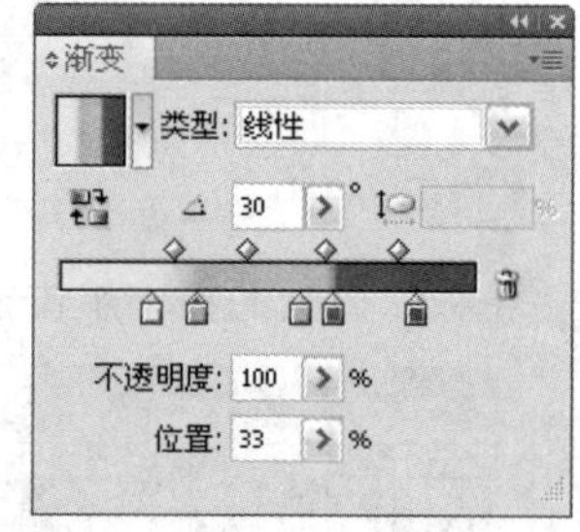

图 2–122

◎ **线性渐变填充**

线性渐变填充是一种比较常用的渐变填充方式，通过“渐变”控制面板，可以精确地指定线性渐变的起始和终止颜色，还可以调整渐变方向。通过调整中心点的位置，可以生成不同的颜色渐变效果。当需要绘制线性渐变填充图形时，可按以下步骤操作。

选择绘制好的图形，如图 2-123 所示。双击“渐变”工具 或选择“窗口 > 渐变”命令（组合键为 Ctrl+F9），弹出“渐变”控制面板。在“渐变”控制面板色谱条中，显示程序默认的白色到黑色的线性渐变样式，如图 2-124 所示。在“渐变”控制面板的“类型”选项的下拉列表中选

择“线性”渐变类型，如图 2-125 所示，图形将被线性渐变填充，效果如图 2-126 所示。

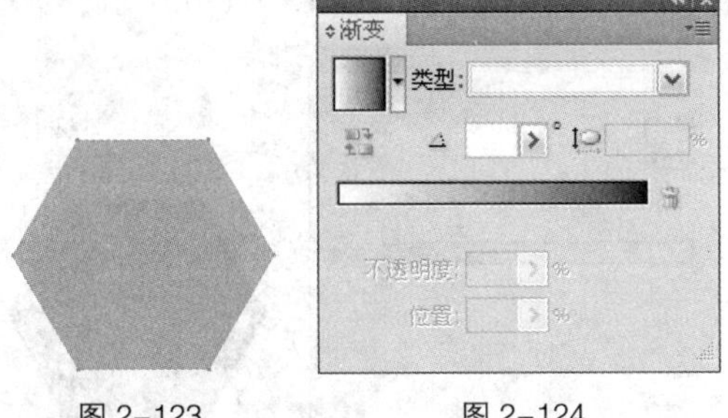

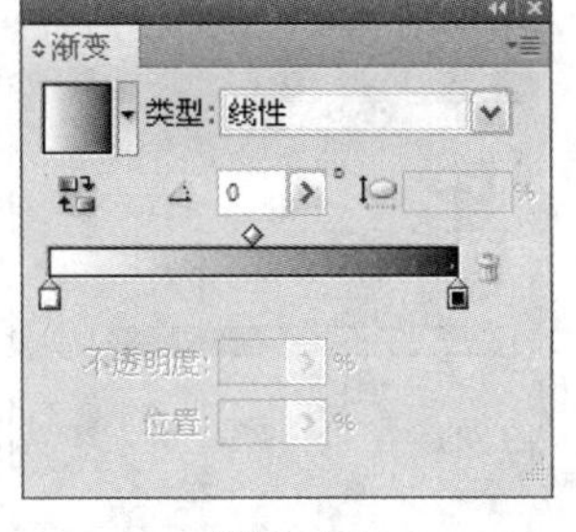

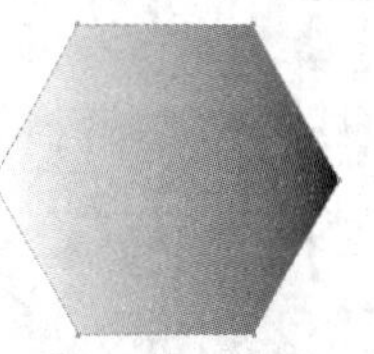

图 2–123　　图 2–124　　图 2–125　　图 2–126

单击“渐变”控制面板中的起始颜色游标，如图 2-127 所示。然后在“颜色”控制面板中调配所需的颜色，设置渐变的起始颜色。再单击终止颜色游标，如图 2-128 所示，设置渐变的终止颜色，效果如图 2-129 所示，图形的线性渐变填充效果如图 2-130 所示。

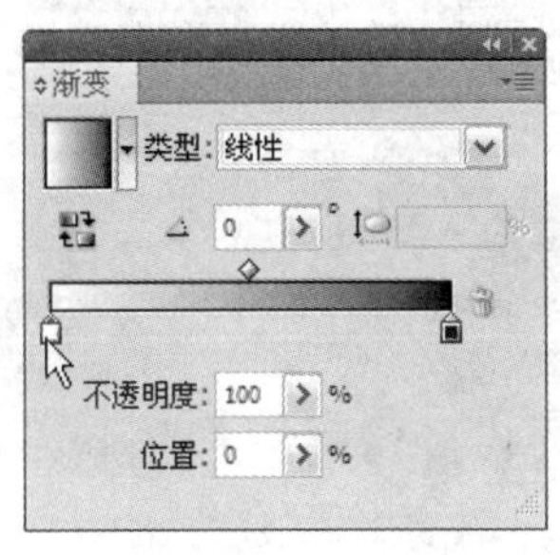

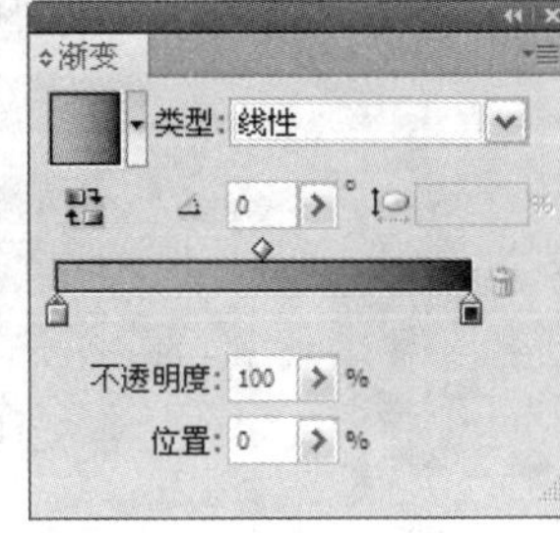

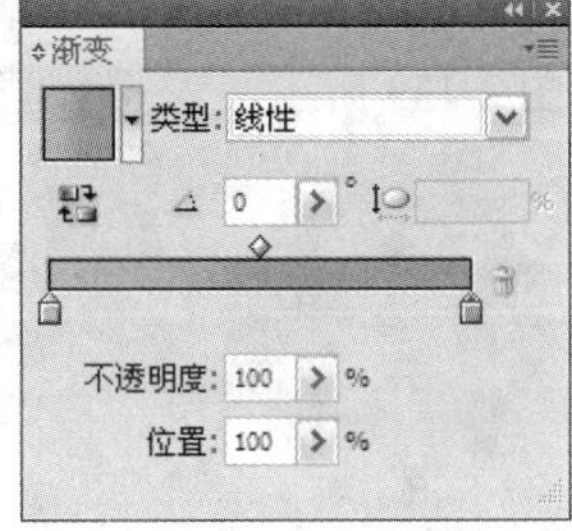

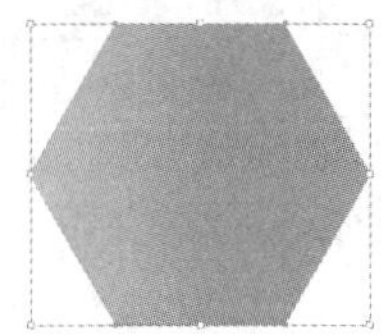

图 2–127　　图 2–128　　图 2–129　　图 2–130

拖动色谱条上边的控制滑块，可以改变颜色的渐变位置，如图 2-131 所示。“位置”数值框中的数值也会随之发生变化，设置“位置”数值框中的数值也可以改变颜色的渐变位置，图形的线性渐变填充效果也将改变，如图 2-132 所示。

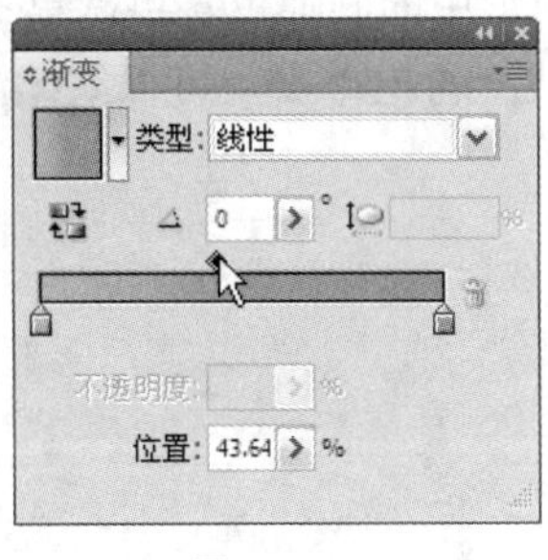

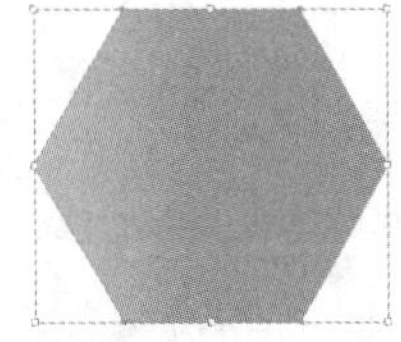

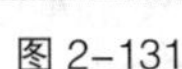

图 2–131　　图 2–132

如果要改变颜色渐变的方向，可选择“渐变”工具直接在图形中拖曳即可。当需要精确地改变渐变方向时，可通过“渐变”控制面板中“角度”选项来控制图形的渐变方向。

◎ **径向渐变填充**

径向渐变填充是 Illustrator CS5 的另一种渐变填充类型，与线性渐变填充不同，它是从起始颜色以圆的形式向外发散，逐渐过渡到终止颜色。它的起始颜色和终止颜色，以及渐变填充中心点的位置都是可以改变的。使用径向渐变填充可以生成多种渐变填充效果。

选择绘制好的图形，如图 2-133 所示。双击“渐变”工具或选择“窗口 > 渐变”命令（组合键为 Ctrl+F9），弹出“渐变”控制面板。在“渐变”控制面板色谱条中，显示程序默认的白色到黑色的线性渐变样式，如图 2-134 所示。在“渐变”控制面板的“类型”选项的下拉列表中选择“径向”渐变类型，如图 2-135 所示，图形将被径向渐变填充，效果如图 2-136 所示。

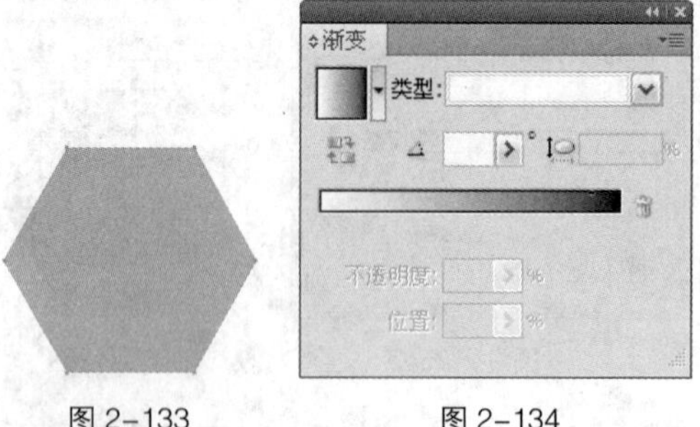

图 2-133　图 2-134

图 2-135

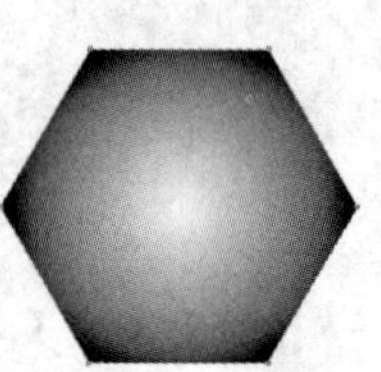
图 2-136

单击“渐变”控制面板中的起始颜色游标或终止颜色游标，然后在“颜色”控制面板中调配颜色，即可改变图形的渐变颜色，效果如图 2-137 所示。拖动色谱条上边的控制滑块，可以改变颜色的中心渐变位置，效果如图 2-138 所示。使用“渐变”工具绘制，可改变径向渐变的中心位置，效果如图 2-139 所示。

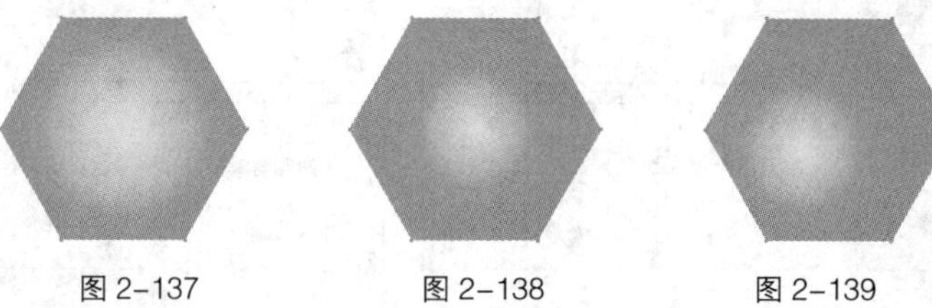
图 2-137　图 2-138　图 2-139

2. 渐变网格填充

选择“椭圆”工具绘制图形，如图 2-140 所示，选择“网格”工具在圆形中单击，建立渐变网格对象，如图 2-141 所示。在圆角矩形中的其他位置再次单击，可以添加网格点，如图 2-142 所示，同时添加了网格线。在网格线上再次单击，可以继续添加网格点，如图 2-143 所示。

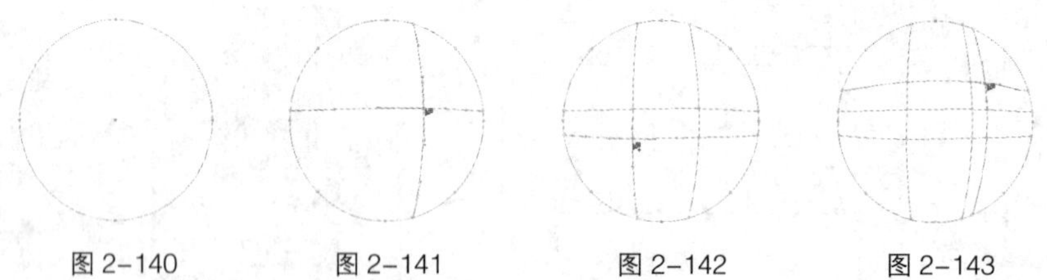
图 2-140　图 2-141　图 2-142　图 2-143

使用“网格”工具或“直接选择”工具单击选中网格点，如图 2-144 所示，按 Delete 键即可将网格点删除，效果如图 2-145 所示。

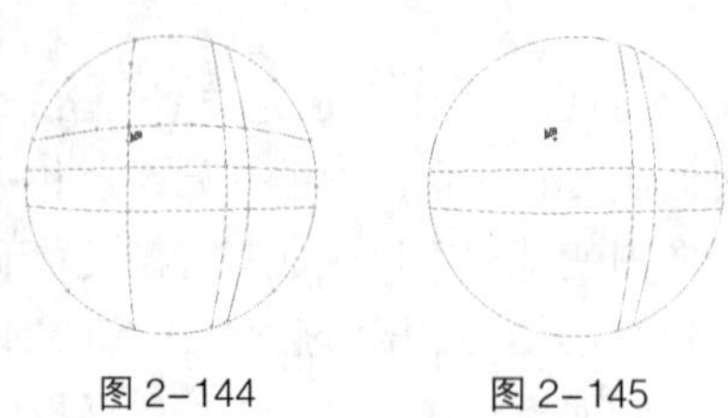
图 2-144　图 2-145

使用“直接选择”工具单击选中网格点，如图2-146所示，在“色板”控制面板中单击需要的颜色块，如图2-147所示，可以为网格点填充颜色，效果如图2-148所示。

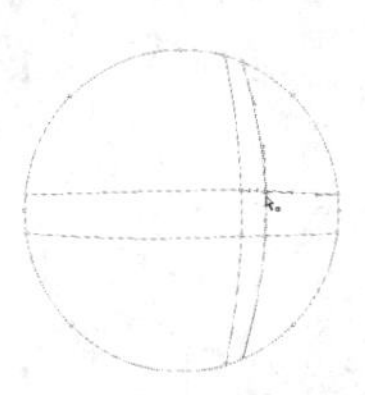

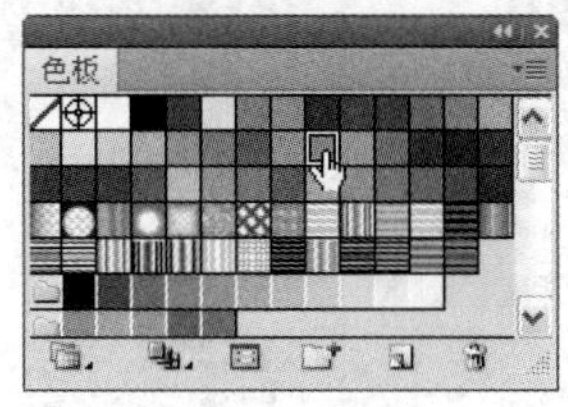

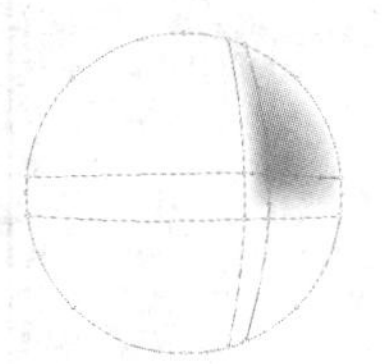

图2-146　图2-147　图2-148

使用“直接选择”工具单击选中网格，如图2-149所示，在“色板”控制面板中单击需要的颜色块，如图2-150所示，可以为网格填充颜色，效果如图2-151所示。

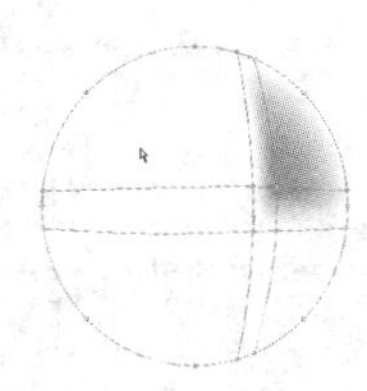

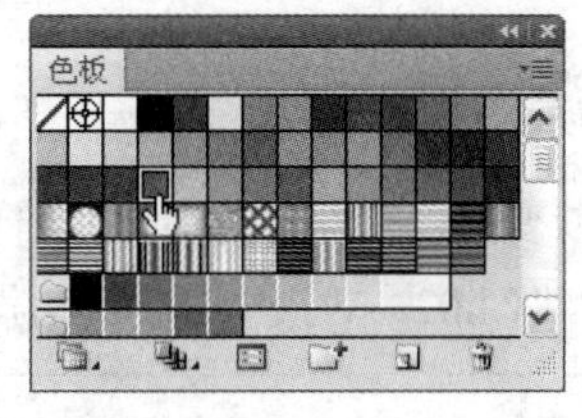

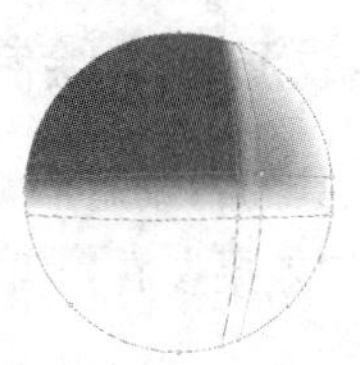

图2-149　图2-150　图2-151

使用“网格”工具在网格点上单击并按住鼠标左键拖曳网格点，可以移动网格点，效果如图2-152所示。拖曳网格点的控制手柄可以调节网格线，效果如图2-153所示。渐变网格的填色效果如图2-154所示。

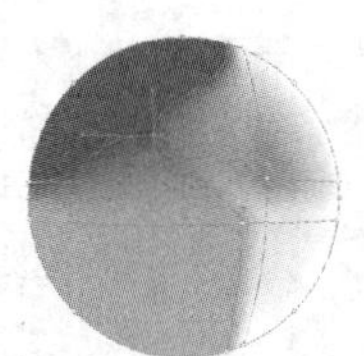

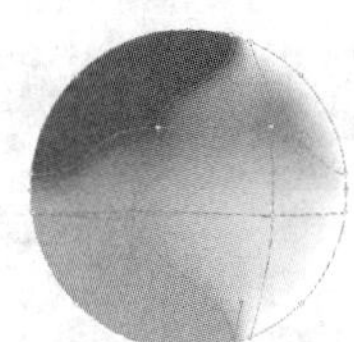

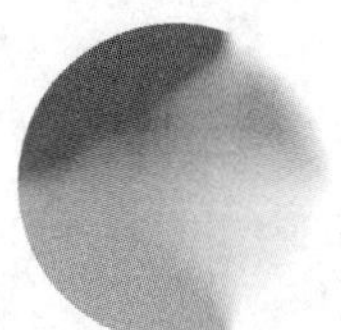

图2-152　图2-153　图2-154

3. 使用吸管工具

使用吸管工具可以吸取目标对象的外观、字符样式、段落样式等。

选择“椭圆”工具绘制椭圆形，如图2-155所示。选择“吸管”工具，在目标对象上单击吸取对象的外观，如图2-156所示，椭圆形效果如图2-157所示。

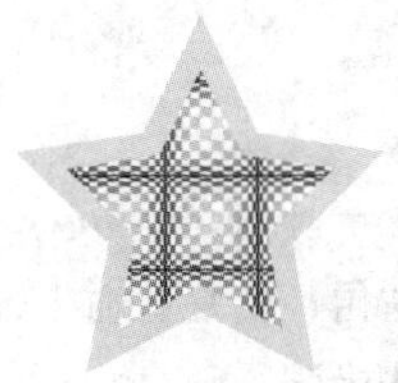

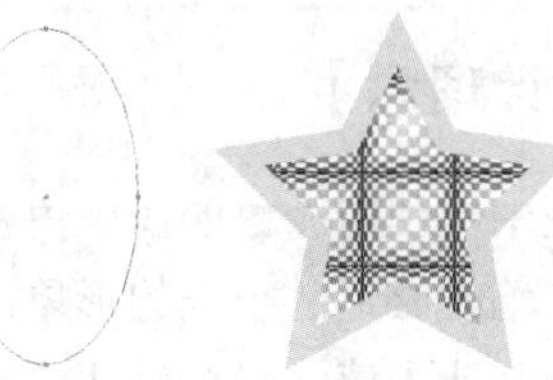

图2-155　图2-156　图2-157

双击“吸管”工具，在弹出的“吸管”选项对话框中可以设置吸管可吸取的属性，如图2-158所示。

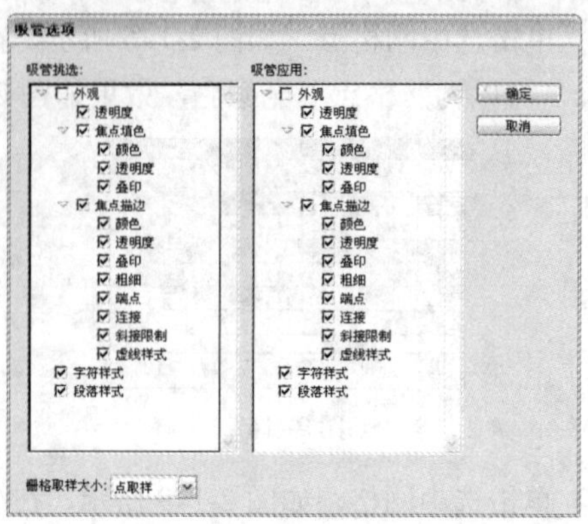

图 2-158

2.2.5 【实战演练】绘制动漫家庭

使用网格工具为背景矩形填充渐变色；使用钢笔工具绘制云彩和鸟图形；使用复制/粘贴命令置入素材。（最终效果参看光盘中的“Ch02 >效果 > 绘制动漫家庭”，见图 2-159。）

图 2-159

2.3 综合演练——绘制爱心应用

2.3.1 【案例分析】

心形源于中国的甲骨文的“心”字，包含了丰富的文化内涵，现代变为表达人们心中美好情感的一种象征符号。本案例设计一个爱心的卡通形象，设计要求可爱舒适、富有童趣。

2.3.2 【设计理念】

在设计过程中，使用冷色的浅蓝色背景突出前方红色的设计主体，营造出宁静舒适、沉稳清新的氛围；为红色的心形赋予人的形象，竖立的眼睛、蓝色的围巾和微笑的嘴角，传达出愉悦、快乐的宣传主题，让人感觉轻松舒适。整体设计可爱形象、风格独特、辨识性极强。

2.3.3 【知识要点】

使用钢笔工具和填充命令绘制身子图形；使用矩形工具和椭圆工具绘制眼部图形；使用复制和粘贴命令复制图形的脚部图形。（最终效果参看光盘中的“Ch02 > 效果 > 绘制爱心应用”，见

图 2-160。）

图 2-160

2.4 综合演练——绘制节能灯泡

2.4.1 【案例分析】

节能灯结构紧凑、体积小巧、推广意义重大，然而，废旧节能灯对环境的危害也日益引起了关注。本案例绘制节能灯泡的标识，设计要求能体现出环保、节能的设计理念。

2.4.2 【设计理念】

在设计过程中，使用环状的箭头围绕树叶形成灯泡图形，展现出循环运用的重要性和以环境为主、节能减排的宣传主题；下方绿色的灯头与上方的图形相呼应，揭示出环保的重要性；所用颜色只采用两种绿色概括，充分体现了节能环保的设计理念。

2.4.3 【知识要点】

使用圆角矩形工具绘制灯头；使用椭圆工具、画笔面板和多边形工具制作箭头图形；使用钢笔工具绘制树叶图形。（最终效果参看光盘中的“Ch02 > 效果 > 绘制节能灯泡”，见图 2-161。）

图 2-161

第3章 插画设计

现代插画艺术发展迅速，已经被广泛应用于杂志、周刊、广告、包装和纺织品领域。使用 Illustrator 绘制的插画简洁明快、独特新颖、形式多样，已经成为最流行的插画表现形式。本章以多个主题插画为例，讲解插画的绘制方法和制作技巧。

课堂学习目标

- 掌握插画的绘制思路和过程
- 掌握插画的绘制方法和技巧

3.1 绘制时尚杂志插画

3.1.1 【案例分析】

本案例是为时尚杂志绘制的故事插画。插画的设计要求以独特的形式和方法展现出时尚的味道，与杂志的内容相贴合。

3.1.2 【设计理念】

在绘制过程中，插画背景由丰富绚丽的三角形拼贴而成，展现出时尚炫目的形象，充满现代感；前方的鞋帽展示以黑色的阴影衬托展示，并点缀许多丰富的小图形，体现出活泼且不失呆板的画面。整个插画画面丰富、色彩艳丽，具有很强的都市感。（最终效果参看光盘中的“Ch03 > 效果 > 绘制时尚杂志插画”，见图 3-1。）

图 3–1

3.1.3 【操作步骤】

步骤 1 按 Ctrl+O 组合键，打开光盘中的“Ch03 > 素材 > 绘制时尚杂志插画 > 01”文件，如图 3-2 所示。选择“椭圆”工具，在页面中分别绘制多个椭圆形，填充图形为黑色并设置描边色为无，效果如图 3-3 所示。

步骤 2 选择“钢笔”工具，在适当的位置绘制一个不规则闭合图形，如图 3-4 所示，填充图形为白色并设置描边色为无。连续按 Ctrl+[组合键将图形向后移动到适当的位置，效果如图 3-5 所示。使用相同方法绘制其他图形，效果如图 3-6 所示。

图 3-2　　图 3-3

图 3-4

图 3-5

图 3-6

步骤 3 选择“钢笔”工具，在适当的位置绘制图形，如图 3-7 所示。设置图形填充色的 C、M、Y、K 值分别为 25、0、100、0，填充图形并设置描边色为无，效果如图 3-8 所示。

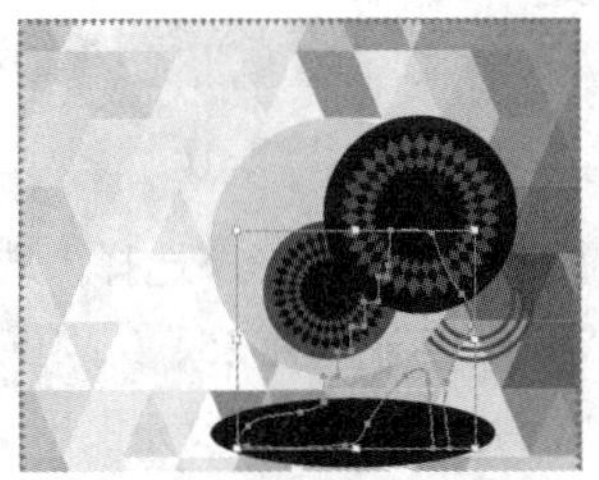

图 3-7

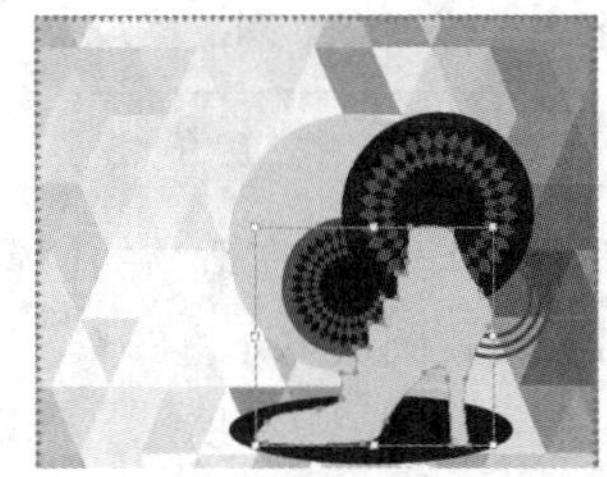

图 3-8

步骤 4 选择“圆角矩形”工具，在页面外单击鼠标，弹出“圆角矩形”对话框，在对话框中进行设置，如图 3-9 所示，单击“确定”按钮，得到一个圆角矩形。设置图形填充色的 C、M、Y、K 值分别为 0、85、70、0，填充图形并设置描边色为无，效果如图 3-10 所示。

步骤 5 选择“钢笔”工具，在圆角矩形上绘制一个不规则图形，设置图形填充色的 C、M、Y、K 值分别为 0、85、70、0，填充图形并设置描边色为无，效果如图 3-11 所示。选择“选择”工具，用圈选的方法将刚绘制的图形同时选取，拖曳到页面中适当的位置并调整其大小，效果如图 3-12 所示。

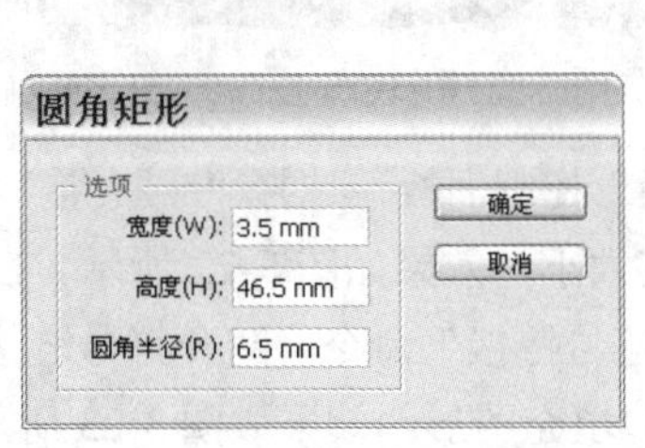

图 3-9

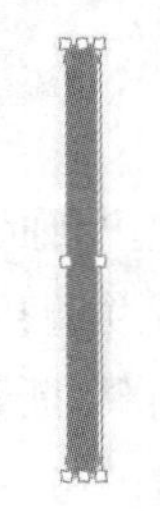

图 3-10

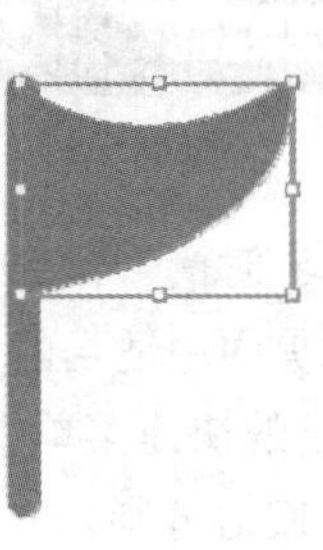

图 3-11

图 3-12

步骤 6 选择“圆角矩形”工具，在页面外单击鼠标，弹出“圆角矩形”对话框，在对话框中进行设置，如图 3-13 所示。单击“确定”按钮，得到一个圆角矩形，如图 3-14 所示。选择“矩形”工具，在适当的位置绘制一个矩形。选择“选择”工具，用圈选的方法将刚绘制的矩形同时选取，如图 3-15 所示。

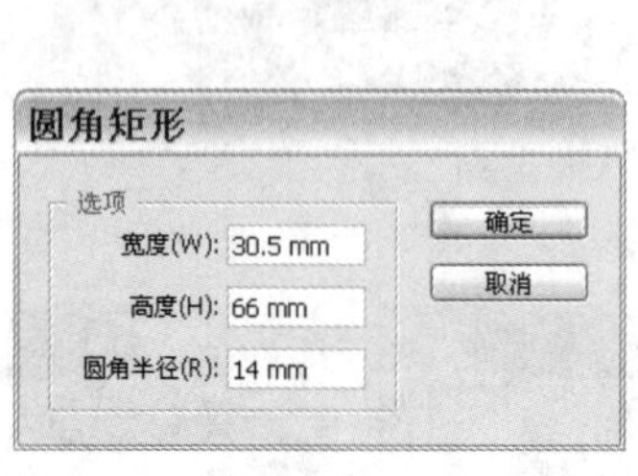

图 3-13

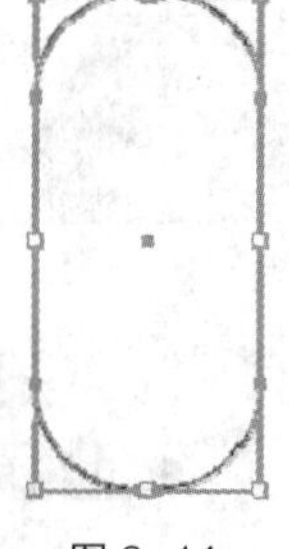

图 3-14

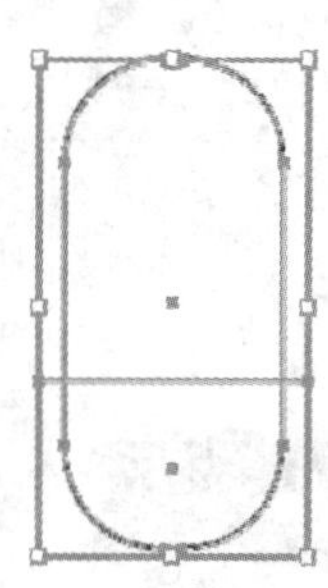

图 3-15

步骤 7 选择“窗口 > 路径查找器”命令，弹出“路径查找器”面板，单击“减去顶层”按钮，如图 3-16 所示，生成新对象，效果如图 3-17 所示。

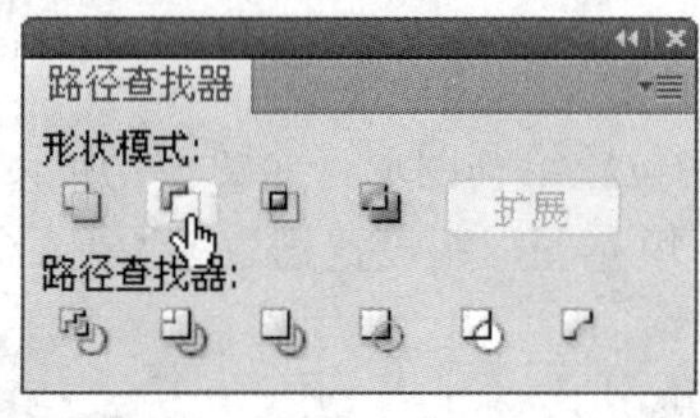

图 3-16

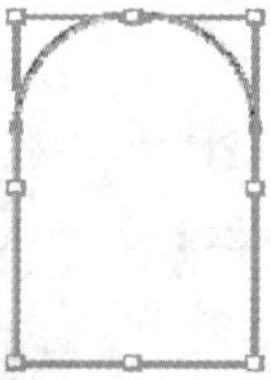

图 3-17

步骤 8 选择“矩形”工具，在适当的位置分别绘制两个矩形。选择“选择”工具，将两个矩形同时选取，设置图形填充色的 C、M、Y、K 值分别为 25、0、100、0，填充图形并设置描边色为无，效果如图 3-18 所示。选取下方的圆角矩形，填充图形为白色并设置描边色为无。用圈选的方法将所有图形同时选取，拖曳图形到页面中适当的位置并调整其大小，效果如图 3-19 所示。使用相同的方法绘制其他图形，效果如图 3-20 所示。

图 3-18

图 3-19

图 3-20

步骤 9 选择“窗口 > 符号库 > 时尚”命令，弹出“时尚”控制面板，选择“手提包”符号，如图 3-21 所示。拖曳符号到页面中适当的位置并调整其大小，效果如图 3-22 所示。在符号图形上单击鼠标右键，在弹出的快捷菜单中选择“断开符号链接”命令，断开符号链接。设置图形填充色的 C、M、Y、K 值分别为 0、85、70、0，填充图形，效果如图 3-23 所示。

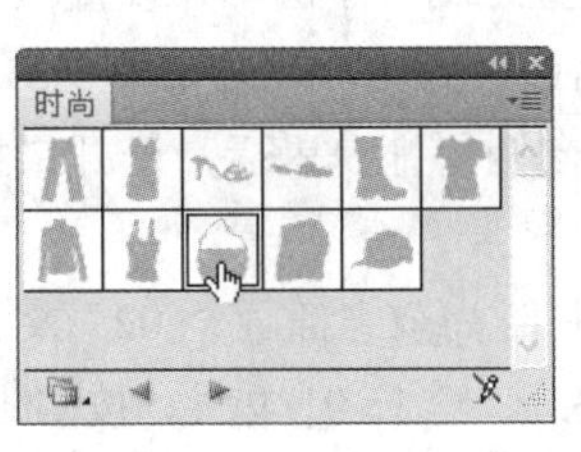

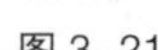

图 3-21　　图 3-22　　图 3-23

步骤 10 使用相同方法在“时尚”控制面板中，分别将“鞋”、“帽子”符号拖曳到页面中适当的位置并调整其大小，效果如图 3-24 所示。分别断开符号链接，设置图形填充色的 C、M、Y、K 值分别为（40、100、6、0）、（25、0、100、0），填充图形，效果如图 3-25 所示。

图 3-24　　图 3-25

步骤 11 选择“矩形”工具和“椭圆”工具，在页面中分别绘制矩形和椭圆形，如图 3-26 所示。选择“选择”工具，将两个图形同时选取，设置图形填充色的 C、M、Y、K 值分别为 40、100、6、0，填充图形并设置描边色为无，效果如图 3-27 所示。

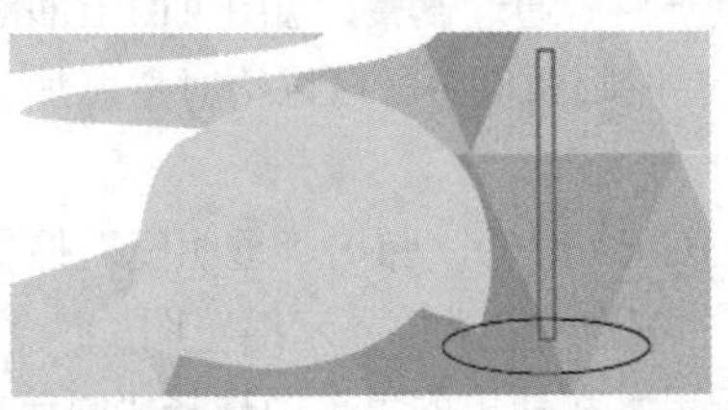

图 3-26　　图 3-27

步骤 12 选择“时尚”控制面板，选择“衣服”符号，如图 3-28 所示。拖曳符号图形到页面中适当的位置并调整其大小，效果如图 3-29 所示。在符号图形上单击鼠标右键，在弹出的快捷菜单中选择“断开符号链接”命令，断开符号链接。设置图形填充色的 C、M、Y、K 值分别为 40、100、6、0，填充图形，效果如图 3-30 所示。

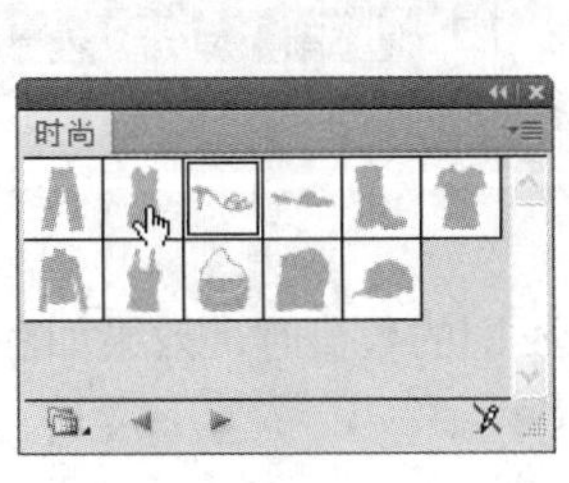

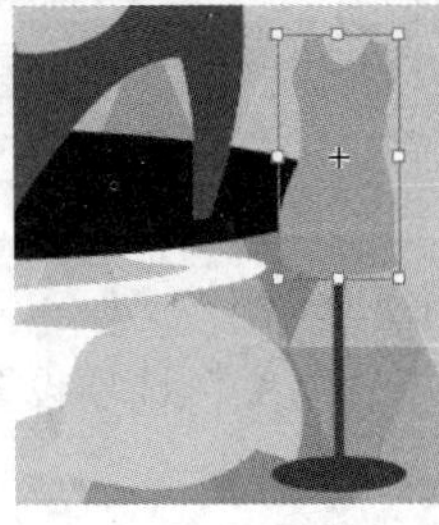

图 3-28　　图 3-29　　图 3-30

步骤 13 选择“椭圆”工具，按住 Shift 键的同时在适当的位置绘制一个圆形，设置填充色的 C、M、Y、K 值分别为 65、60、65、60，填充图形并设置描边色为无，效果如图 3-31 所示。

步骤 14 选择“晶格化”工具，将鼠标指针放到圆形中心点向四周拖曳鼠标，松开鼠标后，效果如图 3-32 所示。

步骤 15 按 Ctrl+O 组合键，打开光盘中的“Ch03 > 素材 > 绘制时尚杂志插画 > 02”文件。按 Ctrl+A 组合键将所有图形同时选取，按 Ctrl+C 组合键复制图形。选择 01 文件，按 Ctrl+V 组合键将复制的图形粘贴到页面中，并拖曳到适当的位置，效果如图 3-33 所示。在空白处单击，取消图形选取状态，时尚杂志插画绘制完成，效果如图 3-34 所示。

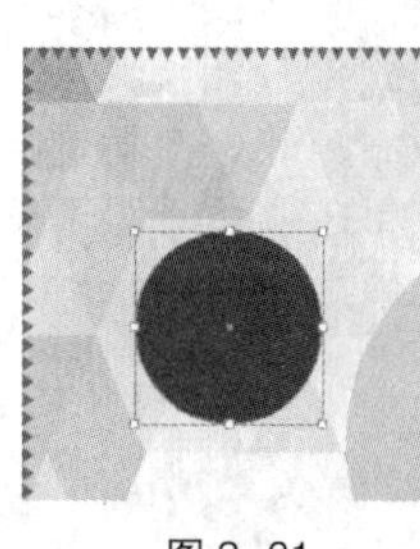

图 3-31

图 3-32

图 3-33

图 3-34

3.1.4 【相关工具】

1. 透明度控制面板

透明度是 Illustrator CS5 中对象的一个重要外观属性。通过设置，绘图页面上的对象可以是完全透明、半透明或者不透明 3 种状态。在“透明度”控制面板中，可以给对象添加不透明度，还可以改变混合模式，从而制作出新的效果。

选择“窗口 > 透明度”命令（组合键为 Shift +Ctrl+ F10），弹出“透明度”控制面板，如图 3-35 所示。单击控制面板右上方的图标，在弹出的菜单中选择“显示缩览图”命令，可以将“透明度”控制面板中的缩览图显示出来，如图 3-36 所示。在弹出的菜单中选择“显示选项”命令，可以将“透明度”控制面板中的选项显示出来，如图 3-37 所示。

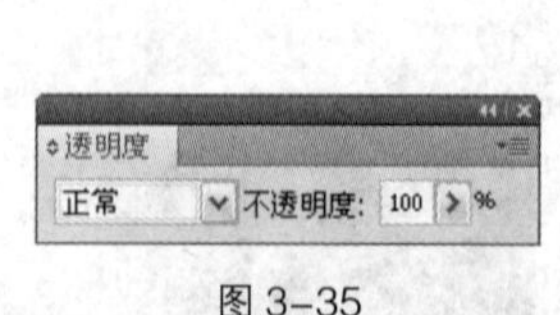

图 3-35

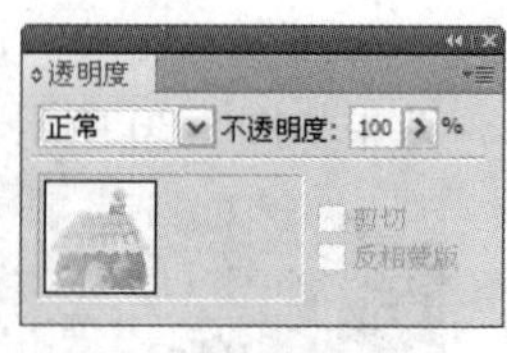
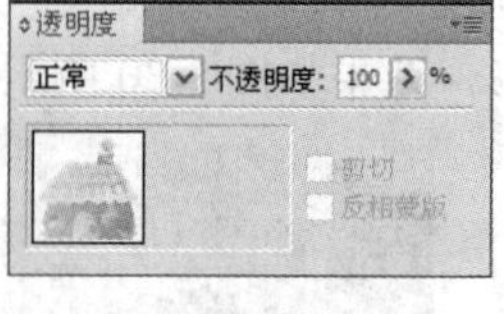

图 3-36

图 3-37

◎ **“透明度”控制面板的表面属性**

在“透明度”控制面板中，当“不透明度”选项设置为不同的数值时，效果如图 3-38 所示。默认状态下，对象是完全不透明的。

不透明度值为 0 时　　不透明度值为 50 时　　不透明度值为 100 时

图 3-38

选择“隔离混合”选项，可以使不透明度设置只影响当前组合或图层中的其他对象。

选择“挖空组”选项，可以使不透明度设置不影响当前组合或图层中的其他对象，但背景对象仍然受影响。

选择“不透明度和蒙版用来定义挖空形状”选项，可以使用不透明度蒙版来定义对象的不透明度所产生的效果。

选中“图层”控制面板中要改变不透明度的图层，用鼠标单击图层右侧的图标，将其定义为目标图层，在“透明度”控制面板的“不透明度”选项中调整不透明度的数值，此时的调整会影响到整个图层不透明度的设置，包括此图层中已有的对象和将来绘制的任何对象。

◎ **“透明度”控制面板的下拉式命令**

单击“透明度”控制面板右上方的图标，弹出其下拉菜单，如图 3-39 所示。

“建立不透明蒙版”命令可以将蒙版的不透明度设置应用到它所覆盖的所有对象中。

在绘图页面中选中两个对象，如图 3-40 所示，选择“建立不透明蒙版”命令，“透明度”控制面板显示的效果如图 3-41 所示，制作不透明蒙版的效果如图 3-42 所示。

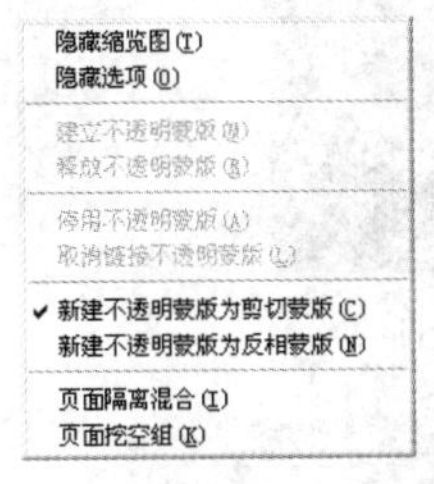

图 3-39

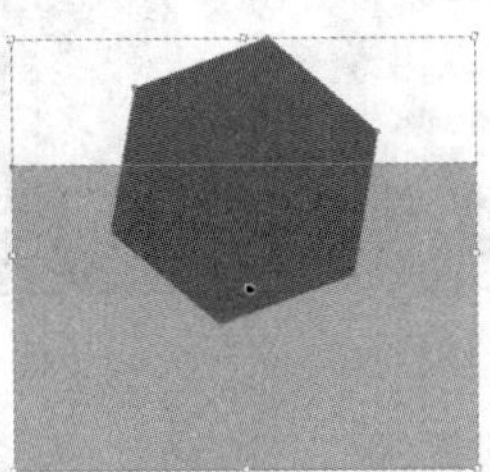

图 3-40

图 3-41

图 3-42

选择“释放不透明蒙版”命令，制作的不透明蒙版将被释放，对象恢复原来的效果。选中制作的不透明蒙版，选择“停用不透明蒙版”命令，不透明蒙版被禁用，“透明度”控制面板的变化如图 3-43 所示。

选中制作的不透明蒙版，选择“取消链接不透明蒙版”命令，蒙版对象和被蒙版对象之间的链接关系被取消，在“透明度”控制面板中，蒙版对象和被蒙版对象缩略图之间的链接符号不再显示，如图 3-44 所示。

图 3-43

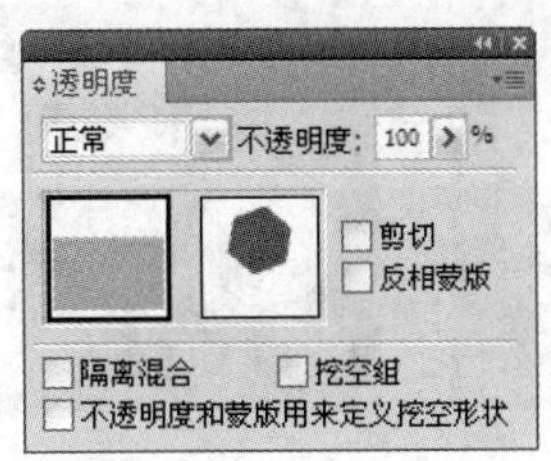

图 3-44

选中制作的不透明蒙版，勾选“透明度”控制面板中的“剪切”复选框，如图 3-45 所示，不透明蒙版的变化效果如图 3-46 所示。勾选“透明度”控制面板中的“反相蒙版”复选框，如图 3-47 所示，不透明蒙版的变化效果如图 3-48 所示。

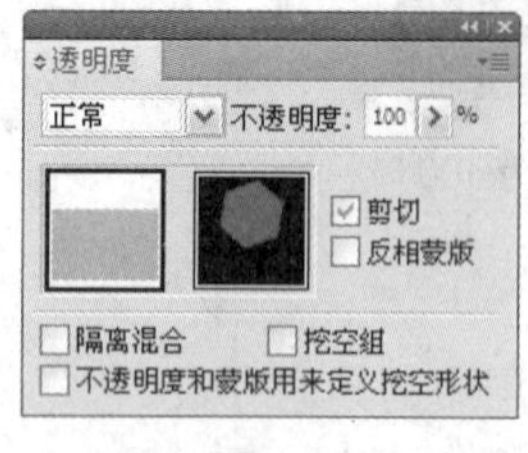

图 3-45

图 3-46

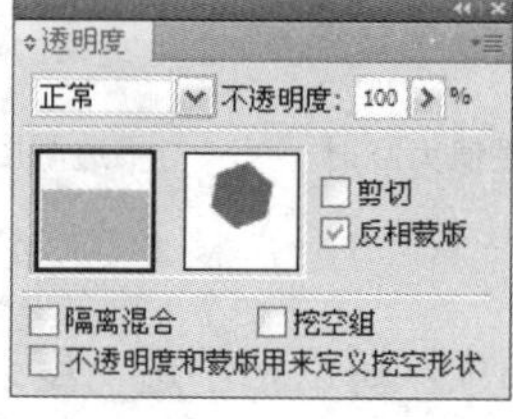

图 3-47

图 3-48

◎ **“透明度”控制面板中的混合模式**

在“透明度”控制面板中提供了 16 种混合模式，如图 3-49 所示。置入一张图像，如图 3-50 所示。在图像上绘制一个多边形并保持其选取状态，如图 3-51 所示。分别选择不同的混合模式，可以观察图像的不同变化，效果如图 3-52 所示。

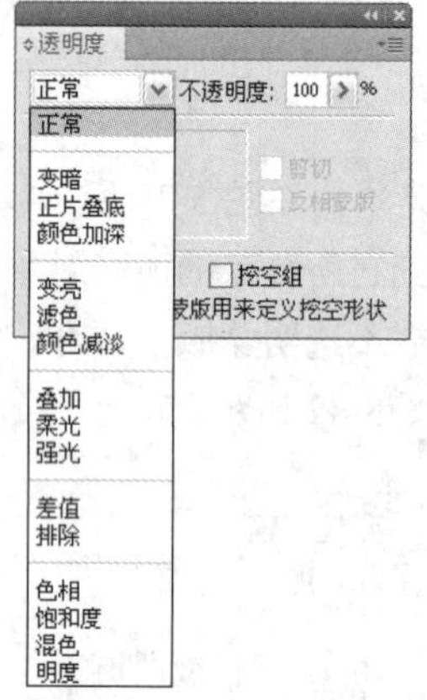

图 3-49

图 3-50

图 3-51

正常模式

变暗模式

正片叠底模式

颜色加深模式

变亮模式

滤色模式

颜色减淡模式

叠加模式

柔光模式

强光模式

差值模式

排除模式

色相模式

饱和度模式

混色模式

明度模式

图 3-52

2. 使用符号

符号是一种能存储在“符号”控制面板中，并且在一个插图中可以多次重复使用的对象。Illustrator CS5 提供了“符号”控制面板，专门用来创建、存储和编辑符号。

◎ **“符号”控制面板**

“符号”控制面板具有创建、编辑和存储符号的功能。单击控制面板右上方的图标，弹出其下拉菜单，如图 3-53 所示。

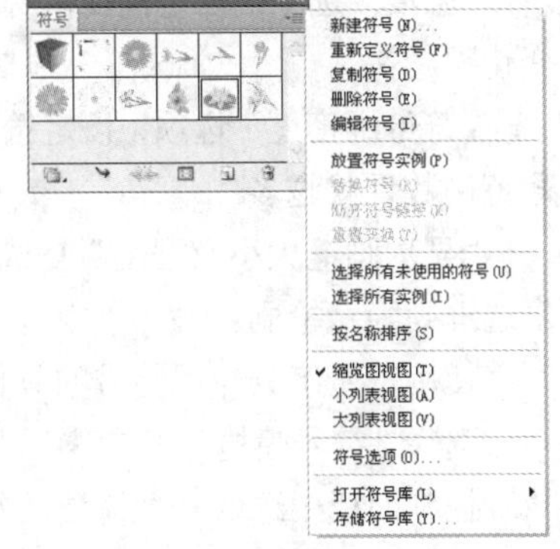

图 3-53

在“符号”控制面板下边有以下 6 个按钮。

符号库菜单按钮：包括多种符合库，可以选择调用。

置入符号实例按钮：将当前选中的一个符号范例放置在页面的中心。

断开符号链接按钮：将添加到插图中的符号范例与“符号”控制面板断开链接。

符号选项按钮：单击该按钮，可以打开“符号选项”对话框并进行设置。

新建符号按钮：单击该按钮，可以将选中的要定义为符号的对象添加到“符号”控制面板中作为符号。

删除符号按钮：单击该按钮，可以删除“符号”控制面板中被选中的符号。

◎ **创建和应用符号**

单击“新建符号”按钮，可以将选中的要定义为符号的对象添加到“符号”控制面板中作为符号。

将选中的对象直接拖曳到“符号”控制面板中也可以创建符号，如图 3-54 所示。

在“符号”控制面板中选中需要的符号，直接将其拖曳到当前插图中，得到一个符号范例，如图 3-55 所示。

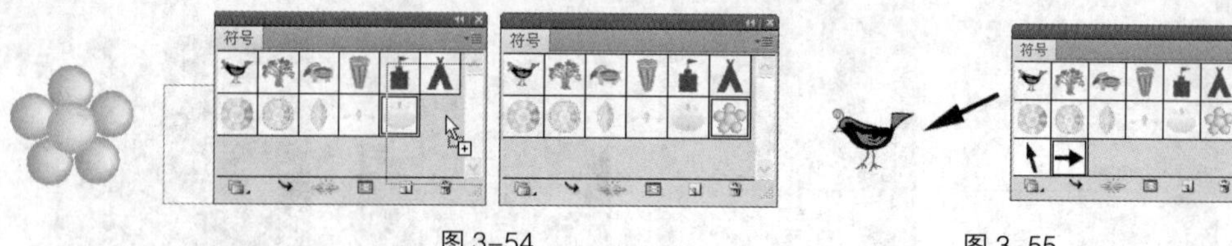

图 3-54

图 3-55

选择“符号喷枪”工具可以同时创建多个符号范例，并且可以将它们作为一个符号集合。

◎ **使用符号工具**

Illustrator CS5 工具箱的符号工具组中提供了 8 个符号工具，展开的符号工具组如图 3-56 所示。

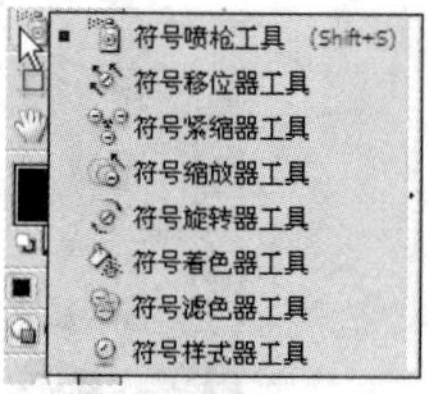

符号喷枪工具：创建符号集合，可以将“符号”控制面板中的符号对象应用到插图中。

符号移位器工具：移动符号范例。

符号紧缩器工具：对符号范例进行缩紧变形。

图 3-56

符号缩放器工具：对符号范例进行放大操作。按住 Alt 键，可以对符号范例进行缩小操作。

符号旋转器工具：对符号范例进行旋转操作。

符号着色器工具：使用当前颜色为符号范例填色。

符号滤色器工具：增加符号范例的透明度。按住 Alt 键，可以减小符号范例的透明度。

符号样式器工具：将当前样式应用到符号范例中。

可以设置符号工具的属性，双击任意一个符号工具将弹出“符号工具选项”对话框，如图 3-57 所示。

“直径”选项：设置笔刷直径的数值。这时的笔刷指的是选取符号工具后，鼠标指针的形状。

“强度”选项：设定拖曳鼠标时，符号范例随鼠标变化的速度，数值越大，被操作的符号范例变化得越快。

“符号组密度”选项：设定符号集合中包含符号范例的密度，数值越大，符号集合所包含的符号范例数目就越多。

“显示画笔大小及强度”复选框：勾选该复选框，在使用符号工具时可以看到笔刷，不勾选该复选框则隐藏笔刷。

使用符号工具应用符号的具体操作如下。

选择“符号喷枪”工具，鼠标指针将变成一个中间有喷壶的圆形，如图 3-58 所示。在“符号”控制面板中选取一种需要的符号对象，如图 3-59 所示。

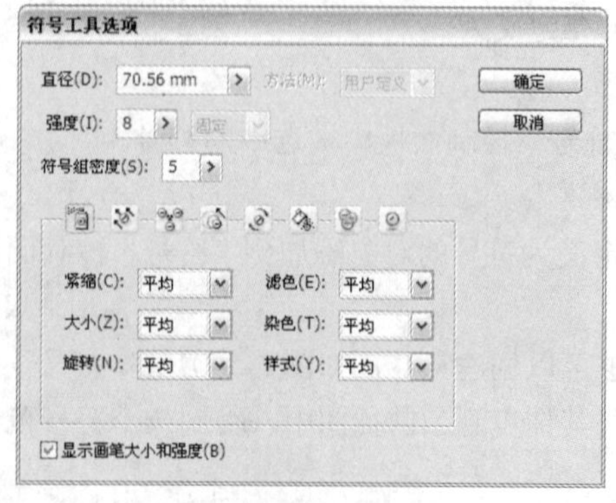

图 3-57

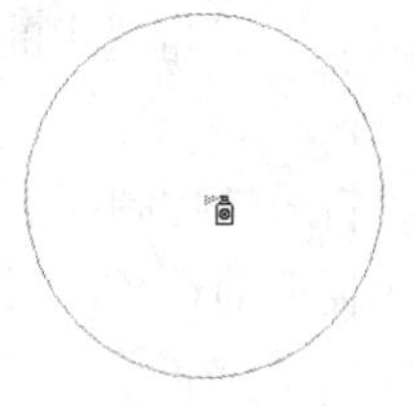

图 3-58

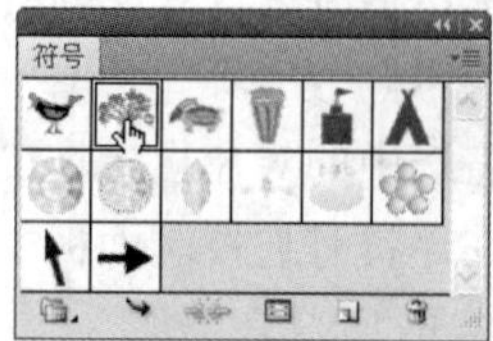

图 3-59

在页面上按下鼠标左键不放并拖曳鼠标，符号喷枪工具将沿着鼠标拖曳的轨迹喷射出多个符号范例，这些符号范例将组成一个符号集合，如图 3-60 所示。

使用“选择”工具选中符号集合，再选择“符号移位器”工具，将鼠标指针移到要移动的符号范例上按下鼠标左键不放并拖曳鼠标，在鼠标指针之中的符号范例随着鼠标移动，如图 3-61 所示。

图 3-60

图 3-61

使用“选择”工具选中符号集合，再选择“符号紧缩器”工具，将鼠标指针移到要使用符号紧缩器工具的符号范例上，按下鼠标左键不放并拖曳鼠标，符号范例被紧缩，如图 3-62 所示。

使用“选择”工具选中符号集合，再选择“符号缩放器”工具，将鼠标指针移到要调整的符号范例上，按下鼠标左键不放并拖曳鼠标，在鼠标指针之中的符号范例变大，如图 3-63 所示。按住 Alt 键，则可缩小符号范例。

图 3-62

图 3-63

使用“选择”工具选中符号集合，选择“符号旋转器”工具，将鼠标指针移到要旋转的符号范例上，按下鼠标左键不放并拖曳鼠标，在鼠标指针之中的符号范例发生了旋转，如图 3-64 所示。

在“色板”控制面板或“颜色”控制面板中设定一种颜色作为当前色，使用“选择”工具选中符号集合，选择“符号着色器”工具，将鼠标指针移到要填充颜色的符号范例上，按下鼠标左键不放并拖曳鼠标，在鼠标指针中的符号范例被填充上当前色，如图 3-65 所示。

图 3-64

图 3-65

使用“选择”工具选中符号集合，选择“符号滤色器”工具，将鼠标指针移到要改变透明度的符号范例上，按下鼠标左键不放并拖曳鼠标，在鼠标指针中的符号范例的透明度被增大，如图 3-66 所示。按住 Alt 键，可以减小符号范例的透明度。

使用“选择”工具选中符号集合，选择“符号样式器”工具，在“图形样式”控制面板中选中一种样式，将鼠标指针移到要改变样式的符号范例上，按下鼠标左键不放并拖曳鼠标，在鼠标指针中的符号范例被改变样式，如图 3-67 所示。

使用“选择”工具选中符号集合，选择“符号喷枪”工具，按住 Alt 键，在要删除的符号范例上按下鼠标左键不放并拖曳鼠标，鼠标指针经过的区域中的符号范例被删除，如图 3-68 所示。

图 3-66

图 3-67

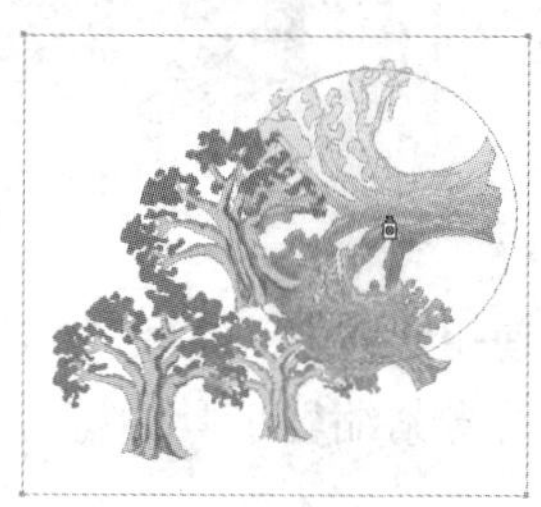
图 3-68

3. 剪贴蒙版

将一个对象制作为蒙版后，对象的内部变得完全透明，这样就可以显示下面的被蒙版对象，同时也可以遮挡住不需要显示或打印的部分。

◎ **制作图像蒙版**

选择“文件 > 置入”命令，在弹出的“置入”对话框中选择图形文件，如图 3-69 所示，单击“置入”按钮，图像出现在页面中，效果如图 3-70 所示。选择“椭圆”工具，在图像上绘制一个椭圆形作为蒙版，如图 3-71 所示。

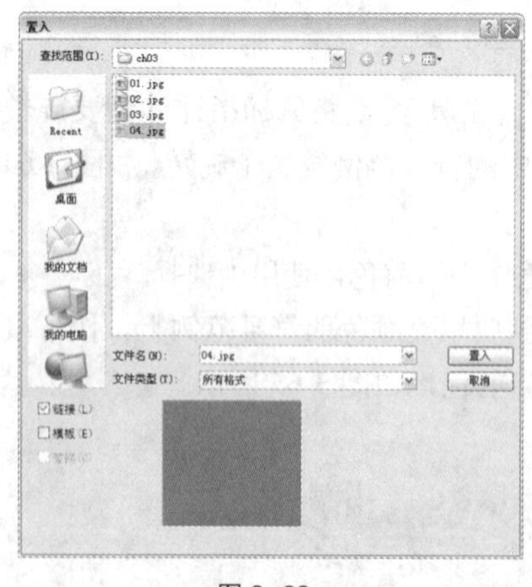

图 3-69

图 3-70

图 3-71

使用“选择”工具，同时选中图像和椭圆形，如图 3-72 所示（作为蒙版的图形必须在图像的上面）。选择“对象 > 剪切蒙版 > 建立”命令（组合键为 Ctrl+7），制作出蒙版效果，如图 3-73 所示。图像在椭圆形蒙版外面的部分被隐藏，蒙版的效果如图 3-74 所示。

图 3-72

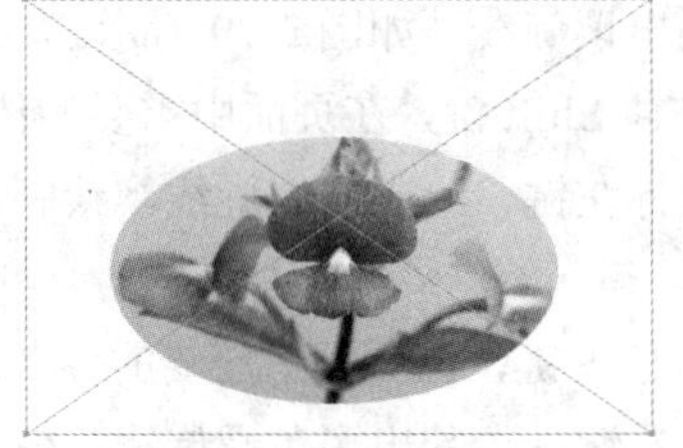

图 3-73

图 3-74

使用“选择”工具，选中图像和椭圆形，在选中的对象上单击鼠标右键，在弹出的快捷菜单中选择“建立剪切蒙版”命令，制作出蒙版效果。

使用“选择”工具，选中图像和椭圆形，单击“图层”控制面板右上方的图标，在弹出的菜单中选择“建立剪切蒙版”命令，制作出蒙版效果。

◎ **查看蒙版**

使用“选择”工具，选中蒙版图像，如图 3-75 所示。单击“图层”控制面板右上方的图标，在弹出的菜单中选择“定位对象”命令，“图层”控制面板如图 3-76 所示，可以在“图层”控制面板中查看蒙版状态，也可以编辑蒙版。

图 3-75

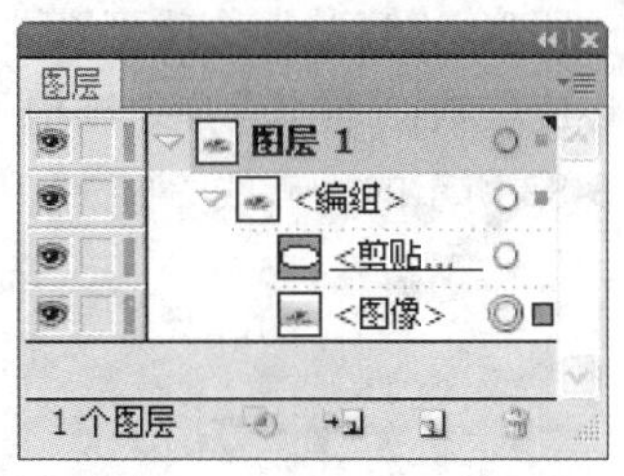

图 3-76

◎ **锁定蒙版**

使用“选择”工具，选中需要锁定的蒙版图像，如图 3-77 所示。选择“对象 > 锁定 > 所选对象”命令，可以锁定蒙版图像，效果如图 3-78 所示。

图 3-77

图 3-78

◎ **删除被蒙版的对象**

选中被蒙版的对象，选择“编辑 > 清除”命令或按 Delete 键，即可删除被蒙版的对象。

也可以在“图层”控制面板中选中被蒙版对象所在图层，再单击“图层”控制面板下方的“删除所选图层”按钮，也可删除被蒙版的对象。

4. 绘制螺旋线

选择“螺旋线”工具，在页面中需要的位置单击鼠标并按住鼠标左键不放，拖曳光标到需

要的位置，释放鼠标左键，绘制出螺旋线，如图 3-79 所示。

选择“螺旋线”工具，按住 Shift 键，在页面中需要的位置单击鼠标并按住鼠标左键不放，拖曳鼠标到需要的位置，释放鼠标左键，绘制出螺旋线，绘制的螺旋线转动的角度将是强制角度（默认设置是 45°）的整倍数。

选择“螺旋线”工具，按住～键，在页面中需要的位置单击鼠标并按住鼠标左键不放，拖曳鼠标到需要的位置，释放鼠标左键，绘制出多条螺旋线，效果如图 3-80 所示。

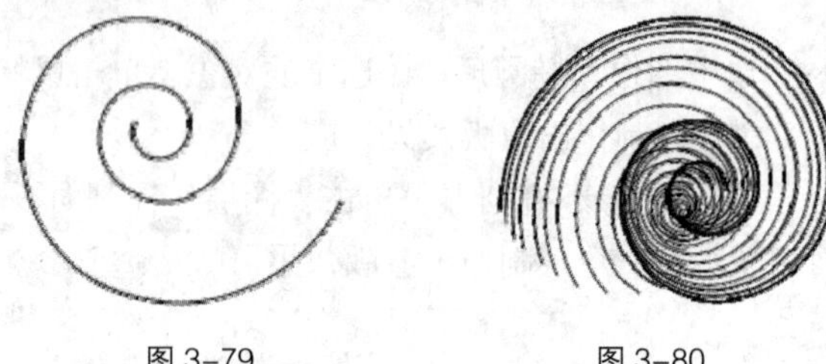

图 3-79　　图 3-80

选择“螺旋线”工具，在页面中需要的位置单击，弹出“螺旋线”对话框，如图 3-81 所示。在对话框中，“半径”选项可以设置螺旋线的半径，螺旋线的半径指的是从螺旋线的中心点到螺旋线终点之间的距离；“衰减”选项可以设置螺旋形内部线条之间的螺旋圈数；“段数”选项可以设置螺旋线的螺旋段数；“样式”单选项用于设置螺旋线的旋转方向。设置完成后，单击“确定”按钮，得到如图 3-82 所示的螺旋线。

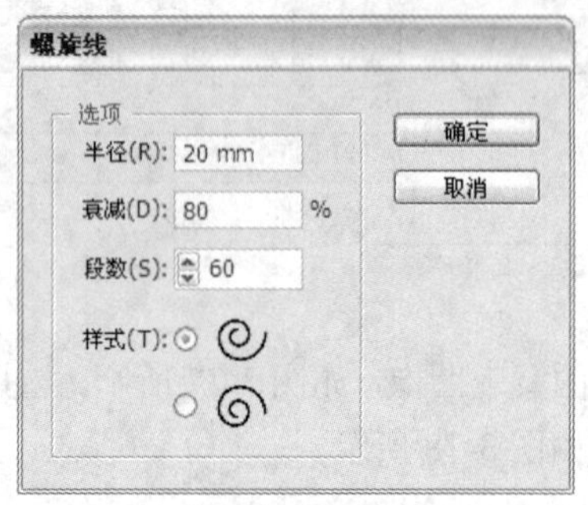

图 3-81

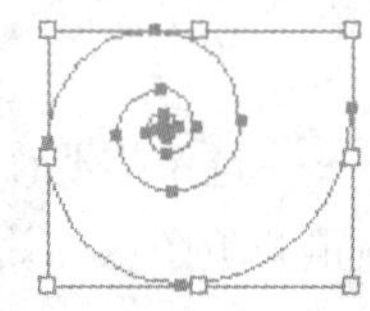

图 3-82

5. 晶格化工具

选择“晶格化”工具，将鼠标指针放到对象中适当的位置，如图 3-83 所示，在对象上拖曳鼠标，如图 3-84 所示，就可以变形对象，效果如图 3-85 所示。

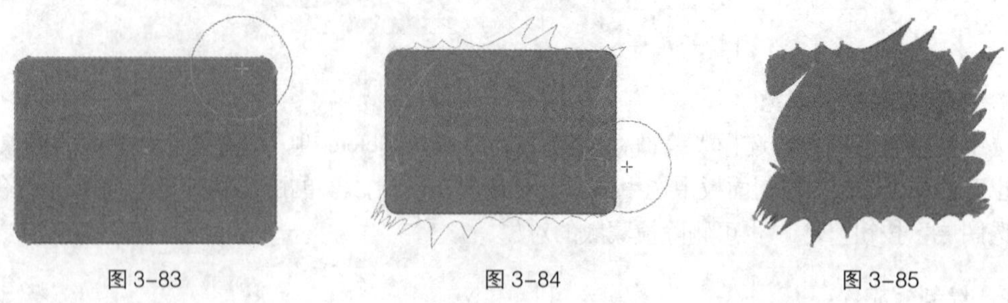

图 3-83　　图 3-84　　图 3-85

双击“晶格化”工具，弹出“晶格化工具选项”对话框，如图 3-86 所示。对话框中选项的功能与“扇贝工具选项”对话框中的选项功能相同。

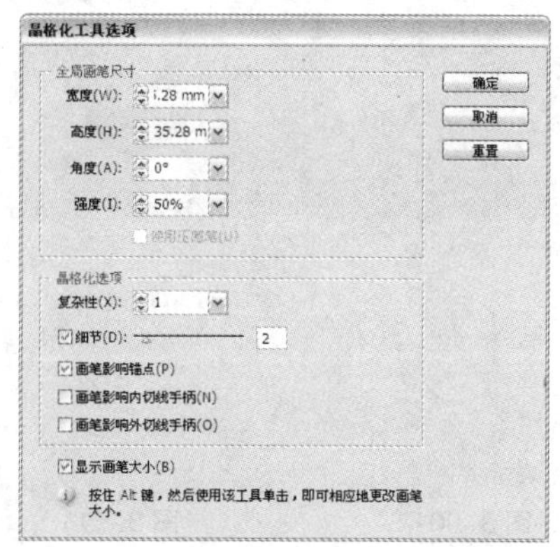

图 3-86

3.1.5 【实战演练】绘制儿童故事插画

使用矩形工具、钢笔工具和建立剪切蒙版命令制作背景图形；使用矩形工具、椭圆工具和路径查找器命令制作窗户；使用符号面板添加植物符号图形。（最终效果参看光盘中的“Ch03 > 效果 > 绘制儿童故事插画”，见图 3-87。）

图 3-87

3.2 绘制 T 恤衫插画

3.2.1 【案例分析】

穿着带有个性图案的独一份 T 恤，是现在年轻人追求的时尚个性，独特的 T 恤图案会避免可能发生大街上与人“撞衫”的尴尬。本案例绘制 T 恤衫插画，设计要求具有独特的风格和个性创意。

3.2.2 【设计理念】

在绘制过程中，使用浅淡的背景衬托出前方的主体图形，让人一目了然；前方形象可爱的机器人独自行走在城市中，形成动静结合的画面，让人印象深刻。整个画面具有童话感，展现出独特的个性和风格。（最终效果参看光盘中的“Ch03 > 效果> 绘制 T 恤衫插画”，见图 3-88。）

图 3-88

3.2.3 【操作步骤】

步骤 1 按 Ctrl+N 组合键新建一个文档，设置文档的宽度为 210mm，高度为 297mm，颜色模式为 CMYK，单击“确定”按钮。

步骤 2 选择“钢笔”工具，在页面中适当的位置绘制一个不规则闭合图形，如图 3-89 所示。选择“钢笔”工具，在衣领处再绘制一个图形，如图 3-90 所示。在属性栏中将“描边粗细”选项设置为 0.5 pt，并设置图形填充色的 C、M、Y、K 值分别为 100、0、0、0，填充图形，效果如图 3-91 所示。使用相同的方法绘制其他图形并填充相同的颜色，效果如图 3-92

所示。

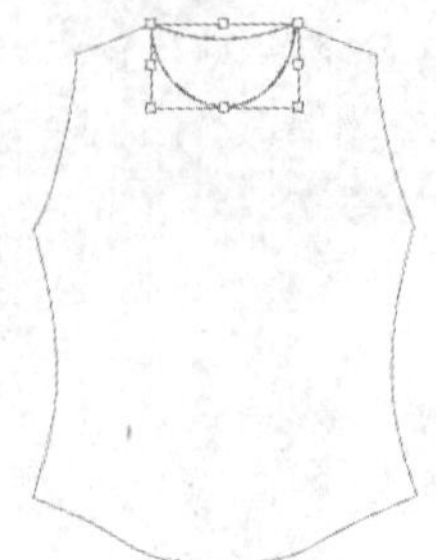
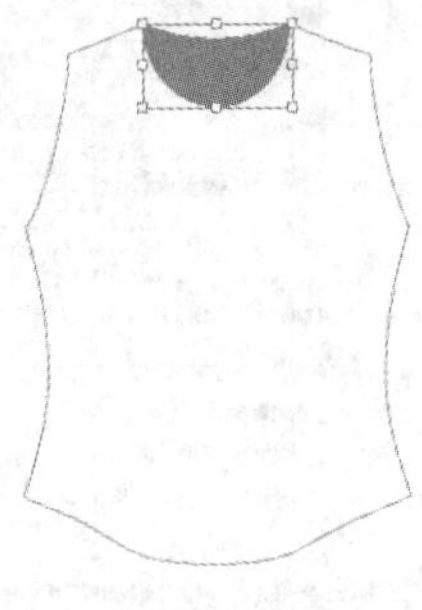

图 3–89　　图 3–90　　图 3–91　　图 3–92

步骤 3　选择“钢笔”工具，在衣服下方分别绘制两条曲线，如图 3-93 所示。选择“选择”工具，将两条曲线同时选取。选择“窗口 > 描边”命令，弹出“描边”面板，将“粗细”选项设为 0.5pt，其他选项的设置如图 3-94 所示，按 Enter 键，效果如图 3-95 所示。

图 3–93

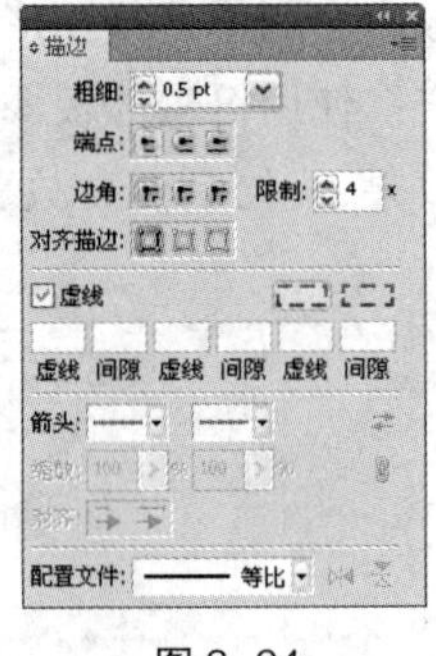

图 3–94

图 3–95

步骤 4　按 Ctrl+O 组合键，打开光盘中的“Ch03 > 素材 > 绘制 T 恤衫插画 > 01”文件。按 Ctrl+A 组合键将所有图形同时选取，按 Ctrl+C 组合键复制图形。选择正在编辑的页面，按 Ctrl+V 组合键将复制的图形粘贴到页面中，并拖曳到适当的位置，效果如图 3-96 所示。

步骤 5　选择“椭圆”工具，按住 Shift 键的同时在页面外绘制一个圆形，如图 3-97 所示。选择“剪刀”工具，分别在路径上单击，路径从单击的地方被剪切为两条路径，效果如图 3-98 所示。选择“选择”工具，选取被剪断的路径，按 Delete 键将其删除，效果如图 3-99 所示。

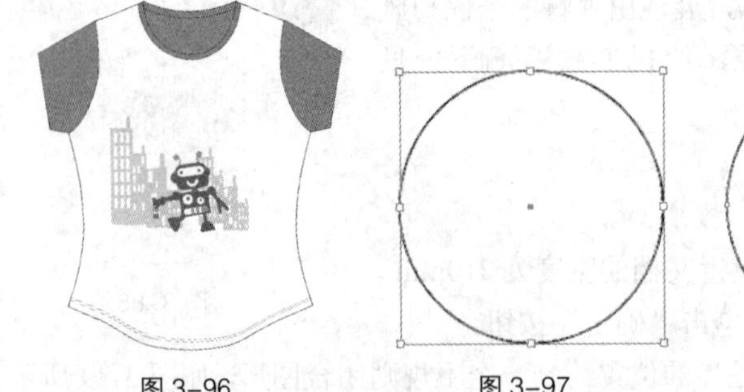
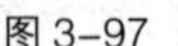
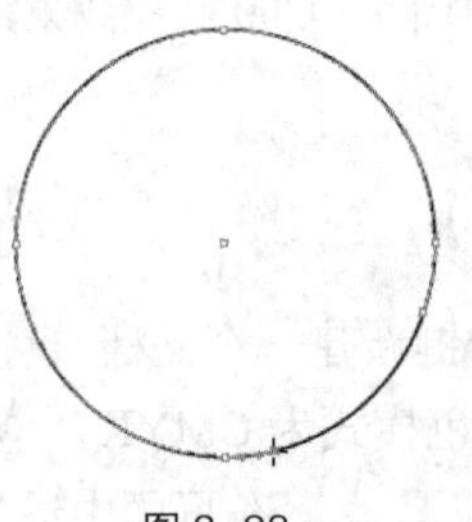
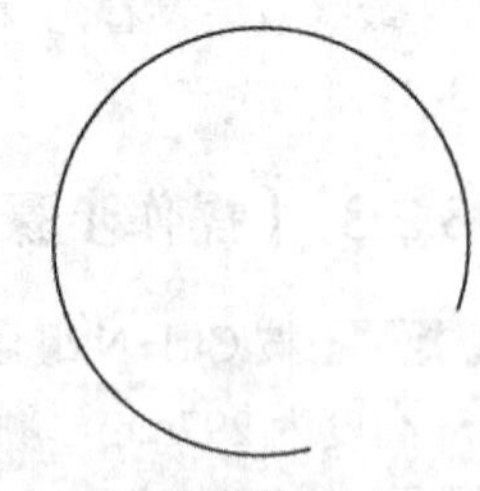

图 3–96　　图 3–97　　图 3–98　　图 3–99

步骤 6　选择“选择”工具，选取路径，选择“描边”面板，将“粗细”选项设为 4 pt，其他选项的设置如图 3-100 所示，按 Enter 键，效果如图 3-101 所示。设置描边色的 C、M、Y、K 值分别为 1、16、57、0，填充描边，效果如图 3-102 所示。

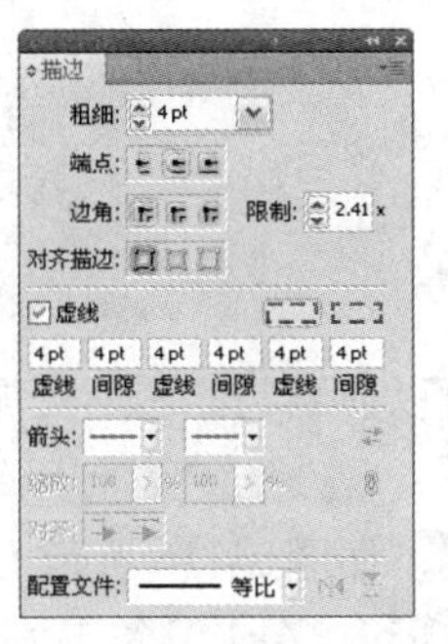

图 3-100

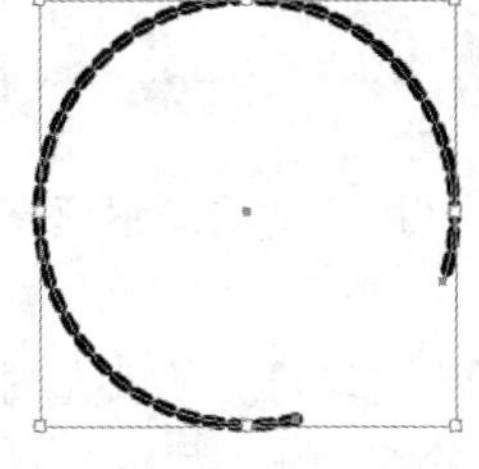

图 3-101

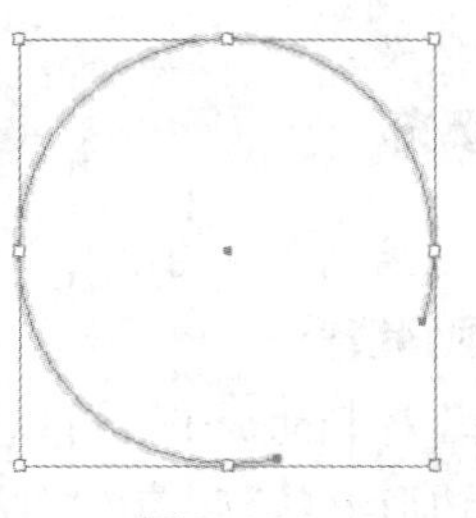

图 3-102

步骤 7 选择“选择”工具，将图形拖曳到页面中适当的位置，效果如图 3-103 所示。选择“对象 > 排列 > 后移一层”命令，将图形向后移动一层，效果如图 3-104 所示。

图 3-103

图 3-104

步骤 8 选择“星形”工具，按住 Shift 键的同时在页面中绘制一个星形，设置图形填充色的 C、M、Y、K 值分别为 67、12、61、0，填充图形并设置描边色为无，效果如图 3-105 所示。选择“选择”工具，按 Ctrl+C 组合键复制图形，按 Ctrl+F 组合键将复制的图形粘贴在前面，填充图形为白色，等比例缩小图形并拖曳到适当的位置，效果如图 3-106 所示。

图 3-105

图 3-106

步骤 9 选择“窗口 > 色板库 > 图案 > 装饰 > 装饰_花纹”命令，弹出“装饰_花纹”控制面板，选取需要的花纹图案，如图 3-107 所示，图案被填充到星形内部，效果如图 3-108 所示。使用相同的方法制作其他星形，效果如图 3-109 所示。T 恤衫插画绘制完成。

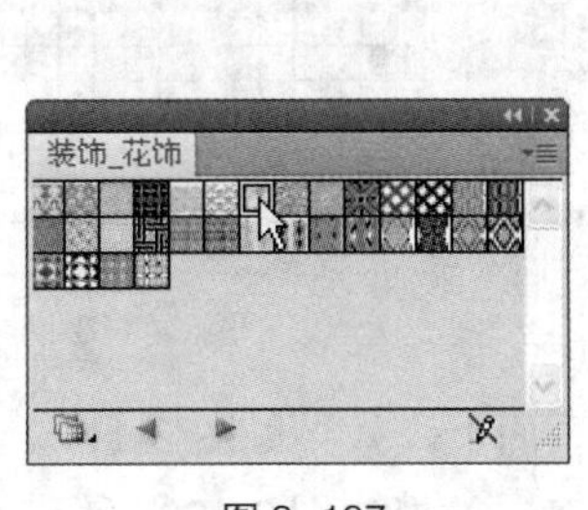

图 3-107

图 3-108

图 3-109

3.2.4 【相关工具】

1. 图案填充

图案填充是绘制图形的重要手段，使用合适的图案填充可以使绘制的图形更加生动形象。

◎ **使用图案填充**

在“色板”控制面板中，可以为图形选取漂亮的填充图案，如图 3-110 所示。

使用“多边形工具”工具绘制一个多边形，如图 3-111 所示。在工具箱下方选择描边按钮，再在“色板”控制面板中选择需要的图案，如图 3-112 所示。图案填充到多边形的描边上，效果如图 3-113 所示。

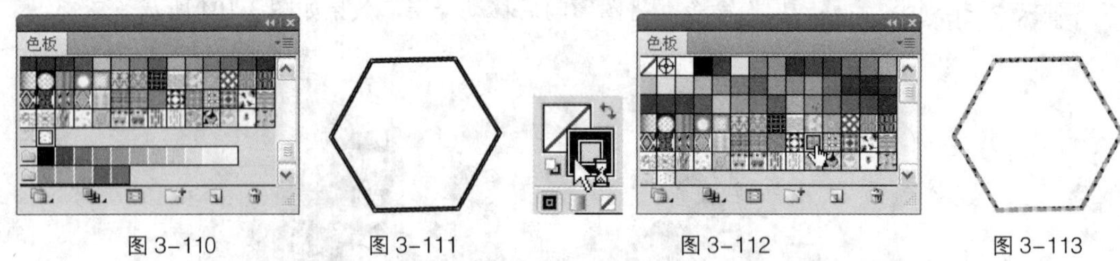

图 3–110　图 3–111　图 3–112　图 3–113

在工具箱下方选择填充按钮，在“色板”控制面板中单击选择需要的图案，如图 3-114 所示。图案填充到多边形的内部，效果如图 3-115 所示。

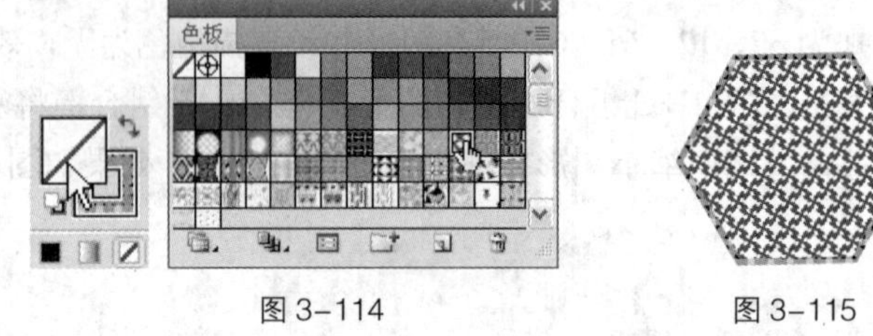

图 3–114　图 3–115

◎ **创建图案填充**

在 Illustrator CS5 中可以将基本图形定义为图案，作为图案的图形不能包含图案和位图。

使用“多边形”工具，绘制 4 个多边形并填充适当的颜色，将其同时选取，效果如图 3-116 所示。选择“编辑 > 定义图案”命令，弹出“新建色板”对话框，如图 3-117 所示设置，单击“确定”按钮，定义的图案就添加到“色板”控制面板中了，效果如图 3-118 所示。

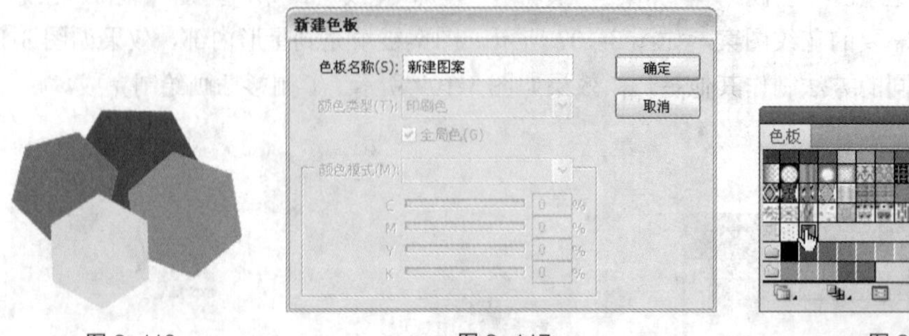

图 3–116　图 3–117　图 3–118

在“色板”控制面板中单击新定义的图案并将其拖曳到页面上，效果如图 3-119 所示。选择“对象 > 取消编组”命令，取消图案组合，可以重新编辑图案，效果如图 3-120 所示。

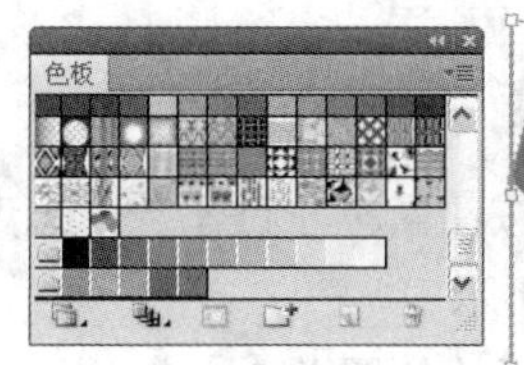

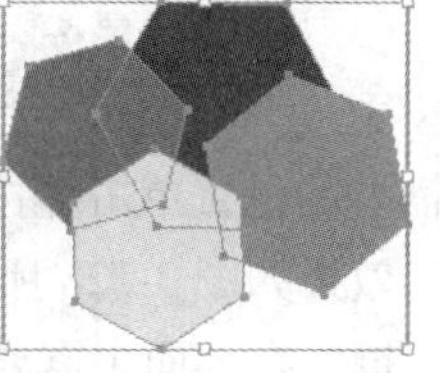

图 3-119

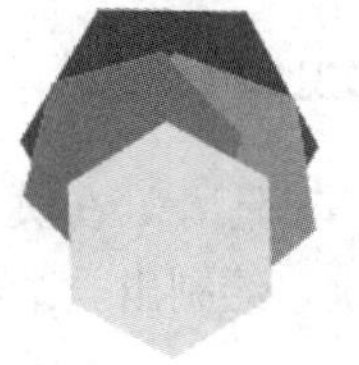

图 3-120

选择“对象 > 编组”命令，将新编辑的图案组合，将图案拖曳到“色板”控制面板中，如图 3-121 所示，在“色板”控制面板中添加了新定义的图案，如图 3-122 所示。

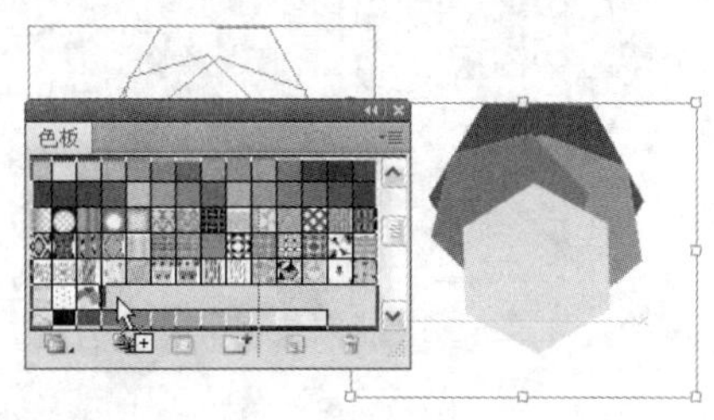

图 3-121

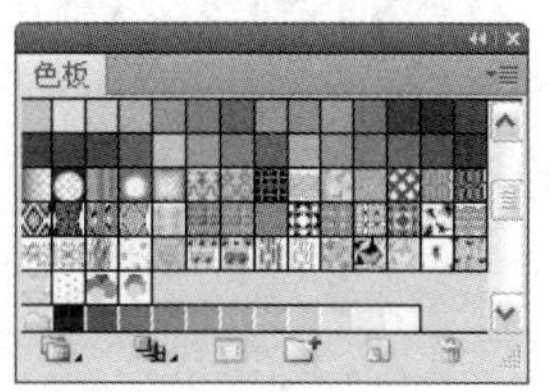

图 3-122

使用“星形”工具绘制一个星形，效果如图 3-123 所示。在“色板”控制面板中单击新定义的图案，如图 3-124 所示，多边形的图案填充效果如图 3-125 所示。

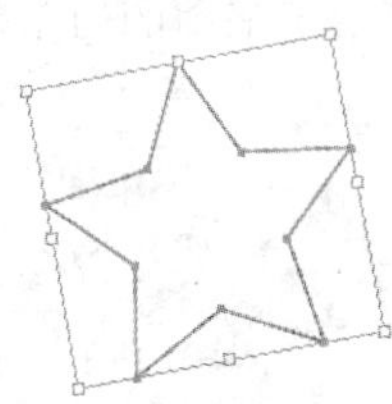

图 3-123

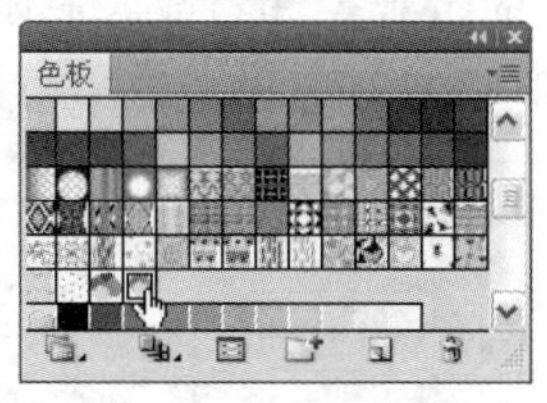

图 3-124

图 3-125

选择“窗口 > 图形样式库”子菜单下的各种样式，加载不同的 Illustrator 自带一些样式库。可以选择“其他库”命令来加载外部样式库。

◎ **使用图案库**

除了在“色板”控制面板中提供的图案外，Illustrator CS5 还提供了一些图案库。选择“窗口 > 色板库 > 其他库”命令，弹出“选择要打开的库”对话框，在“色板 > 图案”文件夹中包含了系统提供的渐变库，如图 3-126 所示。在图案文件夹中可以选择不同的图案库，选择后单击“打开”按钮，图案库的效果如图 3-127 所示。

图 3-126

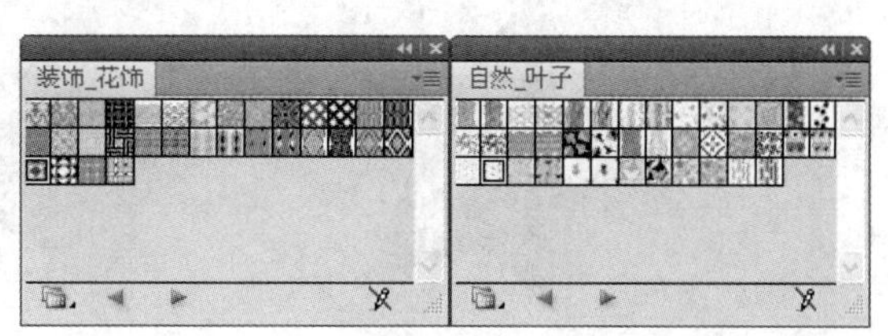

图 3-127

2. 使用星形工具

选择“星形”工具，在页面中需要的位置单击并按住鼠标左键不放，拖曳鼠标到需要的位置，释放鼠标左键，绘制出一个星形，效果如图 3-128 所示。

选择“星形”工具，按住 Shift 键，在页面中需要的位置单击并按住鼠标左键不放，拖曳鼠标到需要的位置，释放鼠标左键，绘制出一个正星形，效果如图 3-129 所示。

选择“星形”工具，按住～键，在页面中需要的位置单击并按住鼠标左键不放，拖曳鼠标到需要的位置，释放鼠标左键，绘制出多个星形，效果如图 3-130 所示。

图 3-128　　图 3-129　　图 3-130

选择“星形”工具，在页面中需要的位置单击，弹出“星形”对话框，如图 3-131 所示。在对话框中，“半径 1”选项可以设置从星形中心点到各外部角的顶点的距离，“半径 2”选项可以设置从星形中心点到各内部角的端点的距离，“角点数”选项可以设置星形中的边角数量。设置完成后，单击“确定”按钮，得到如图 3-132 所示的星形。

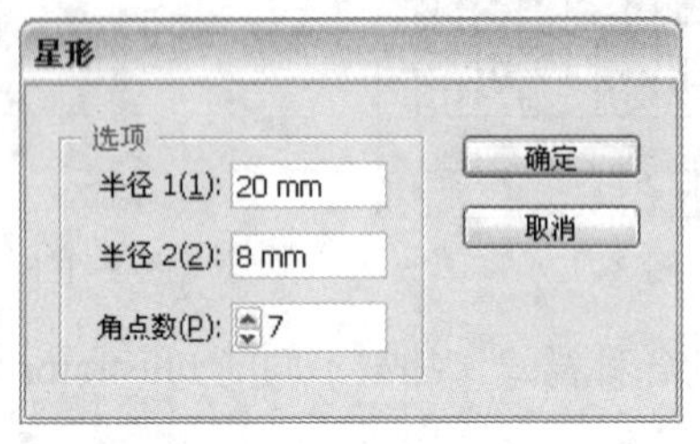

图 3-131

图 3-132

3. 使用分割下方对象命令

“分割下方对象”命令可以使用已有的路径切割位于它下方的封闭路径。

◎ 用开放路径分割对象

选择一个对象作为被切割对象，如图 3-133 所示。制作一个开放路径作为切割对象，将其放在被切割对象之上，如图 3-134 所示。选择“对象 > 路径 > 分割下方对象”命令，切割后，移动对象得到新的切割后的对象，效果如图 3-135 所示。

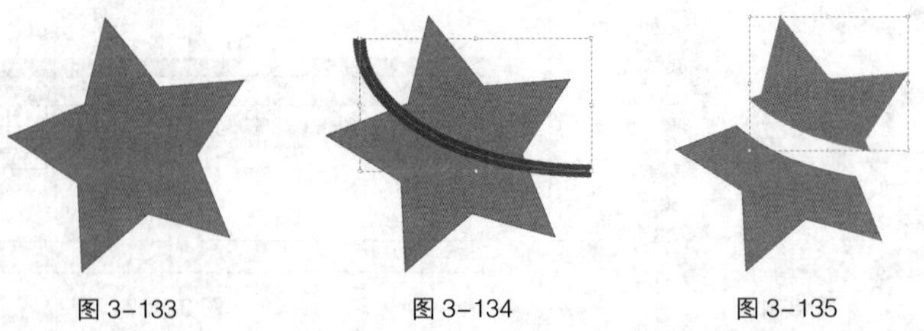

图 3-133　　图 3-134　　图 3-135

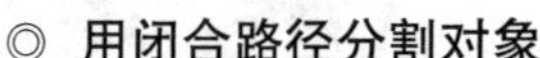

◎ 用闭合路径分割对象

选择一个对象作为被切割对象，如图 3-136 所示。制作一个闭合路径作为切割对象，将其放在被切割对象之上，如图 3-137 所示。选择“对象 > 路径 > 分割下方对象”命令，切割后，移动对象得到新的切割后的对象，效果如图 3-138 所示。

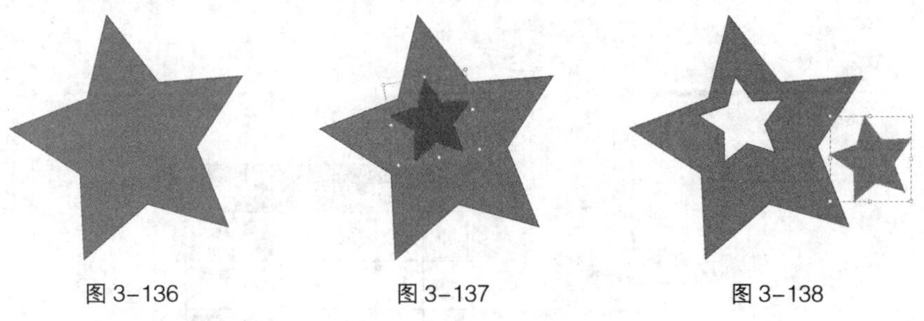

图 3-136　　图 3-137　　图 3-138

4. 使用剪刀、美工刀工具

◎ 剪刀工具

绘制一段路径，如图 3-139 所示。选择“剪刀”工具，单击路径上任意一点，路径就会从单击的地方被剪切为两条路径，如图 3-140 所示。按键盘上“方向”键中的“向下”键，移动剪切的锚点，即可看见剪切后的效果，如图 3-141 所示。

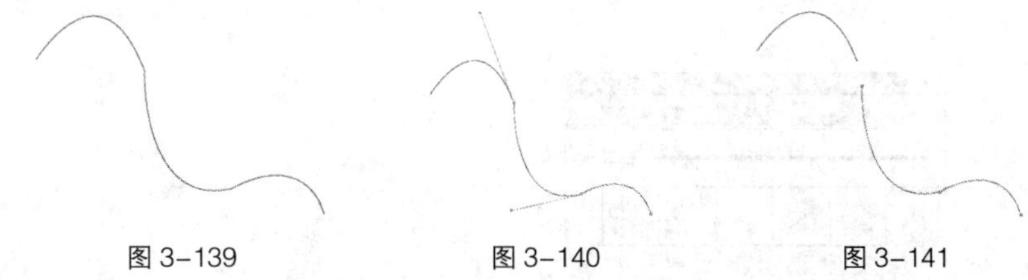

图 3-139　　图 3-140　　图 3-141

◎ 美工刀工具

绘制一段闭合路径，如图 3-142 所示。选择“美工刀”工具，在需要的位置单击并按住鼠标左键从路径的左侧至右侧拖曳出一条线，如图 3-143 所示，释放鼠标左键，闭合路径被裁切为两个闭合路径，效果如图 3-144 所示。选中路径的右半部，按键盘上的“向上方向”键移动路径，如图 3-145 所示。可以看见路径被裁切为两部分，效果如图 3-146 所示。

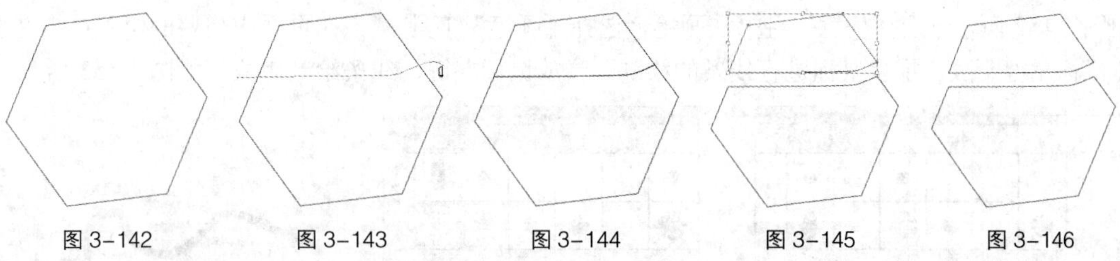

图 3-142　　图 3-143　　图 3-144　　图 3-145　　图 3-146

5. 使用画笔控制面板

选择“窗口 > 画笔”命令，弹出“画笔”控制面板。在“画笔”控制面板中，包含了许多的内容，下面进行详细讲解。Illustrator CS5 包括了 5 种类型的画笔，即散点画笔、书法画笔、图案画笔、艺术画笔、毛刷画笔。

◎ 散点画笔

单击"画笔"控制面板右上角的图标，将弹出其下拉菜单，在系统默认状态下"显示散点画笔"命令为灰色。选择"打开画笔库"命令，弹出子菜单，如图 3-147 所示。在弹出的菜单中选择任意一种散点画笔，弹出相应的控制面板，如图 3-148 所示。

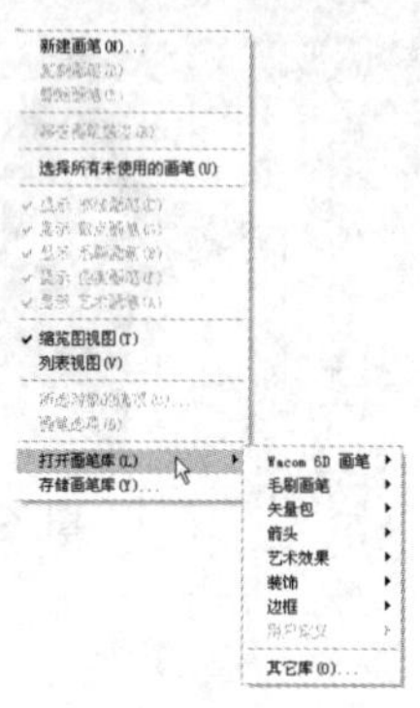

图 3-147

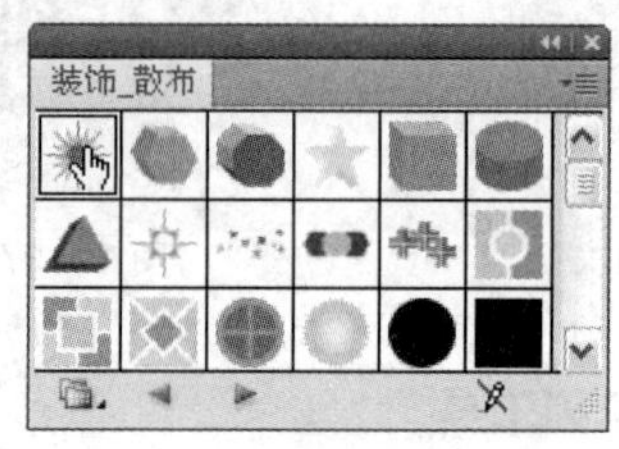

图 3-148

在控制面板中单击画笔，画笔就被加载到"画笔"控制面板中，如图 3-149 所示。选择任意一种散点画笔，再选择"画笔"工具，用鼠标在页面上连续单击或拖曳鼠标，就可以绘制出需要的图像，效果如图 3-150 所示。

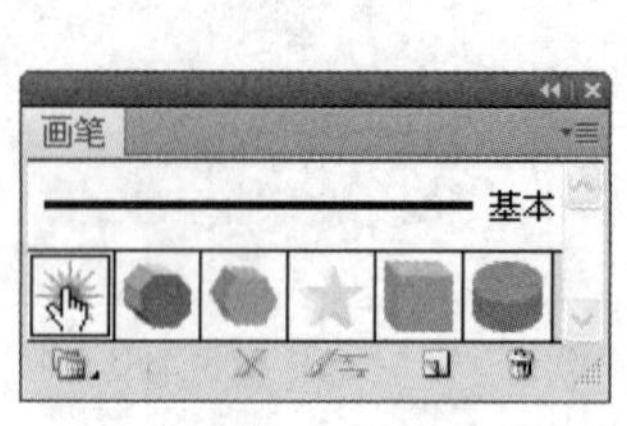

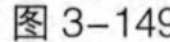

图 3-149

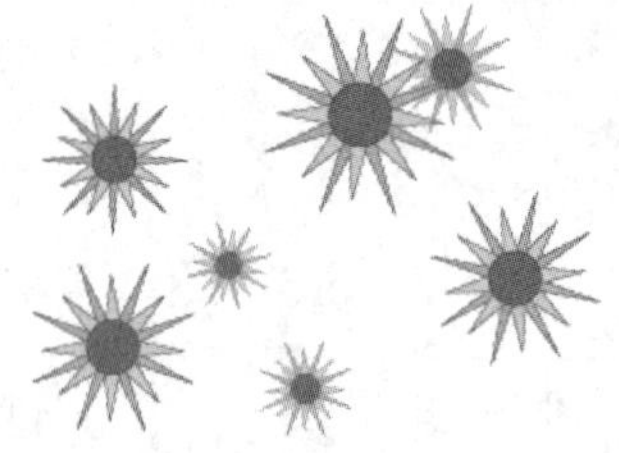

图 3-150

◎ 书法画笔

单击"画笔"控制面板右上角的图标，将弹出其下拉菜单，在系统默认状态下"显示散点画笔"命令为灰色。选择"打开画笔库"命令，在弹出的菜单中选择任意一种艺术画笔，弹出相应的控制面板，如图 3-151 所示。在控制面板中单击画笔，画笔就被加载到"画笔"控制面板中，如图 3-152 所示。选择任意一种书法画笔，选择"画笔"工具，在页面中需要的位置单击并按住鼠标左键不放，拖曳鼠标进行线条的绘制，释放鼠标左键，线条绘制完成，如图 3-153 所示。

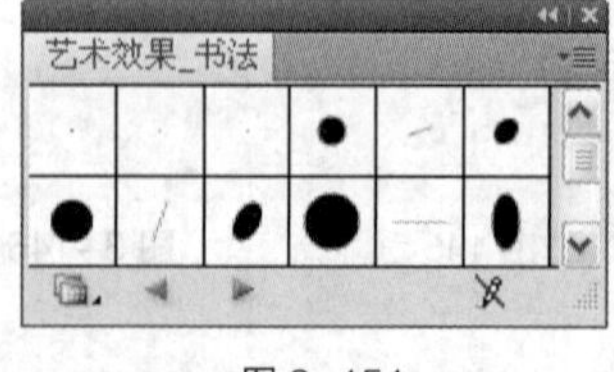

图 3-151

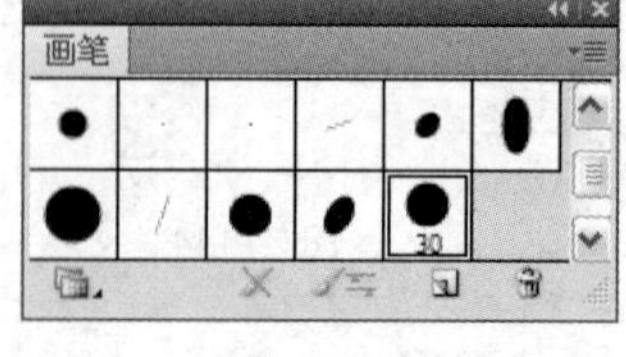

图 3-152

图 3-153

◎ 图案画笔

单击"画笔"控制面板右上角的图标，将弹出其下拉菜单，在系统默认状态下"显示图案画笔"命令为灰色。选择"打开画笔库"命令，在弹出的菜单中选择任意一种图案画笔，弹出相应的控制面板，如图 3-154 所示。在控制面板中单击画笔，画笔就被加载到"画笔"控制面板中，如图 3-155 所示。选择任意一种图案画笔，再选择“画笔”工具，用鼠标在页面上连续单击或拖曳鼠标，就可以绘制出需要的图像，效果如图 3-156 所示。

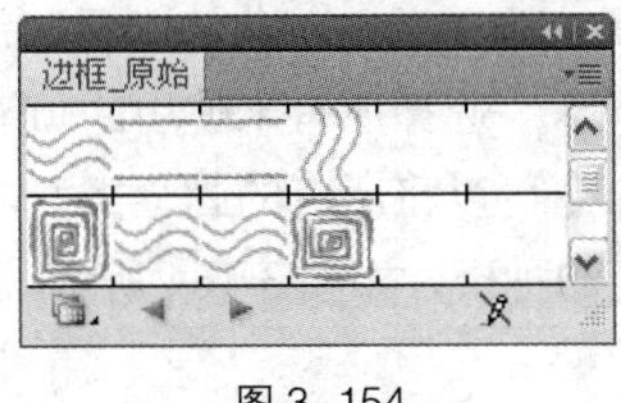

图 3–154

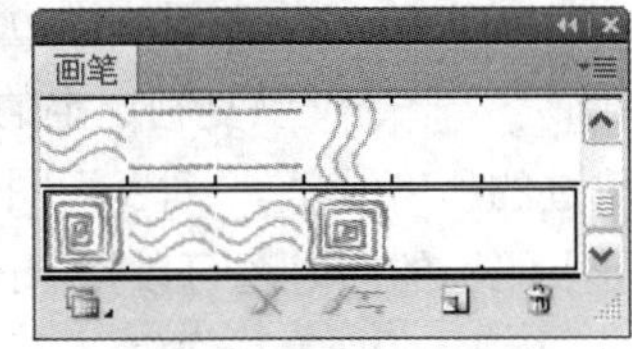

图 3–155

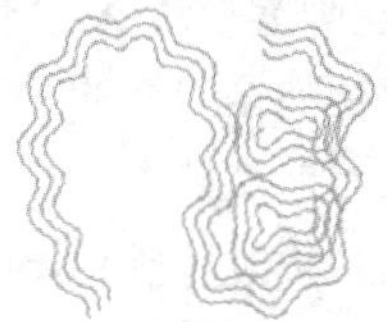
图 3–156

◎ **艺术画笔**

单击“画笔”控制面板右上角的图标，将弹出其下拉菜单，在系统默认状态下“显示图案画笔”命令为灰色，选择“打开画笔库”命令，在弹出的菜单中选择任意一种艺术画笔，弹出相应的控制面板，如图 3-157 所示。在控制面板中单击画笔，画笔就被加载到“画笔”控制面板中，如图 3-158 所示。选择任意一种艺术画笔，再选择“画笔”工具，用鼠标在页面上连续单击或拖曳鼠标，就可以绘制出需要的图像，效果如图 3-159 所示。

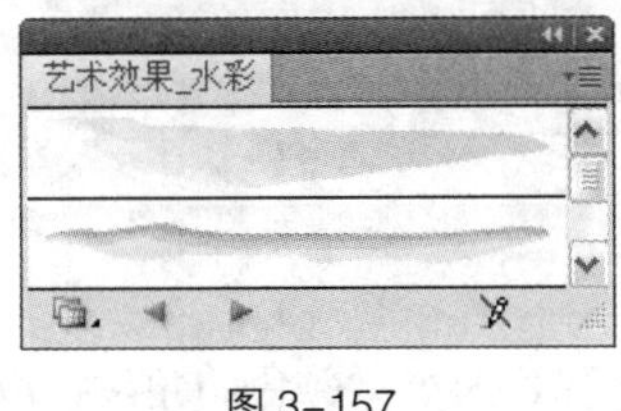

图 3–157

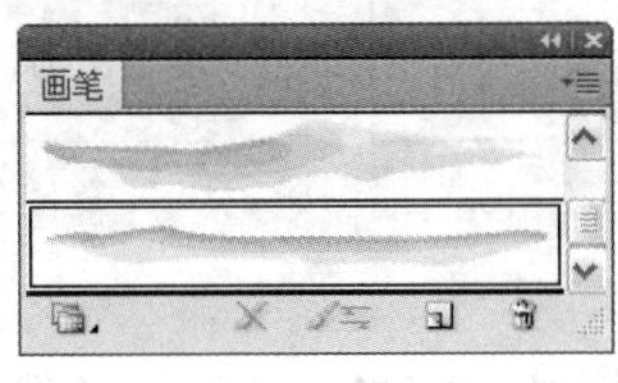

图 3–158

图 3–159

◎**毛刷画笔**

毛刷画笔的用法与其他 4 种画笔类似。

◎ **更改画笔类型**

选中想要更改画笔类型的图像，如图 3-160 所示，在“画笔”控制面板中单击需要的画笔样式，如图 3-161 所示，更改画笔后的图像效果如图 3-162 所示。

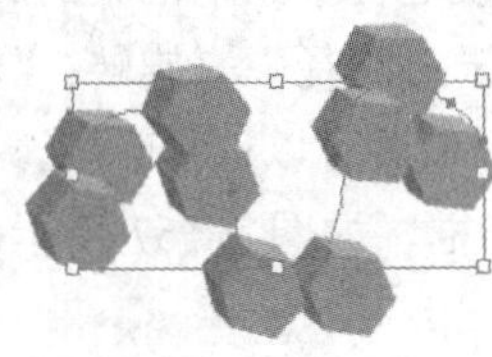
图 3–160

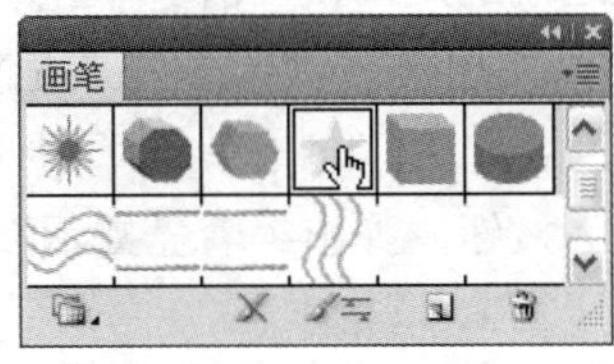

图 3–161

图 3–162

◎ **“画笔”控制面板的按钮**

“画笔”控制面板下面有 5 个按钮。从左到右依次是“画笔库菜单”按钮、“移去画笔描边”按钮、“所选对象的选项”按钮、“新建画笔”按钮和“删除画笔”按钮。

“画笔库菜单”按钮：可以保存画笔或打开画笔库。

“移去画笔描边”按钮：可以将当前被选中的图形上的描边删除，而留下原始路径。

“所选对象的选项”按钮：可以打开应用到被选中图形上的画笔的选项对话框，在对话框中可以编辑画笔。

“新建画笔”按钮：可以创建新的画笔。

“删除画笔”按钮：可以删除选定的画笔样式。

◎ “画笔”控制面板的下拉式菜单

单击“画笔”控制面板右上角的▾≡图标，弹出其下拉菜单，如图 3-163 所示。

“新建画笔”命令、“删除画笔”命令、“移去画笔描边”命令和“所选对象的选项”命令与相应的按钮功能是一样的。“复制画笔”命令可以复制选定的画笔。“选择所有未使用的画笔”命令将选中在当前文档中还没有使用过的所有画笔。“列表视图”命令可以将所有的画笔类型以列表的方式按照名称顺序排列，在显示小图标的同时还可以显示画笔的种类，如图 3-164 所示。“画笔选项”命令可以打开相关的选项对话框对画笔进行编辑。

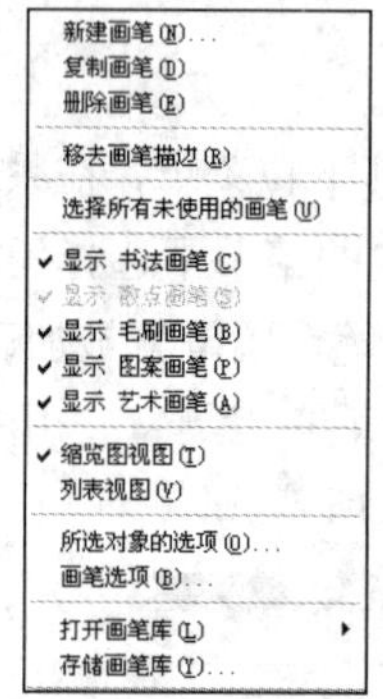

图 3-163

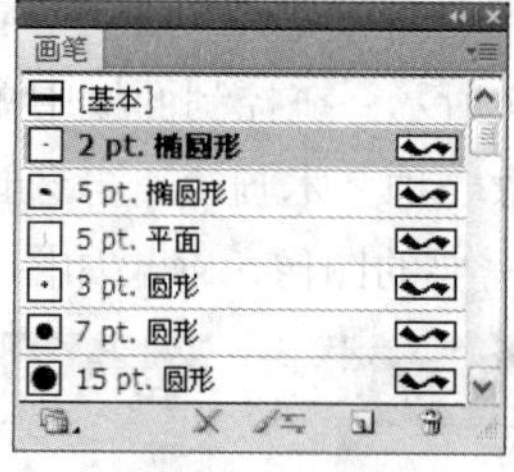

图 3-164

◎ 使用画笔库

Illustrator CS5 提供了对画笔编辑的功能，如改变画笔的外观、大小、颜色、角度，以及箭头方向等。对于不同的画笔类型，编辑的参数也有所不同。

选中“画笔”控制面板中需要编辑的画笔，如图 3-165 所示。单击控制面板右上角的▾≡图标，在弹出式菜单中选择“画笔选项”命令，弹出“散点画笔选项”对话框，如图 3-166 所示。在对话框中，“名称”选项可以设定画笔的名称；“大小”选项可以设定画笔图案与原图案之间比例大小的范围；“间距”选项可以设定“画笔”工具绘图时，沿路径分布的图案之间的距离；“分布”选项可以设定路径两侧分布的图案之间的距离；“旋转”选项可以设定各个画笔图案的旋转角度；“旋转相对于”选项可以设定画笔图案是相对于“页面”还是相对于“路径”来旋转；“着色”选项组中的“方法”选项可以设置着色的方法；“主色”选项后的吸管工具可以选择颜色，其后的色块即是所选择的颜色。单击“提示”按钮，弹出“着色提示”对话框，如图 3-167 所示。设置完成后，单击“确定”按钮，即可完成画笔的编辑。

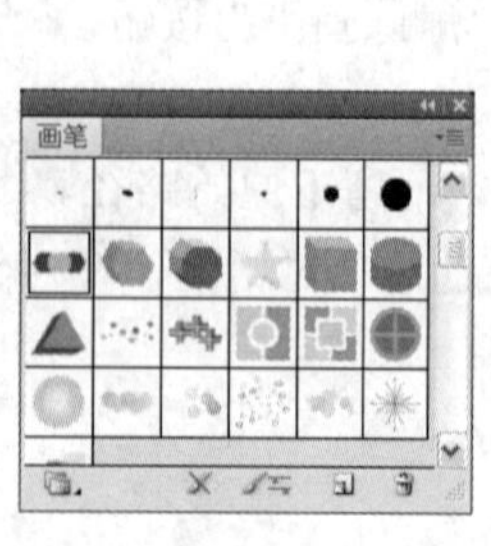

图 3-165

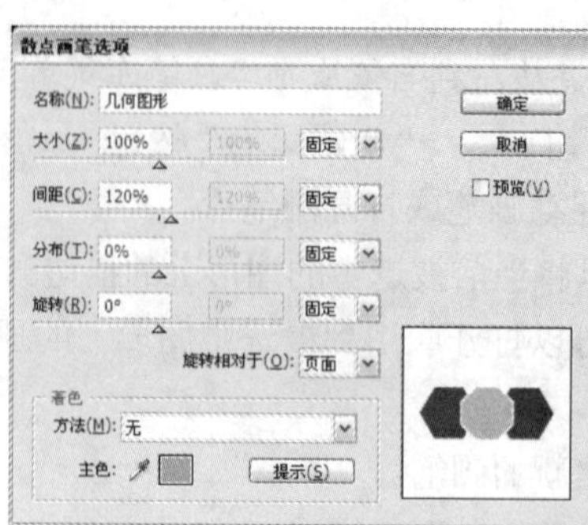

图 3-166

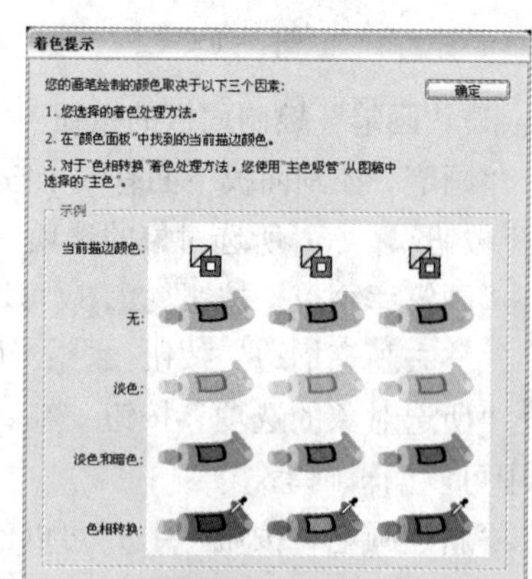

图 3-167

3.2.5 【实战演练】绘制休闲卡通插画

使用矩形工具、直接选择工具和艺术效果_油墨控制面板制作背景；使用椭圆工具、矩形工具和路径查找器命令制作云彩图形；使用钢笔工具和装饰_现代控制面板制作飞机图形。（最终效果参看光盘中的“Ch03 > 效果 > 绘制休闲卡通插画”，见图 3-168。）

图 3-168

3.3 综合演练——绘制城市期刊插画

3.3.1 【案例分析】

本案例是为城市期刊绘制的插画，插画的设计要求符合文章的主题内容，插图的搭配适宜，要求表现出悠闲自在的城市生活气息。

3.3.2 【设计理念】

在绘制过程中，浅蓝色的背景营造出宁静、祥和的氛围，起到衬托的作用；在马路上行驶的汽车形成画面的主体，展现出悠闲、舒适的形象，与背景图形形成动静结合的画面；前后画面的颜色区别在突出主体的同时，表现出城生活的安逸和美好。

3.3.3 【知识要点】

使用矩形工具、渐变工具、复制/粘贴命令和建立剪切蒙版命令制作背景底图；使用椭圆工具和剪刀工具制作路灯图形；使用直线段工具和描边命令制作墙体；使用矩形工具和装饰_现代控制面板制作地面。（最终效果参看光盘中的“Ch03 > 效果 > 绘制城市期刊插画”，见图 3-169。）

图 3-169

3.4 综合演练——绘制海洋风景插画

3.4.1 【案例分析】

插画是为一个旅游杂志绘制的栏目插画，本期栏目的主题是海岛，设计要求插画的绘制要贴合主题，表现出大海的美妙。

3.4.2 【设计理念】

在绘制过程中，淡黄色的背景与天空中的云朵和飞舞的海燕形成动静结合的画面，营造出宁静、祥和的氛围；蓝绿色的波浪图形与缤纷多样的鱼制造出画面的空间感，展现出层次丰富、富饶美丽的海洋景色，从而使人产生向往之情。

3.4.3 【知识要点】

使用钢笔工具绘制心形；使用符号控制面板添加符号图形；使用不透明度命令制作符号图形的透明效果；使用文字工具添加标题文字。（最终效果参看光盘中的“Ch03 > 效果 > 绘制海洋风景插画”，见图 3-170。）

图 3-170

第4章 书籍装帧设计

精美的书籍装帧设计可以使读者享受到阅读的愉悦。书籍装帧整体设计所考虑的项目包括开本设计、封面设计、版本设计、使用材料等内容。本章以多个类别的书籍封面为例，介绍书籍封面的设计方法和制作技巧。

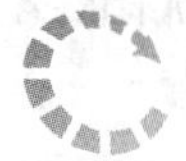

课堂学习目标

- 掌握书籍封面的设计思路和过程
- 掌握书籍封面的制作方法和技巧

4.1 制作儿童书籍封面

4.1.1 【案例分析】

本案例制作的是一本儿童书籍封面设计。书中的内容为开发儿童智力的思维游戏。在设计中要通过对书名的设计和对文字、图片的合理编排，表现出最全、最新、最实用的特点。

4.1.2 【设计理念】

在设计过程中，黄绿色的背景营造出温暖舒适、明快清新的氛围，与宣传的主题相呼应；大的钟表图形占据封面的主体，在揭示出书籍主题的同时，展现出不断思考、勇于创新的理念；红色且经过艺术化处理的书名，醒目突出，增加了画面的活泼感，让人一目了然；可爱的图形设计和文字编辑在丰富画面的同时，充满乐趣。（最终效果参看光盘中的“Ch03 > 效果 > 制作儿童书籍封面”，见图 4-1。）

图 4–1

4.1.3 【操作步骤】

1. 添加并编辑标题文字

步骤 1 按 Ctrl+N 组合键新建一个文档，设置文档的宽度为 170mm，高度为 240mm，取向为竖向，颜色模式为 CMYK，单击“确定”按钮。

步骤 2 选择“矩形”工具，在页面中绘制一个矩形，如图 4-2 所示。设置图形填充色的 C、M、Y、K 值分别为 15、4、88、0，填充图形并设置描边色为无，效果如图 4-3 所示。

步骤 3 选择“钢笔”工具，在适当的位置绘制图形，填充图形为白色，并设置描边色为无，效果如图 4-4 所示。用相同的方法再绘制几个图形并填充图形为白色，效果如图 4-5 所示。

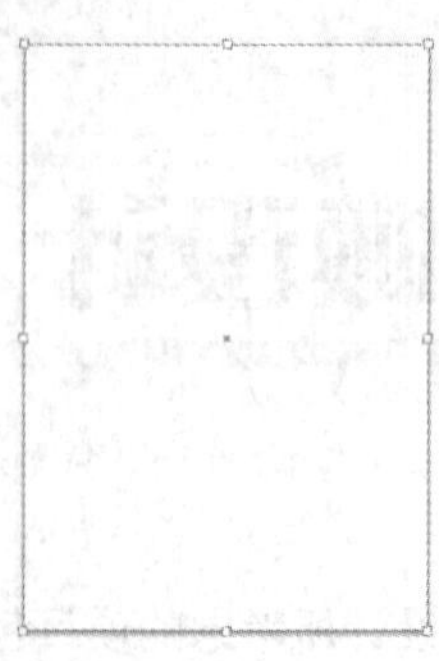
图 4–2

图 4–3

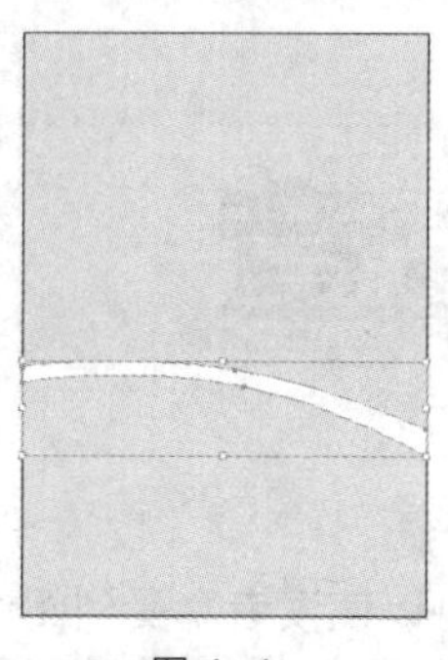
图 4–4

图 4–5

步骤 4 选择“文字”工具，在页面外输入需要的文字。选择“选择”工具，在属性栏中选择合适的字体并设置适当的文字大小，按 Ctrl+ ←组合键适当调整文字间距，效果如图 4-6 所示。按 Ctrl+Shift+O 组合键将文字转换为轮廓，效果如图 4-7 所示。

图 4–6

图 4–7

步骤 5 按 Ctrl+Shift+G 组合键取消文字编组。选择“选择”工具，分别调整文字到适当的位置，效果如图 4-8 所示。选择“直接选择”工具，使用圈选的方法选取“思”文字需要的节点，如图 4-9 所示，按 Shift+向下方向键，适当调整节点的位置，效果如图 4-10 所示。

图 4–8

图 4–9

图 4–10

步骤 6 使用相同的方法适当调节其他文字的节点，效果如图 4-11 所示。选择“选择”工具，将所有的文字同时选取，选择“窗口 > 路径查找器”命令，弹出“路径查找器”面板，单击“联集”按钮，如图 4-12 所示，生成新对象，效果如图 4-13 所示。

图 4–11

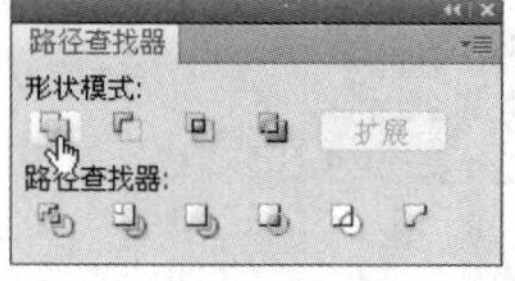

图 4–12

图 4–13

步骤 7 选择“选择”工具，拖曳文字图形到页面中适当的位置，效果如图 4-14 所示。设置文字描边色为白色并设置填充色的 C、M、Y、K 值分别为 11、99、100、0，填充文字，效果如图 4-15 所示。

图 4–14

图 4–15

步骤 8 选择“窗口 > 描边”命令，弹出“描边”控制面板，单击“使描边外侧对齐”按钮，其他选项的设置如图 4-16 所示。按 Enter 键，文字效果如图 4-17 所示。

图 4–16

图 4–17

2. 添加装饰图形和文字

步骤 1 选择“椭圆”工具，按住 Shift 键的同时在页面适当的位置绘制一个圆形，设置图形填充色的 C、M、Y、K 值分别为 87、63、7、0，填充图形并设置描边色为无，效果如图 4-18 所示。按住 Alt+Shift 键的同时垂直向下拖曳图形到适当的位置，复制图形，如图 4-19 所示。按 Ctrl+D 组合键再复制出一个图形，效果如图 4-20 所示。

图 4–18

图 4–19

图 4–20

步骤 2 选择“直排文字”工具，在圆形上输入所需要的文字。选择“选择”工具，在属性栏中选择合适的字体并设置文字大小，效果如图 4-21 所示。填充文字为白色，并按 Alt+↓组合键调整文字的间距，效果如图 4-22 所示。

图 4–21

图 4–22

步骤 3 选择“文字”工具，在页面中输入需要的文字。选择“选择”工具，在属性栏中选择合适的字体并设置适当的文字大小，效果如图 4-23 所示。

步骤 4 按 Ctrl+O 组合键，打开光盘中的“Ch04 > 素材 > 制作儿童书籍封面 > 01”文件。按

Ctrl+A 组合键将所有图形同时选取，按 Ctrl+C 组合键复制图形。选择正在编辑的页面，按 Ctrl+V 组合键将复制的图形粘贴到页面中，并拖曳到适当的位置，效果如图 4-24 所示。

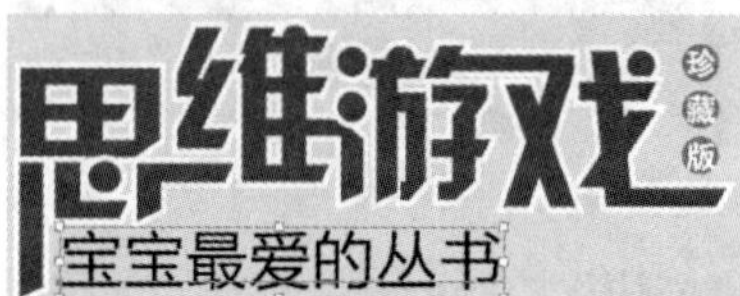

图 4-23

图 4-24

步骤 5 选择“钢笔”工具，在页面适当的位置绘制图形，如图 4-25 所示。设置图形填充色的 C、M、Y、K 值分别为 13、96、16、0，填充图形，效果如图 4-26 所示。

图 4-25

图 4-26

步骤 6 选择“文字”工具T，在适当的位置输入需要的文字。选择“选择”工具，在属性栏中选择合适的字体并设置适当的文字大小，效果如图 4-27 所示。

步骤 7 按 Ctrl+T 组合键，弹出“字符”控制面板，将“设置所选字符的字距调整”选项设置为-50，其他选项的设置如图 4-28 所示。按 Enter 键，效果如图 4-29 所示。

图 4-27

图 4-28

图 4-29

步骤 8 选择“圆角矩形”工具，在页面外单击鼠标，弹出“圆角矩形”对话框，选项的设置如图 4-30 所示。单击“确定”按钮，得到一个圆角矩形，效果如图 4-31 所示。

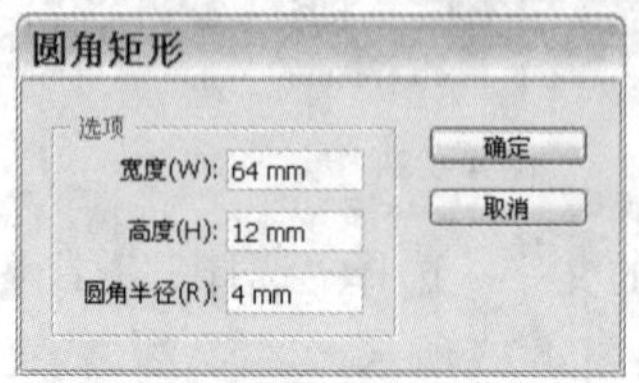

图 4-30

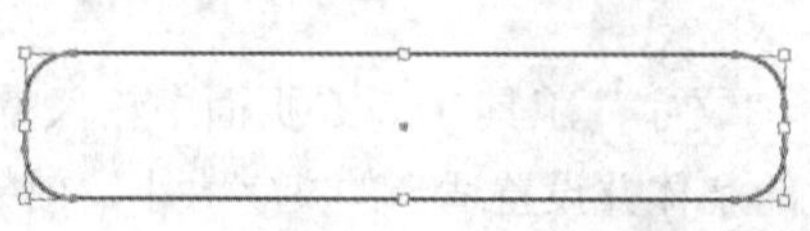

图 4-31

步骤 9 选择“钢笔”工具，在圆角矩形上绘制一条曲线，如图 4-32 所示。选择“选择”工具，按住 Shift 键单击圆角矩形将其同时选取。选择“路径查找器”面板，单击“联集”按钮，如图 4-33 所示，生成新对象，效果如图 4-34 所示。

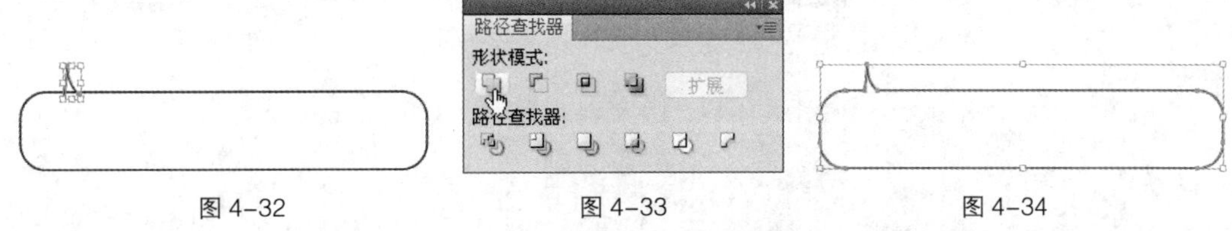

图 4-32　　图 4-33　　图 4-34

步骤 10 设置图形填充色的 C、M、Y、K 值分别为 31、4、3、0，填充图形，效果如图 4-35 所示。选择“选择”工具，拖曳图形到页面中适当的位置，效果如图 4-36 所示。

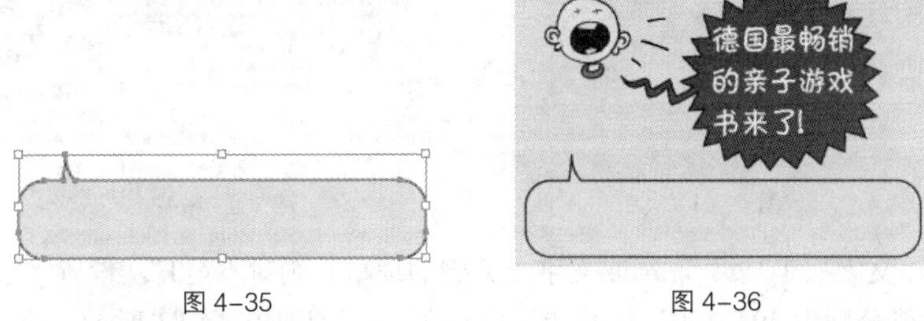

图 4-35　　图 4-36

步骤 11 选择“文字”工具，在适当的位置输入需要的文字。选择“选择”工具，在属性栏中选择合适的字体并设置适当的文字大小，效果如图 4-37 所示。使用相同的方法绘制图形并添加文字，效果如图 4-38 所示。

图 4-37　　图 4-38

3. 添加其他相关信息

步骤 1 选择“钢笔”工具，在页面下方绘制一条曲线，如图 4-39 所示。选择“路径文字”工具，在路径上单击插入光标，输入需要的文字，在属性栏中选择合适的字体并设置适当的文字大小，填充文字为白色，效果如图 4-40 所示。

步骤 2 选择“路径文字”工具，选取文字“MIND GAMES”，设置文字填充色的 C、M、Y、K 值分别为 43、74、100、6，填充文字，效果如图 4-41 所示。选择“文字”工具，在适当的位置分别输入需要的文字。选择“选择”工具，在属性栏中分别选择合适的字体并设置适当的文字大小，按 Alt+ ↓组合键适当调整文字行距，效果如图 4-42 所示。

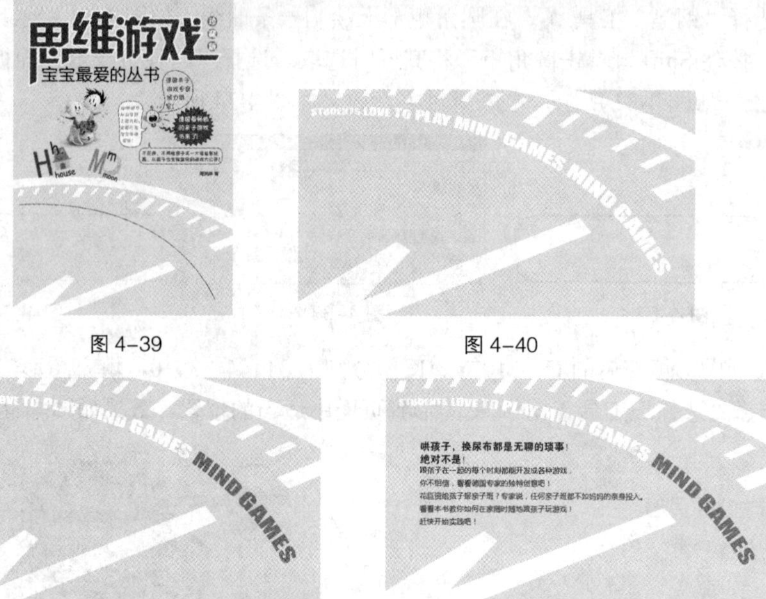

图 4-39　　图 4-40

图 4-41　　图 4-42

步骤 3　选择“文字”工具T，选取文字“无聊的琐事！绝对不是!”，设置文字填充色的 C、M、Y、K 值分别为 29、100、100、0，填充文字，效果如图 4-43 所示。使用相同方法设置其他文字填充色，效果如图 4-44 所示。

图 4-43　　图 4-44

步骤 4　选择“矩形”工具，在页面外绘制一个矩形，如图 4-45 所示。选择“钢笔”工具，在矩形左侧适当的位置单击添加锚点，如图 4-46 所示，在上下节点上单击删除锚点，如图 4-47 所示。

步骤 5　选择“选择”工具，设置图形填充色的 C、M、Y、K 值分别为 37、95、96、3，填充图形并设置描边色为无，效果如图 4-48 所示。拖曳图形到页面中适当的位置，效果如图 4-49 所示。

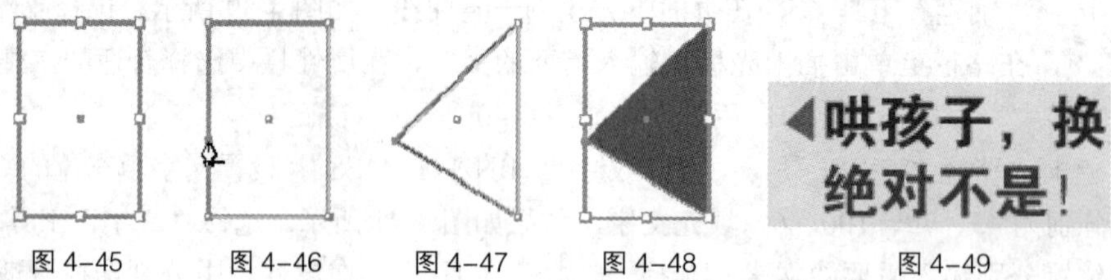

图 4-45　　图 4-46　　图 4-47　　图 4-48　　图 4-49

步骤 6　选择“文字”工具T，在页面适当的位置输入需要的文字。选择“选择”工具，在属性栏中选择合适的字体并分别设置适当的文字大小，效果如图 4-50 所示。按 Esc 键取消文

字选取状态，儿童书籍封面制作完成，效果如图 4-51 所示。

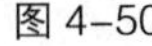
图 4-50

图 4-51

4.1.4 【相关工具】

1. 编组

使用“编组”命令，可以将多个对象组合在一起使其成为一个对象。使用“选择”工具，选取要编组的图像，编组之后，单击任何一个图像，其他图像都会被一起选取。

◎ **创建组合**

选取要编组的对象，选择“对象 > 编组”命令（组合键为 Ctrl+G），将选取的对象组合。组合后的图像，选择其中的任何一个图像，其他的图像也会同时被选取，如图 4-52 所示。

将多个对象组合后，其外观并没有变化，当对任何一个对象进行编辑时，其他对象也随之产生相应的变化。如果需要单独编辑组合中的个别对象，而不改变其他对象的状态，可以应用“编组选择”工具进行选取。选择“编组选择”工具，用鼠标单击要移动的对象并按住鼠标左键不放，拖曳对象到合适的位置，效果如图 4-53 所示，其他的对象并没有变化。

图 4-52

图 4-53

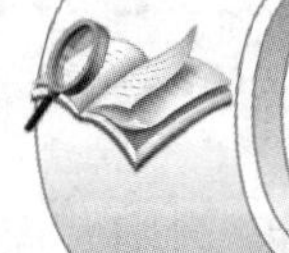
提　示

“编组”命令还可以将几个不同的组合进行进一步的组合，或在组合与对象之间进行进一步的组合。在几个组之间进行组合时，原来的组合并没有消失，它与新得到的组合是嵌套的关系。组合不同图层上的对象，组合后所有的对象将自动移动到最上边对象的图层中，并形成组合。

◎ **取消组合**

选取要取消组合的对象，如图 4-54 所示。选择“对象 > 取消编组”命令（组合键为 Shift+Ctrl+G），取消组合的图像。取消组合后的图像，都可通过单击鼠标选取任意一个图像，如

图 4-55 所示。

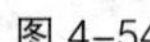
图 4-54

图 4-55

选择一次“取消编组”命令只能取消一层组合，如 2 个组合使用“编组”命令得到一个新的组合。应用“取消编组”命令取消这个新组合后，得到 2 个原始的组合。

2. 对象的顺序

选择“对象 > 排列”命令，其子菜单包括 5 个命令：置于顶层、前移一层、后移一层、置于底层和发送至当前图层。使用这些命令可以改变图形对象的排序。

选中要排序的对象，用鼠标右键单击页面，在弹出的快捷菜单中也可选择“排列”命令，还可以应用组合键命令来对对象进行排序。

◎ **置于顶层**

置于顶层是将选取的图像移到所有图像的顶层。

选取要移动的图像，如图 4-56 所示。用鼠标右键单击页面，弹出其快捷菜单，在“排列”命令的子菜单中选择“置于顶层”命令，图像排到顶层，效果如图 4-57 所示。

◎ **前移一层**

前移一层是将选取的图像向前移过一个图像。

选取要移动的图像，如图 4-58 所示。用鼠标右键单击页面，弹出其快捷菜单，在“排列”命令的子菜单中选择“前移一层”命令，图像排向前一层，效果如图 4-59 所示。

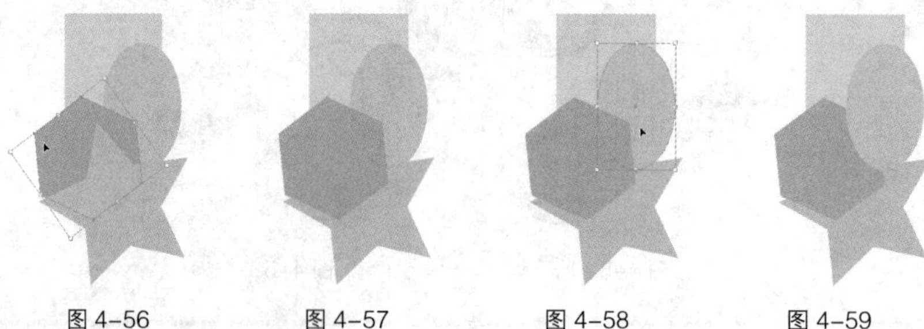

图 4-56　图 4-57　图 4-58　图 4-59

◎ **后移一层**

后移一层是将选取的图像向后移过一个图像。

选取要移动的图像，如图 4-60 所示。用鼠标右键单击页面，弹出其快捷菜单，在“排列”命令的子菜单中选择“后移一层”命令，图像排向后一层，效果如图 4-61 所示。

◎ **置于底层**

置于底层是将选取的图像移到所有图像的底层。

选取要移动的图像，如图4-62所示。用鼠标右键单击页面，弹出其快捷菜单，在“排列”命令子菜单中选择“置于底层”命令，图像将排到最后面，效果如图4-63所示。

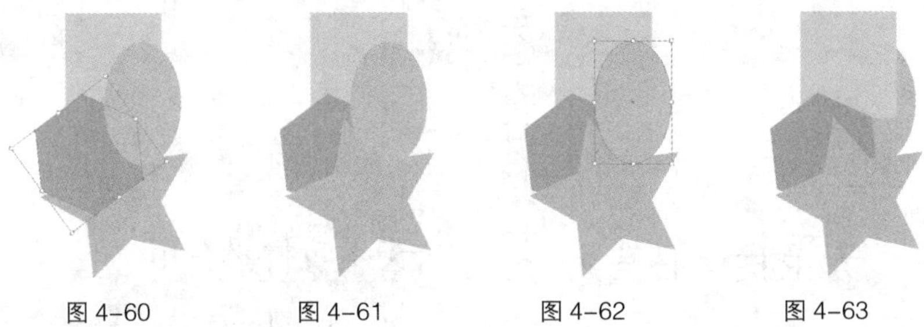

图4-60　图4-61　图4-62　图4-63

◎ **发送至当前图层**

选择“图层”控制面板，在“图层1”上新建“图层2”，如图4-64所示。选取要发送到当前图层的方形图像，如图4-65所示，这时“图层1”变为当前图层，如图4-66所示。

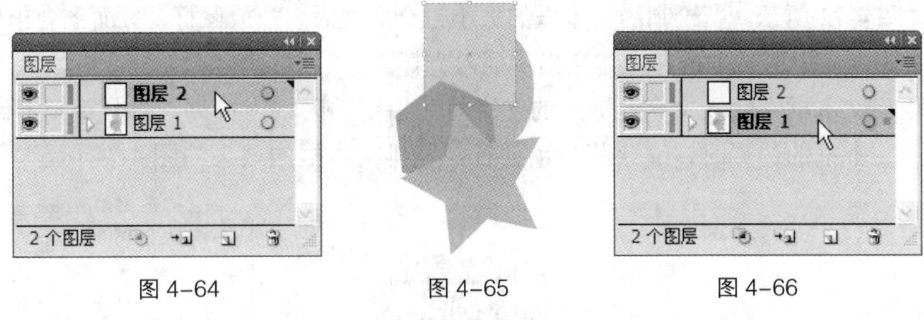

图4-64　图4-65　图4-66

用鼠标单击“图层2”，使“图层2”成为当前图层，如图4-67所示。用鼠标右键单击页面，弹出其快捷菜单，在“排列”命令的子菜单中选择“发送至当前图层”命令。方形就被发送到当前图层，即“图层2”中，页面效果如图4-68所示，“图层”控制面板效果如图4-69所示。

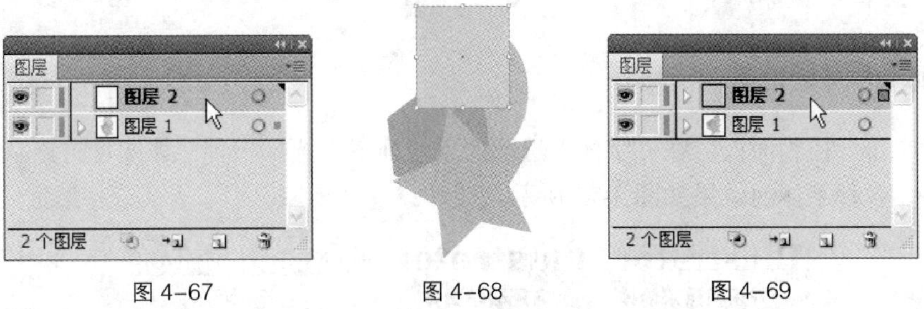

图4-67　图4-68　图4-69

3. 文本工具的使用

利用“文字”工具 T 和“直排文字”工具 T 可以直接输入沿水平方向和直排方向排列的文本。

◎ **输入点文本**

选择“文字”工具 T 或“直排文字”工具 T，在绘图页面中单击鼠标，出现插入文本光标，切换到需要的输入法并输入文本，如图4-70所示。

提　示 当输入文本需要换行时，按Enter键开始新的一行。

结束文字的输入后，单击“选择”工具 即可选中所输入的文字，这时文字周围将出现一个选择框，文本上的细线是文字基线的位置，效果如图 4-71 所示。

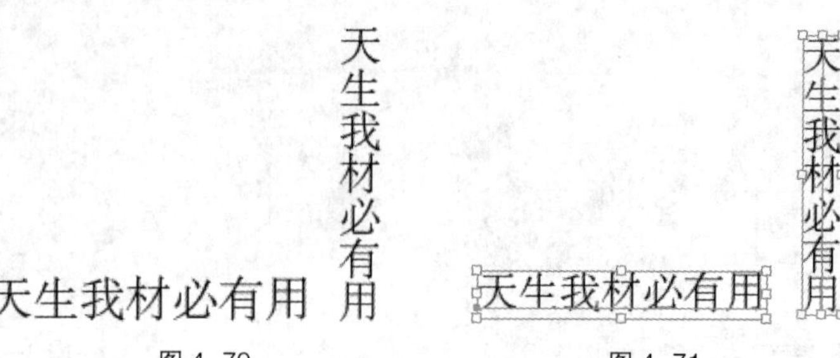

图 4-70　　图 4-71

◎ **输入文本块**

使用“文字”工具 或“直排文字”工具 可以定制一个文本框，然后在文本框中输入文字。

选择“文字”工具 或“直排文字”工具 ，在页面中需要输入文字的位置单击并按住鼠标左键拖曳，如图 4-72 所示。当绘制的文本框的大小符合需要时，释放鼠标，页面上会出现一个蓝色边框的矩形文本框，矩形文本框左上角会出现插入光标。

可以在矩形文本框中输入文字，输入的文字将在指定的区域内排列，如图 4-73 所示。当输入的文字到矩形文本框的边界时，文字将自动换行。竖排文本框的效果如图 4-74 所示。

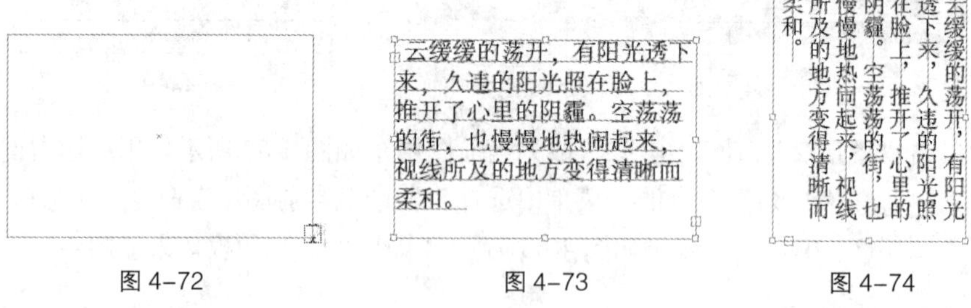

图 4-72　　图 4-73　　图 4-74

4. 字体和字号的设置

选择“字符”控制面板，在“字体”选项的下拉列表中选择一种字体即可将该字体应用到选中的文字中，各种字体的效果如图 4-75 所示。

Illustrator　Illustrator　Illustrator

方正粗黑宋简体　方正琥珀简体　汉仪彩云简体

Illustrator　Illustrator　Illustrator

Allegro BT　Arial Black Italic　Bolt Bold BT

图 4-75

Illustrator CS5 提供的每种字体都有一定的字形，如常规、加粗、斜体等，字体的具体选项因字而定。

提　示　默认字体单位为 pt，72pt 相当于 1 英寸。默认状态下字号为 12pt，可调整的范围为 0.1～1 296。

设置字体的具体操作如下。

选中部分文本，如图 4-76 所示。选择“窗口 > 文字 > 字符”命令，弹出“字符”控制面板，从“字体”选项的下拉列表中选择一种字体，如图 4-77 所示。或选择“文字 > 字体”命令，在列出的字体中进行选择，更改文本字体后的效果如图 4-78 所示。

云缓缓的荡开，有阳光透下来，久违的阳光照在脸上，推开了心里的阴霾。空荡荡的街，也慢慢地热闹起来，视线所及的地方变得清晰而柔和。

图 4-76

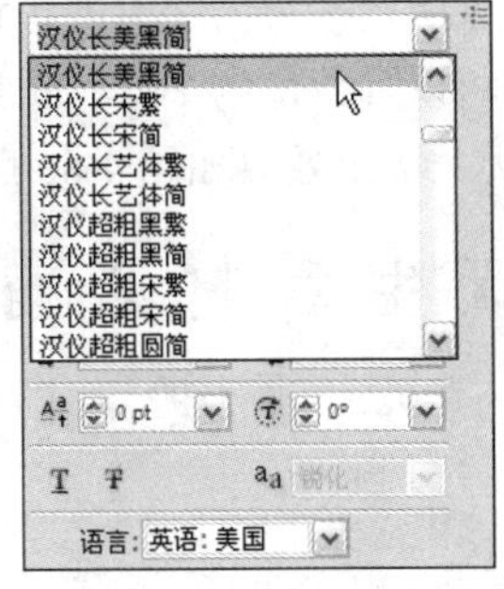

图 4-77

云缓缓的荡开，有阳光透下来，久违的阳光照在脸上，推开了心里的阴霾。空荡荡的街，也慢慢地热闹起来，视线所及的地方变得清晰而柔和。

图 4-78

选中文本，如图 4-79 所示。单击“字体大小”选项数值框后的按钮，在弹出的下拉列表中可以选择适合的字体大小。也可以通过数值框左侧的上、下微调按钮来调整字号大小。文本字号为 22pt 和 18pt 时的效果如图 4-80 所示。

云缓缓的荡开，有阳光透下来，久违的阳光照在脸上，推开了心里的阴霾。空荡荡的街，也慢慢地热闹起来，视线所及的地方变得清晰而柔和。

图 4-79

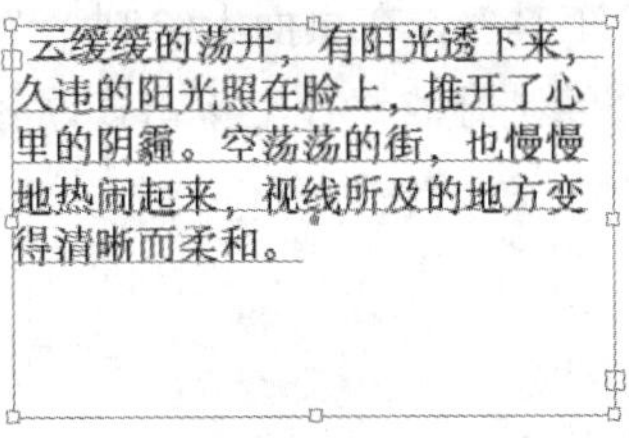

图 4-80

5. 字距的调整

当需要调整文字或字符之间的距离时，可使用“字符”控制面板中的两个选项，即“设置两个字符间的字距微调”选项和“设置所选字符的字符间距调整”选项。“设置两个字符间的字距微调”选项用来控制两个文字或字母之间的距离。“设置所选字符的字符间距调整”选项可使两个或更多个被选择的文字或字母之间保持相同的距离。

选中要设定字距的文字，在“字符”控制面板中的“设置两个字符间的字距微调”选项的下拉列表中选择“自动”选项，这时程序就会以比较合适的参数值设置文字的距离。

提　示 在“特殊字距”选项的数值框中输入 0 时，将关闭自动调整文字距离的功能。

“设置两个字符间的字距微调”选项只有在两个文字或字符之间插入光标时才能进行设置。将光标插入到需要调整间距的两个文字或字符之间，如图 4-81 所示。在“设置两个字符间的字距微调”选项的数值框中输入所需要的数值，就可以调整两个文字或字符之间的距离。设置数值为 350，按 Enter 键确认，字距效果如图 4-82 所示；设置数值为-350，按 Enter 键确认，字距效果如图 4-83 所示。

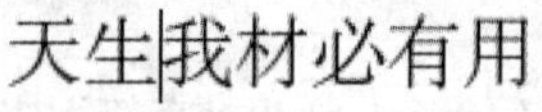

天生|我材必有用　天生 |我材必有用　天生我材必有用

图 4-81 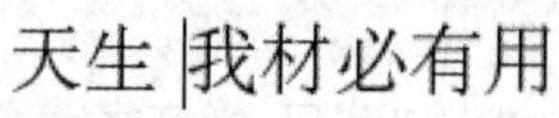　图 4-82 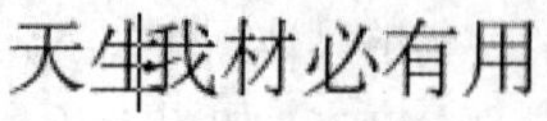　图 4-83

“设置所选字符的字符间距调整”选项可以同时调整多个文字或字符之间的距离。选中整个文本对象，如图 4-84 所示，在“设置所选字符的字符间距调整”选项的数值框中输入所需要的数值，可以调整文本字符间的距离。设置数值为 200，按 Enter 键确认，字距效果如图 4-85 所示；设置数值为-200，按 Enter 键确认，字距效果如图 4-86 所示。

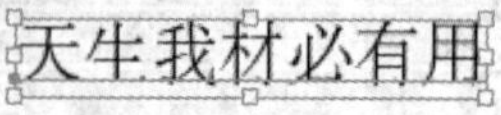

天生我材必有用　天 生 我 材 必 有 用　天生我材必有用

图 4-84 　图 4-85 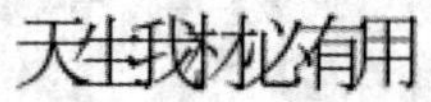　图 4-86

6. 路径文字

使用“路径文字”工具和“直排路径文字”工具，可以在创建文本时，让文本沿着一个开放或闭合路径的边缘进行水平或垂直方向的排列，路径可以是规则或不规则的。如果使用这两种工具，原来的路径将不再具有填色或描边的属性。

◎ 创建路径文本

使用“钢笔”工具，在页面上绘制一个任意形状的开放路径，如图 4-87 所示。使用“路径文字”工具，在绘制好的路径上单击，路径将转换为文本路径，文本插入点将位于文本路径的左侧，如图 4-88 所示。

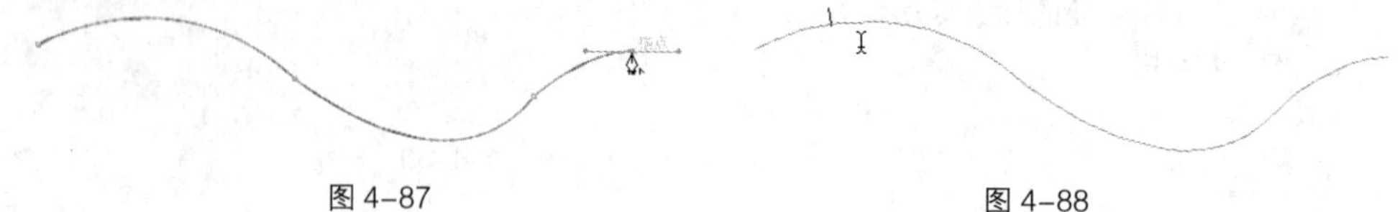

图 4-87 　图 4-88

在光标处输入所需要的文字，文字将会沿着路径排列，文字的基线与路径是平行的，效果如图 4-89 所示。

使用“钢笔”工具，在页面上绘制一个任意形状的开放路径，使用“直排路径文字”工具在绘制好的路径上单击，路径将转换为文本路径，文本插入点将位于文本路径的左侧，如图 4-90 所示。

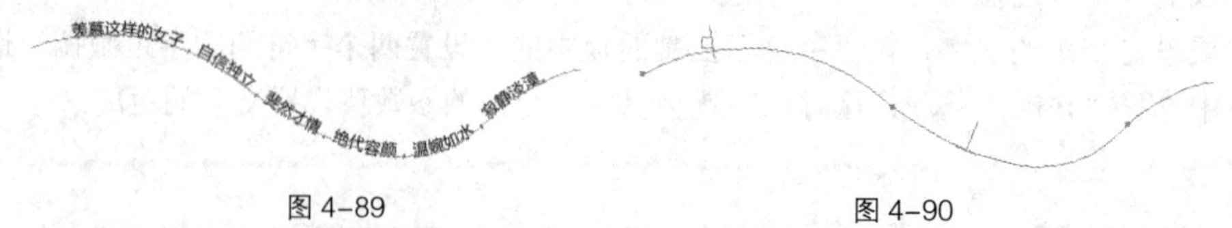

图 4-89　图 4-90

在光标处输入所需要的文字，文字将会沿着路径排列，文字的基线与路径是直排的，效果如图 4-91 所示。

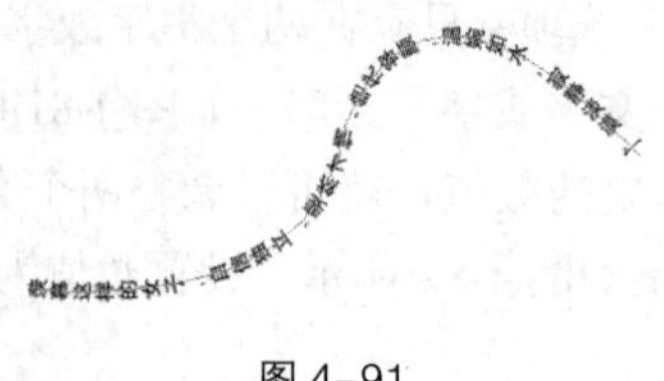

图 4-91

◎ **编辑路径文本**

如果对创建的路径文本不满意，可以对其进行编辑。

选择“选择”工具 或“直接选择”工具，选取要编辑的路径文本。这时在文本开始处会出现一个“I”形的符号，如图 4-92 所示。

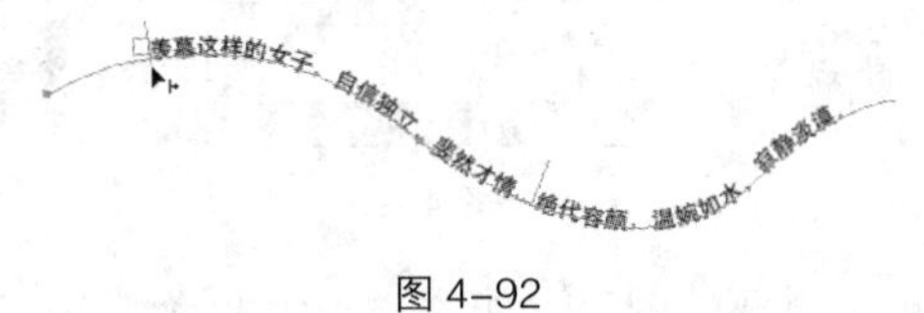

图 4–92

拖曳文字中部的“I”形符号，可沿路径移动文本，效果如图 4-93 所示。还可以按住“I”形的符号向路径相反的方向拖曳，文本会翻转方向，效果如图 4-94 所示。

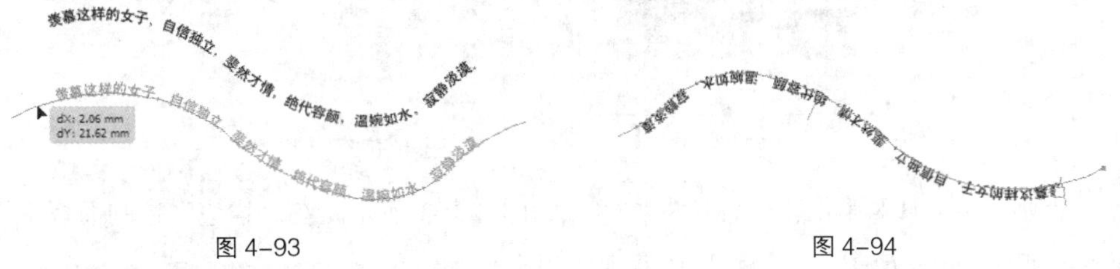

图 4–93　　图 4–94

7. 将文本转化为轮廓

选中文本，选择“文字 > 创建轮廓”命令（组合键为 Shift+Ctrl+O），创建文本轮廓，如图 4-95 所示。文本转化为轮廓后，可以对文本进行渐变填充，效果如图 4-96 所示，还可以对文本应用滤镜，效果如图 4-97 所示。

汉武帝　汉武帝

图 4–95　图 4–96　图 4–97

提　示　文本转化为轮廓后，将不再具有文本的一些属性，这就需要在文本转化成轮廓之前先按需要调整文本的字体大小。而且将文本转化为轮廓时，会把文本块中的文本全部转化为路径。不能在一行文本内转化单个文字，要想转化一个单独的文字为轮廓时，可以创建只包括该字的文本，然后再进行转化。

8. 文字的填充

Illustrator CS5 中的文字和图形一样，具有填充和描边属性。文字在默认设置状态下，描边颜色为无色，填充颜色为黑色。

使用工具箱中的“填色”或“描边”按钮，可以将文字设置在填充或描边状态。使用“颜色”控制面板可以填充或更改文本的填充颜色或描边颜色。使用“色板”控制面板中的颜色和图案可以为文字上色。

提　示　在对文本进行轮廓化处理前，渐变的效果不能应用到文字上。

选中文本，在工具箱中单击“填色”按钮，如图 4-98 所示。在“色板”控制面板中单击需要的颜色，如图 4-99 所示，文字的颜色填充效果如图 4-100 所示。

图 4-98

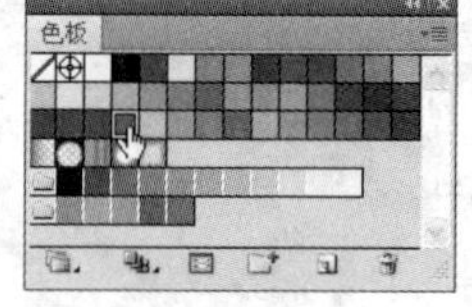
图 4-99

图 4-100

在“色板”控制面板中单击需要的图案，如图 4-101 所示，文字的图案填充效果如图 4-102 所示。

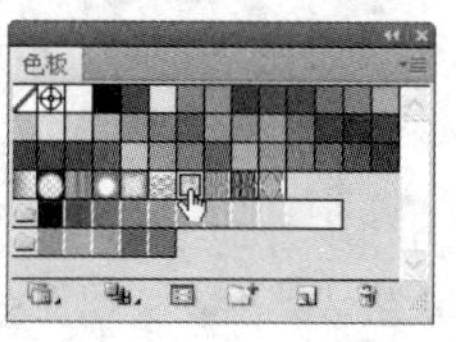
图 4-101

图 4-102

选中文本，在工具箱中单击“描边”按钮，如图 4-103 所示。在“描边”控制面板中设置描边的宽度，如图 4-104 所示，文字的描边效果如图 4-105 所示。

图 4-103

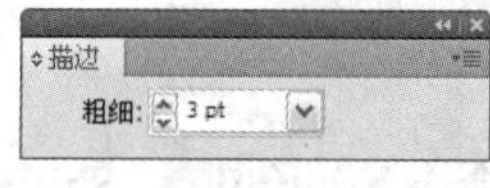

图 4-104

图 4-105

在“色板”控制面板中单击需要的图案，如图 4-106 所示，文字描边的图案填充效果如图 4-107 所示。

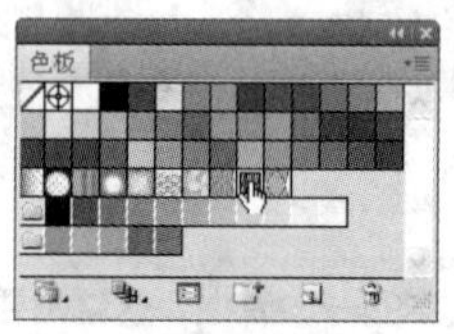
图 4-106

图 4-107

9. 对象的镜像

在 Illustrator CS5 中可以快速而精确地进行镜像操作，以使设计和制作工作更加轻松有效。

◎ 使用工具箱中的工具镜像对象

选取要生成镜像的对象，效果如图 4-108 所示。选择“镜像”工具，用鼠标拖曳对象进行旋转，出现蓝色虚线，效果如图 4-109 所示，这样可以实现图形的旋转变换，也就是对象绕自身中心的镜像变换。镜像后的效果如图 4-110 所示。

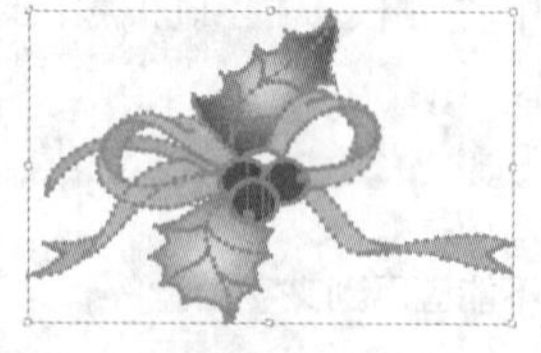
图 4-108

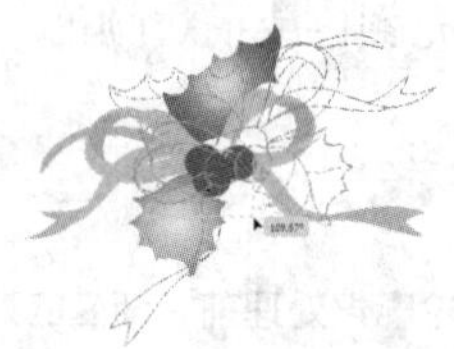
图 4-109

图 4-110

用鼠标在绘图页面上任一位置单击，可以确定新的镜像轴标志“✧”的位置，效果如图 4-111 所示。用鼠标在绘图页面上任一位置再次单击，则单击产生的点与镜像轴标志的连线就作为镜像变换的镜像轴，对象在与镜像轴对称的地方生成镜像，对象的镜像效果如图 4-112 所示。

图 4-111　　　　图 4-112

提　示　在使用“镜像”工具生成镜像对象的过程中，只能使对象本身产生镜像。要在镜像的位置生成一个对象的复制品，方法很简单，在拖曳鼠标时按住 Alt 键即可。“镜像”工具也可以用于旋转对象。

◎ 使用“选择”工具镜像对象

使用“选择”工具，选取要生成镜像的对象，效果如图 4-113 所示。按住鼠标左键直接拖曳控制手柄到相对的边，直到出现对象的蓝色虚线，效果如图 4-114 所示，释放鼠标左键就可以得到不规则的镜像对象，效果如图 4-115 所示。

图 4-113

图 4-114

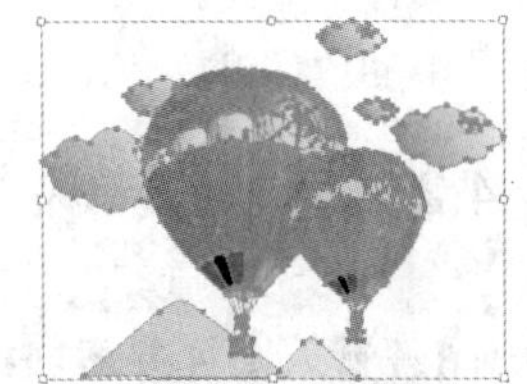

图 4-115

直接拖曳左边或右边中间的控制手柄到相对的边，直到出现对象的蓝色虚线，松开鼠标左键就可以得到原对象的水平镜像。直接拖曳上边或下边中间的控制手柄到相对的边，直到出现对象的蓝色虚线，释放鼠标左键就可以得到原对象的垂直镜像。

技　巧　按住 Shift 键，拖曳边角上的控制手柄到相对的边，对象会成比例地沿对角线方向生成镜像。按住 Shift+Alt 组合键，拖曳边角上的控制手柄到相对的边，对象会成比例地从中心生成镜像。

◎ 使用菜单命令镜像对象

选择“对象 > 变换 > 对称”命令，弹出“镜像”对话框，如图 4-116 所示。在“轴”选项组中，选择“水平”单选钮可以垂直镜像对象，选择“垂直”单选钮可以水平镜像对象，选择“角度”单选钮可以输入镜像角度的数值；在“选项”选项组中，选择“对象”复选框，镜像的对象不是图案，选择“图案”复选框，镜像的对象是图案；“复制”按钮用于在原对象上复制一个镜像的对象。

图 4-116

4.1.5 【实战演练】制作美食书籍封面

使用钢笔工具、置入命令和建立剪切蒙版命令制作背景图；使用文字工具、复制和粘贴命令、描边面板编辑标题文字；使用文本工具添加介绍性文字和出版信息。（最终效果参看光盘中的“Ch04 > 效果 > 制作美食书籍封面”，见图 4-117。）

图 4-117

4.2 制作旅游书籍封面

4.2.1 【案例分析】

现代喜爱旅游的人越来越多，很多人都希望在旅游前对旅游地能够有更多更丰富的了解，所以旅游书籍也随之畅销。本案例制作的是一本旅游书籍的封面，设计要求体现旅游地的独特魅力。

4.2.2 【设计理念】

在设计过程中，使用自然舒适的绿色作为封面背景，能拉近与人们的距离，达到宣传的目的；由不同方式排列的景点图片在突出旅游地特点的同时，丰富了页面版式，再通过不同形状和文字的连接排列，展现出活而不散的样式。整体设计内容丰富，体现了旅游书籍的特色。（最终效果参看光盘中的“Ch04 > 效果 > 制作旅游书籍封面”，见图 4-118。）

图 4-118

4.2.3 【操作步骤】

1. 置入图片并添加标题文字

步骤 1 按 Ctrl+N 组合键，弹出“新建文档”对话框，选项的设置如图 4-119 所示，单击“确定”按钮，新建一个文档。

步骤 2 选择“矩形”工具，在页面中绘制一个矩形，如图 4-120 所示。设置图形填充色的 C、M、Y、K 值分别为 50、0、100、0，填充图形并设置描边色为无，效果如图 4-121 所示。

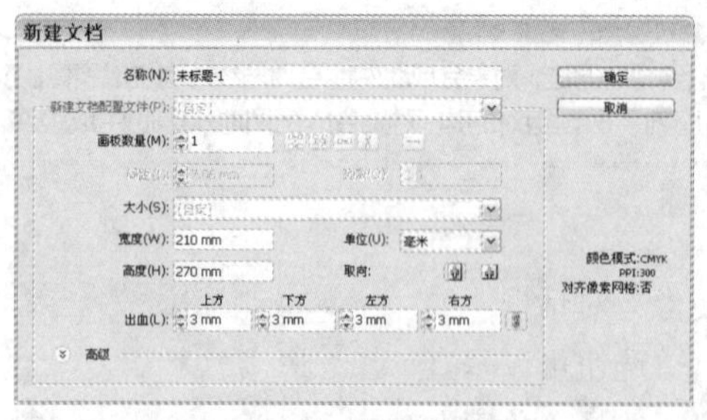

图 4-119

图 4-120

图 4-121

步骤 3 选择“文件 > 置入”命令，弹出“置入”对话框。分别选择光盘中的“Ch04 > 素材 > 制作旅游书籍封面 > 01、02”文件，单击“置入”按钮，将图片置入到页面中，单击属性栏中的“嵌入”按钮，嵌入图片。选择“选择”工具，分别拖曳图片到适当的位置并调

整其大小，效果如图 4-122 所示。

步骤 4 选择“选择”工具 选取图片，选择“效果 > 风格化 > 外发光”命令，在弹出的对话框中进行设置，如图 4-123 所示。单击“确定”按钮，效果如图 4-124 所示。

图 4-122

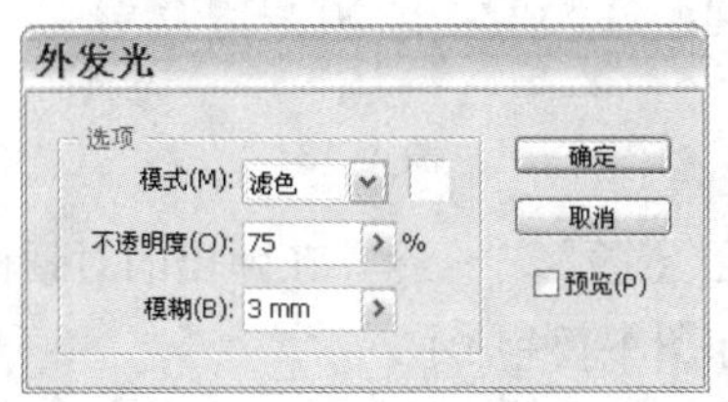

图 4-123

图 4-124

步骤 5 选择“文字”工具 T，在页面中分别输入需要的文字。选择“选择”工具 ，在属性栏中分别选择合适的字体并设置适当的文字大小，填充文字为白色，按 Ctrl+ ←组合键适当调整文字间距，效果如图 4-125 所示。

步骤 6 选择“选择”工具 ，按住 Shift 键，依次单击选取需要的文字，设置文字填充色的 C、M、Y、K 值分别为 0、0、100、0，填充文字，效果如图 4-126 所示。选取文字“2014”，设置描边色为白色并设置文字填充色的 C、M、Y、K 值分别为 0、100、100、0，填充文字，效果如图 4-127 所示。

图 4-125

图 4-126

图 4-127

2. 添加并编辑内容文字

步骤 1 选择“矩形”工具 ，在页面中绘制一个矩形，如图 4-128 所示。设置图形填充色的 C、M、Y、K 值分别为 0、0、100、0，填充图形并设置描边色为无，效果如图 4-129 所示。

图 4-128

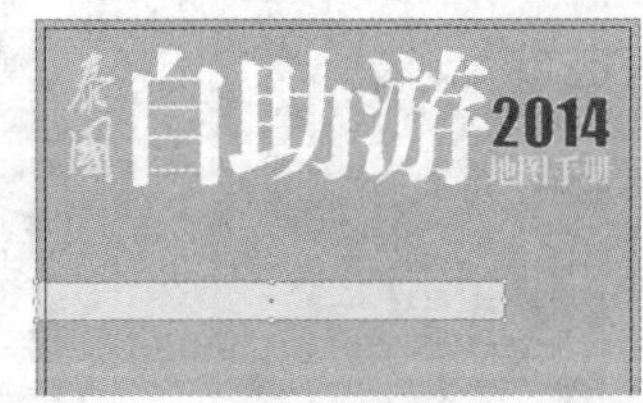

图 4-129

步骤 2 选择“文字”工具 T，在页面中分别输入需要的文字。选择“选择”工具 ，在属性栏中分别选择合适的字体并设置适当的文字大小，按 Ctrl+ ←组合键适当调整文字间距，效果如图 4-130 所示。选取下方文字，填充文字为白色，效果如图 4-131 所示。

步骤 3 选择“文字”工具 T，分别选取需要的文字，设置文字填充色的 C、M、Y、K 值分别为 0、0、100、0，填充文字，效果如图 4-132 所示。

图 4-130

图 4-131

图 4-132

步骤 4 选择“效果 > 风格化 > 投影”命令，在弹出的对话框中进行设置，如图 4-133 所示，单击“确定”按钮，效果如图 4-134 所示。

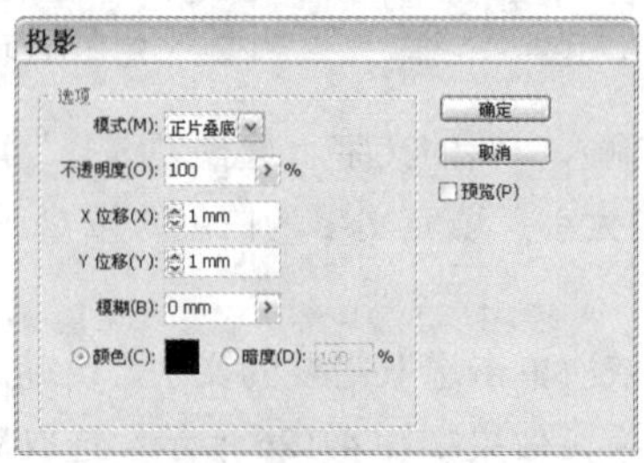

图 4-133

图 4-134

步骤 5 选择“选择”工具，将输入的文字同时选取，如图 4-135 所示，单击属性栏中的“水平左对齐”按钮，将文字左对齐，效果如图 4-136 所示。

图 4-135

图 4-136

步骤 6 选择“椭圆”工具，按住 Shift 键的同时在适当的位置绘制圆形，如图 4-137 所示，选择“文件 > 置入”命令，弹出“置入”对话框。选择光盘中的“Ch04 > 素材 > 制作旅游书籍封面 > 03”文件，单击“置入”按钮，将图片置入到页面中，单击属性栏中的“嵌入”按钮，嵌入图片。选择“选择”工具，拖曳图片到适当的位置并调整其大小，效果如图 4-138 所示。按 Ctrl+[组合键，将图片向后一层。

图 4-137

图 4-138

步骤 7 按住 Shift 键同时单击圆形将其同时选取，选择“对象 > 剪切蒙版 > 建立”命令，建

立剪切蒙版，效果如图 4-139 所示。单击属性栏中的“编辑剪切路径”按钮，将“描边粗细”选项设置为 8 pt，按 Enter 键并填充描边为白色，效果如图 4-140 所示。

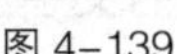
图 4-139

图 4-140

步骤 8 选择“椭圆”工具，按住 Shift 键的同时在适当的位置绘制圆形，如图 4-141 所示。设置描边色为白色并设置图形填充色的 C、M、Y、K 值分别为 50、0、100、20，填充文字。在属性栏中将“描边粗细”选项设置为 2.5 pt，按 Enter 键，效果如图 4-142 所示。

图 4-141

图 4-142

步骤 9 选择“文字”工具，在圆形中分别输入需要的文字。选择“选择”工具，在属性栏中分别选择合适的字体并设置适当的文字大小，填充文字为白色。按 Ctrl+ ←组合键适当调整文字间距，效果如图 4-143 所示。选取文字“500 万册”，设置文字填充色的 C、M、Y、K 值分别为 0、0、100、0，填充文字，效果如图 4-144 所示。

图 4-143

图 4-144

3. 添加装饰图形及介绍性文字

步骤 1 选择“矩形”工具，在页面适当的位置分别绘制 4 个矩形，如图 4-145 所示。分别设置图形填充色为黄色（其 C、M、Y、K 值为 0、0、100、0）、绿色（其 C、M、Y、K 值为 67、31、100、0）、白色和黑色，填充图形并设置描边色为无，效果如图 4-146 所示。

图 4-145

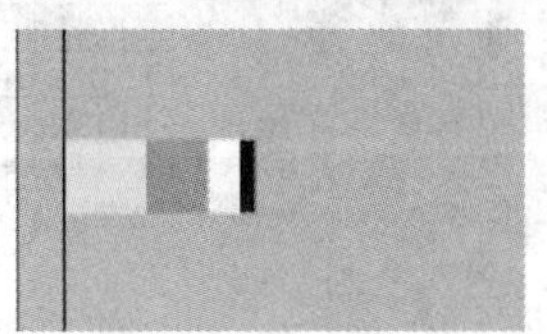

图 4-146

步骤 2 选择“选择”工具，将绘制的矩形同时选取，按住 Alt+Shift 组合键的同时水平向右拖曳图形到适当的位置，复制图形，如图 4-147 所示。连续按 Ctrl+D 组合键，再复制出多个图形，效果如图 4-148 所示。

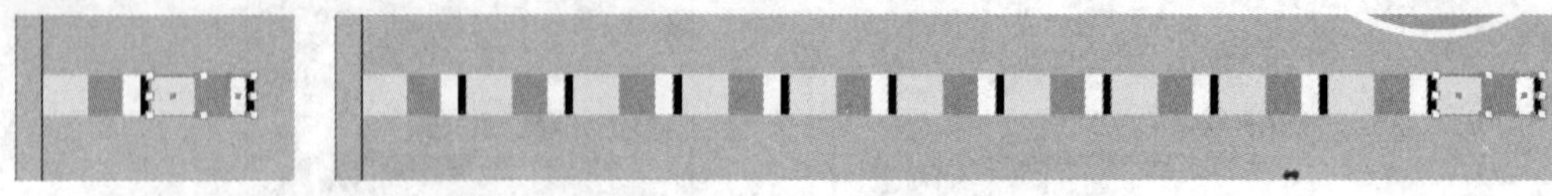

图 4-147　　图 4-148

步骤 3 选择“文字”工具T，在适当的位置分别输入需要的文字。选择“选择”工具，在属性栏中分别选择合适的字体并设置适当的文字大小。填充文字为白色，并适当调整文字间距，效果如图 4-149 所示。选择“椭圆”工具，按住 Shift 键的同时在适当的位置绘制圆形，如图 4-150 所示。

图 4-149　　图 4-150

步骤 4 选择“选择”工具，设置图形填充色的 C、M、Y、K 值分别为 0、100、100、0，填充图形并设置描边色为无，效果如图 4-151 所示。连续按 Ctrl+[组合键将图形向后移动到适当的位置，效果如图 4-152 所示。

图 4-151

图 4-152

步骤 5 选择“文字”工具T，在适当的位置单击插入光标，如图 4-153 所示。选择“文字 > 字形”命令，在弹出的“字形”面板中按需要进行设置并选择需要的字形，如图 4-154 所示。双击鼠标左键插入字形，效果如图 4-155 所示。

图 4-153

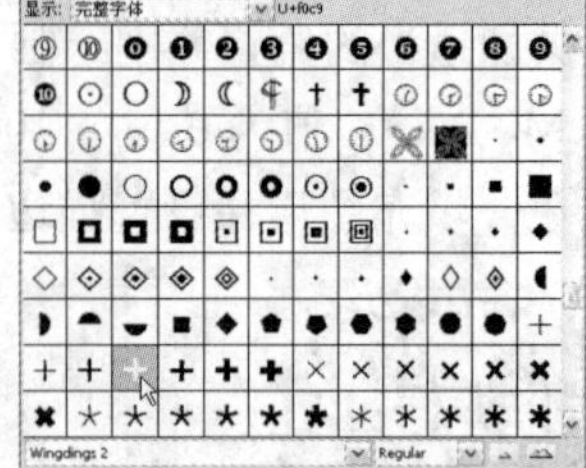

图 4-154

图 4-155

步骤 6 选择“选择”工具，设置图形填充色的 C、M、Y、K 值分别为 67、31、100、0，填充图形，效果如图 4-156 所示。用相同的方法制作其他文字和图形，效果如图 4-157 所示。

图 4-156　　图 4-157

步骤 7 选择“选择”工具，单击选取绿色圆形，如图 4-158 所示。按 Alt 键的同时拖曳图形到适当的位置，复制图形，等比例放大图形，效果如图 4-159 所示。

图 4-158

图 4-159

步骤 8 选择“文字”工具，在圆形适当的位置输入需要的文字。选择“选择”工具，在属性栏中选择合适的字体并设置适当的文字大小，按 Ctrl+ ←组合键适当调整文字间距，效果如图 4-160 所示。

步骤 9 选择“文字”工具，在输入的文字左边单击插入光标。选择“文字 > 字形”命令，在弹出的“字形”面板中按需要进行设置并选择需要的字形，如图 4-161 所示。双击鼠标左键插入字形，效果如图 4-162 所示。

图 4-160

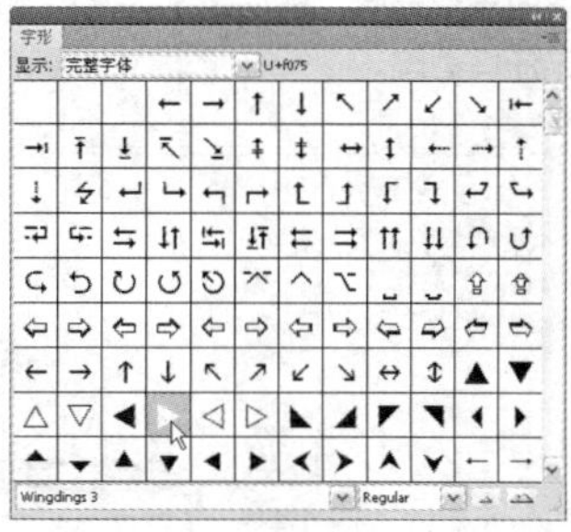

图 4-161

图 4-162

步骤 10 选择“选择”工具，将字形和文字同时选取。设置图形填充色的 C、M、Y、K 值分别为 0、0、100、0，填充图形，效果如图 4-163 所示。选择“椭圆”工具，按住 Shift 键的同时在适当的位置绘制圆形，如图 4-164 所示。

图 4-163

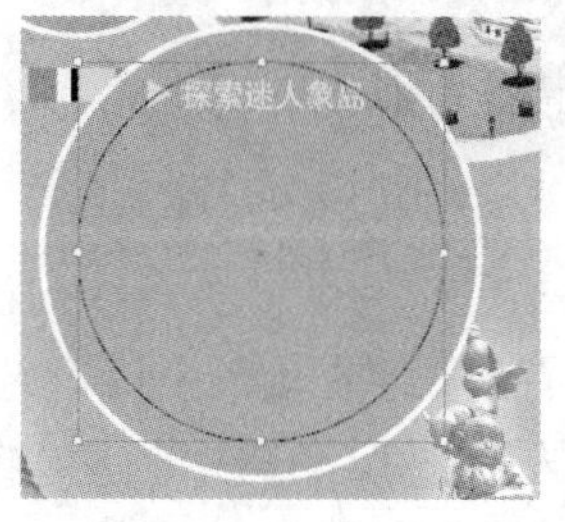

图 4-164

中等职业教育数字艺术类规划教材

步骤 11 选择“区域文字”工具T，在路径区域内单击插入光标，如图 4-165 所示。输入需要的文字，在属性栏中选择合适的字体并设置适当的文字大小，填充文字为白色，文字效果如图 4-166 所示。按 Esc 键取消文字选取状态，旅游书籍封面制作完成，效果如图 4-167 所示。

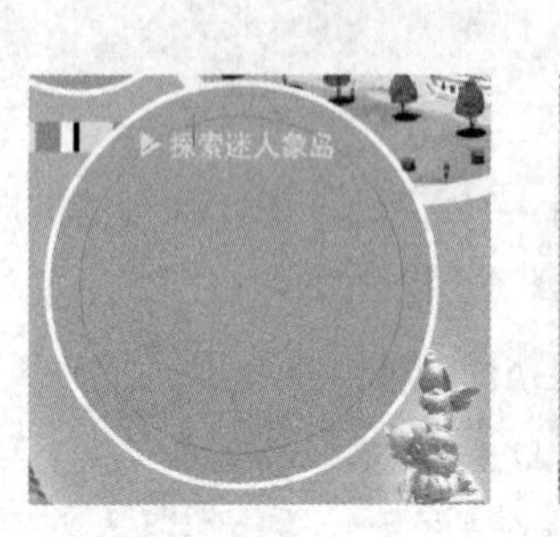

图 4-165

图 4-166

图 4-167

4.2.4 【相关工具】

1. 置入图片

在 Illustrator CS5 中，要使用外部图片，需要将其置入到文档中。

选择“文件 > 置入”命令，弹出“置入”对话框，在对话框中选择需要的文件，如图 4-168 所示。若直接单击“置入”按钮，将图片置入到页面中，图片是链接状态，如图 4-169 所示。若取消勾选“链接”复选框，将图片置入到页面中，图片是嵌入状态，如图 4-170 所示。

提　示　当原图片进行修改或移动时，链接状态的图片可能会因为丢失链接而无法显示，但嵌入状态的图片却无任何影响。

图 4-168

图 4-169

图 4-170

2. 文本对齐

文本对齐是指所有的文字在段落中按一定的标准有序地排列。Illustrator CS5 提供了 7 种文本对齐的方式，分别是左对齐、居中对齐、右对齐、两端对齐末行左对齐、两端对齐末行居中对齐、两端对齐末行右对齐和全部两端对齐。

选中要对齐的段落文本，单击“段落”控制面板中的各个对齐方式按钮，应用不同对齐方式的段落文本效果如图 4-171 所示。

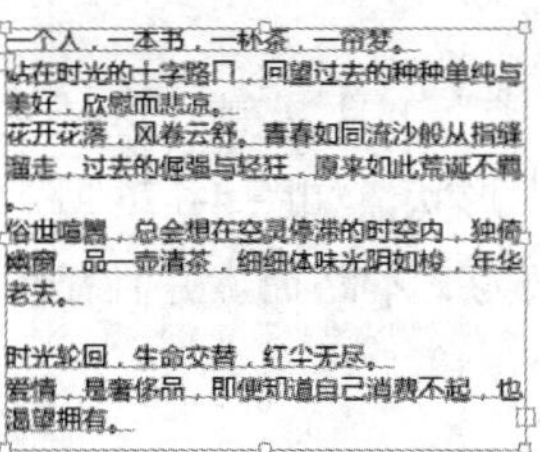

左对齐

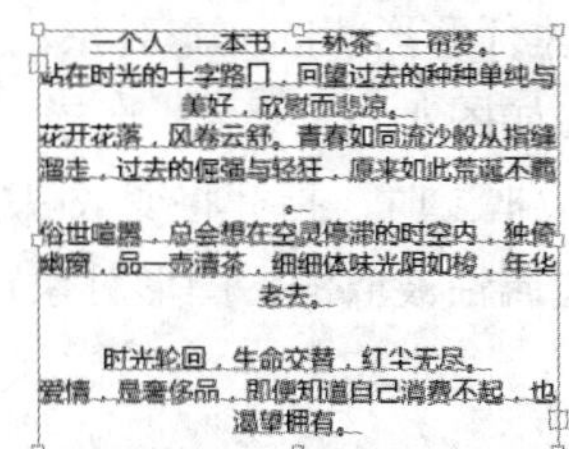

居中对齐

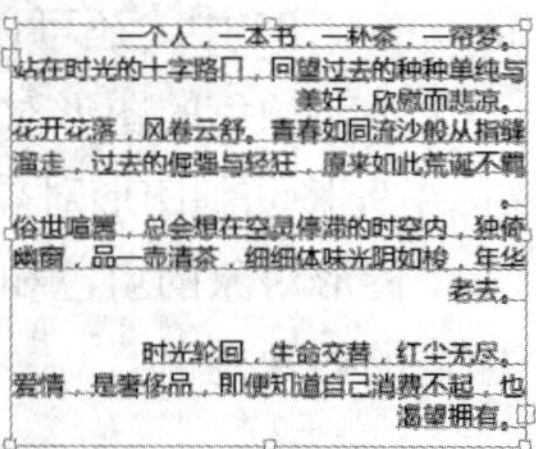

右对齐

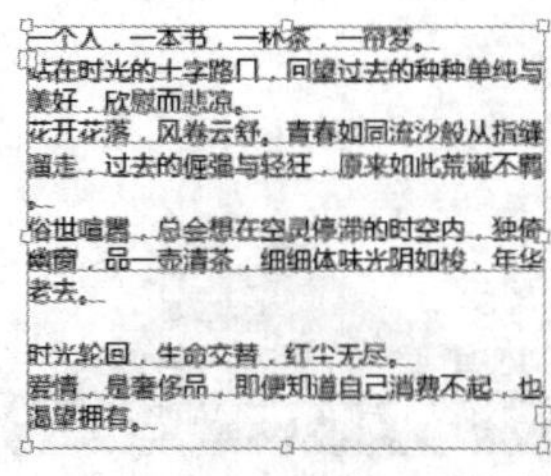

两端对齐末行左对齐

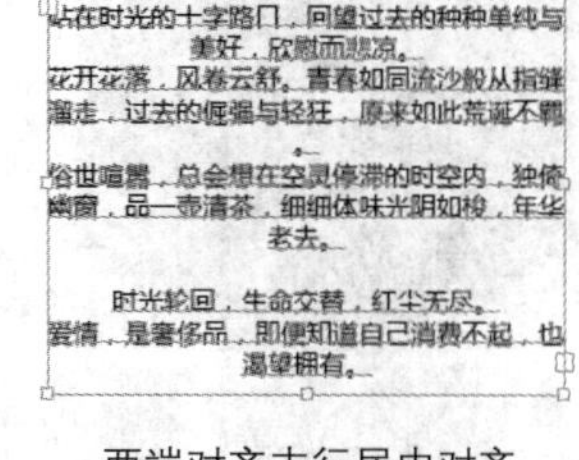

两端对齐末行居中对齐

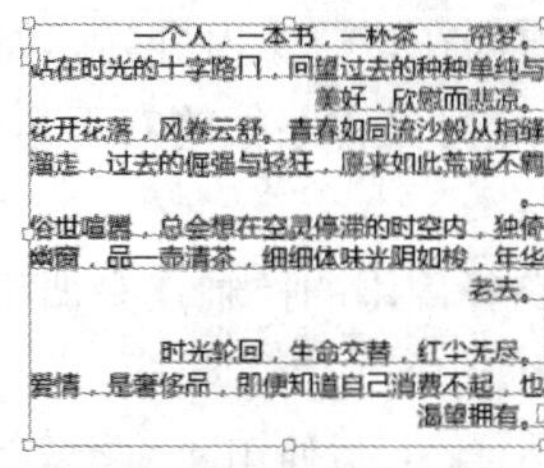

两端对齐末行右对齐

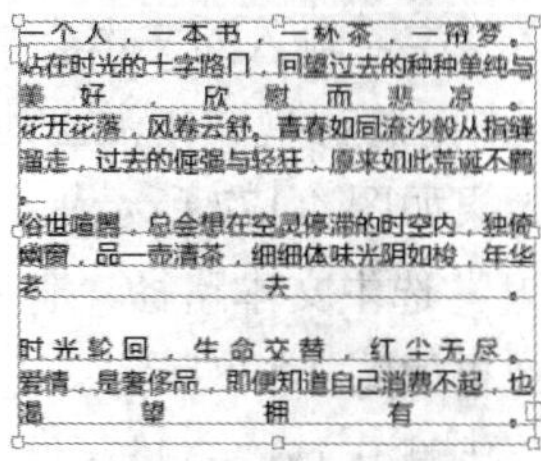

全部两端对齐

图 4-171

3. 插入字形

选择“文字”工具T，在需要插入字形的位置单击鼠标插入光标，如图 4-172 所示。选择“文字 > 字形”命令，弹出“字形”面板，选取需要的字体查找字形，如图 4-173 所示。双击字形，将其插入到文本中，效果如图 4-174 所示。

喜马拉雅

图 4-172

字形
显示：完整字体 U+f027
Wingdings 2 Regular

图 4-173

喜马拉雅☏

图 4-174

4. 区域文本工具的使用

在 Illustrator CS5 中，还可以创建任意形状的文本对象。

绘制一个填充颜色的图形对象，如图 4-175 所示。选择“文字”工具 T 或“区域文字”工具 T，当鼠标指针移动到图形对象的边框上时，指针将变成“Ⓘ”形状，如图 4-176 所示，在图形对象上单击，图形对象的填色和描边属性被取消，图形对象转换为文本路径，并且在图形对象内出现一个闪烁的插入光标。

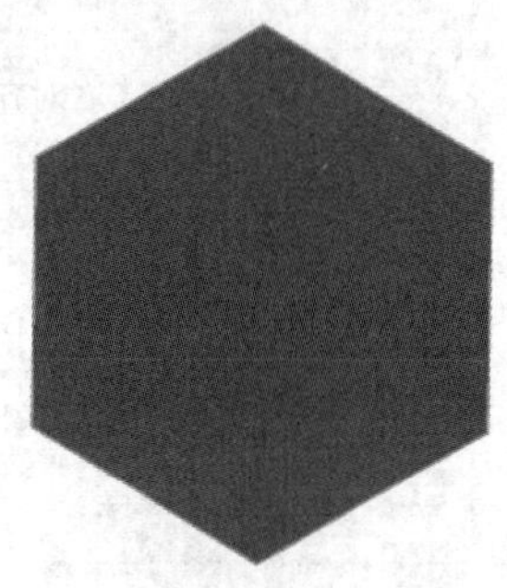

图 4-175

图 4-176

在插入光标处输入文字，输入的文本会按水平方向在该对象内排列。如果输入的文字超出了文本路径所能容纳的范围，将出现文本溢出的现象，这时文本路径的右下角会出现一个红色“⊞”号标志的小正方形，效果如图 4-177 所示。

使用“选择”工具 选中文本路径，拖曳文本路径周围的控制点来调整文本路径的大小，可以显示所有的文字，效果如图 4-178 所示。

使用“直排文字”工具 T 或“直排区域文字”工具 T 与使用“文字”工具 T 的方法是一样的，但“直排文字”工具 T 或“直排区域文字”工具 T 在文本路径中可以创建竖排的文字，如图 4-179 所示。

图 4-177

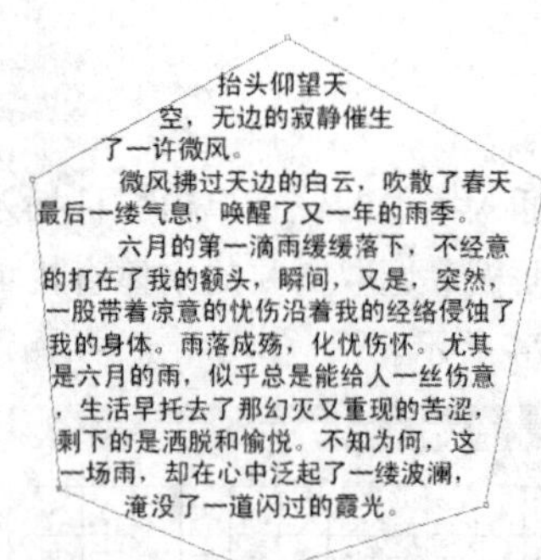

图 4-178

图 4-179

5. 外发光命令

效果命令中的外发光命令可以在对象的外部创建发光的外观效果。

选中要添加外发光效果的对象，如图 4-180 所示。选择“效果 > 风格化 > 外发光”命令，在弹出的“外发光”对话框中设置数值，如图 4-181 所示。单击“确定”按钮，对象的外发光效果如图 4-182 所示。

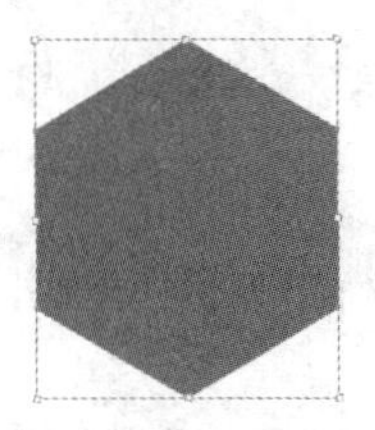

图 4-180

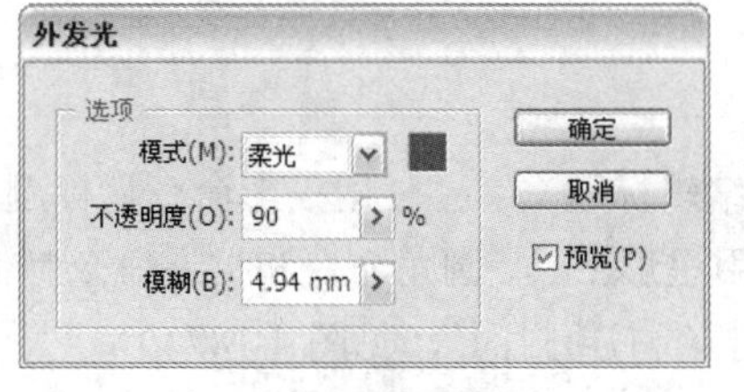

图 4-181

图 4-182

6. 投影命令

效果命令中的投影命令可以为对象添加投影。

选中要添加阴影的对象，如图 4-183 所示。选择“效果 > 风格化 > 投影”命令，在弹出的“投影”对话框中设置数值，如图 4-184 所示。单击“确定”按钮，对象投影效果如图 4-185 所示。

图 4-183

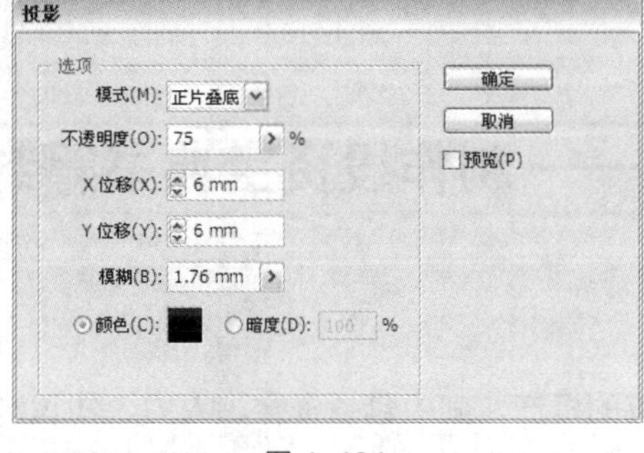

图 4-184

图 4-185

4.2.5 【实战演练】制作旅游摄影书籍封面

使用外发光命令为图形添加发光效果；使用文字工具添加标题及相关信息；使用插入字形命令插入需要的字形；使用钢笔工具和区域文字工具制作区域文字效果。（最终效果参看光盘中的“Ch04 > 效果 > 制作旅游摄影书籍封面”，见图 4-186。）

图 4-186

4.3 综合演练——制作折纸书籍封面

4.3.1 【案例分析】

手工制作的兴起源于人们对儿时的怀旧和美好生活的向往，随着人们文化生活水平的不断提升和对精神文化生活的要求越来越高，手工制作相关的周边产业正日益繁荣。本案例是制作折纸书籍封面，设计要求体现手工制作的乐趣。

4.3.2 【设计理念】

在设计过程中，使用玫红色的折纸作为背景，展现出明快雅致的能量感，起到衬托的效果；中心的折纸在突出宣传主体的同时，给人一目了然的印象，加深人们对书籍的认知；四周的折纸图形增添了画面的活泼感；文字的设计与宣传的主题相呼应。整个封面设计可爱且具有童趣。

4.3.3 【知识要点】

使用文字工具和描边命令编辑标题文字；使用投影命令为标题文字添加投影效果；使用插入字形命令插入需要的字形；使用星形工具、圆角命令和扩展命令制作装饰星形。（最终效果参看光盘中的“Ch04 > 效果 > 制作折纸书籍封面”，见图 4-187。）

图 4–187

4.4 综合演练——制作投资宝典书籍封面

4.4.1 【案例分析】

投资指的是用某种有价值的资产，其中包括资金、人力、知识产权等投入到某个企业、项目或经济活动，以获取经济回报的商业行为或过程。本案例制作投资宝典的书籍封面，要求封面设计沉着大气，体现投资行业的特色。

4.4.2 【设计理念】

在设计过程中，使用蓝灰色的背景展现出沉稳大气的气质；由文字拼贴而成的心形图案作为画面的主体，象征着美好、幸福、放心的投资前景，突出书籍宣传的主题；文字的大小排列适宜且富于变化，丰富了画面版式；彩色图形的运用增添了活泼的气息，让人印象深刻。

4.4.3 【知识要点】

使用文字工具输入需要的文字；使用创建轮廓命令将文本转化为轮廓；使用文字工具和渐变工具制作渐变文字效果。（最终效果参看光盘中的“Ch04 > 效果 > 制作投资宝典书籍封面”，见图 4-188。）

图 4–188

第5章 杂志设计

杂志是宣传媒介之一，它具有目标受众准确、实效性强、宣传力度大、效果明显等特点。时尚生活类杂志的设计可以轻松活泼、色彩丰富。版式内的图文编排可以灵活多变，但要注意把握风格的整体性。本章以多个杂志栏目为例，讲解了杂志的设计方法和制作技巧。

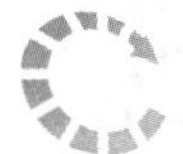

课堂学习目标

- 掌握杂志栏目的设计思路和过程
- 掌握杂志栏目的制作方法和技巧

5.1 制作时尚杂志封面

5.1.1 【案例分析】

时尚生活杂志是为走在时尚前沿的人们准备的资讯类杂志。杂志的主要内容是介绍完美彩妆、流行影视、时尚服饰等信息。本类杂志在封面设计上要营造出生活时尚和现代感。

5.1.2 【设计理念】

在设计过程中，通过极具现代气息的女性照片烘托出整体的时尚氛围。通过对杂志名称的艺术处理，表现出现代感。通过不同样式的栏目标题表达杂志的核心内容。封面中的文字与图形的编排布局相对集中紧凑，使页面布局合理有序。（最终效果参看光盘中的“Ch05 > 效果 > 制作时尚杂志封面”，见图 5-1。）

图 5-1

5.1.3 【操作步骤】

步骤 1 按 Ctrl+N 组合键，弹出“新建文档”对话框，选项的设置如图 5-2 所示，单击“确定”按钮，新建一个文档。

步骤 2 选择“文件 > 置入”命令，弹出“置入”对话框。选择光盘中的“Ch05 > 素材 > 制作时尚杂志封面 > 01”文件，单击“置入”按钮，在文件中置入图片。单击属性栏中的“嵌入”按钮，选择“选择”工具，将图片拖曳到页面中适当的位置并调整其大小，效果如图 5-3 所示。

图 5-2

图 5-3

步骤 3 选择“文字”工具T，在页面中输入需要的文字。选择“选择”工具，在属性栏中选择合适的字体并设置适当的文字大小，效果如图 5-4 所示。按 Ctrl+T 组合键，弹出“字符”面板，选项的设置如图 5-5 所示，效果如图 5-6 所示。

图 5-4

图 5-5

图 5-6

步骤 4 选择“选择”工具选取文字。水平向左拖曳文字右侧中间的控制手柄到适当的位置，将文字变形，效果如图 5-7 所示。设置文字填充颜色的 C、M、Y、K 值分别为 37、58、69、0，填充文字，效果如图 5-8 所示。

图 5-7

图 5-8

步骤 5 按 Ctrl+Shift+O 组合键将文字转换为轮廓。选中复合路径，选择“对象 > 复合路径 > 释放”命令，可以释放复合滤镜。选择“直接选择”工具，选中需要的图形，如图 5-9 所示，按 Delete 键将其删除，效果如图 5-10 所示。用相同方法删除其他不需要的图形，效果如图 5-11 所示。

图 5-9

图 5-10

图 5-11

步骤 6 选择“矩形”工具，按住 Shift 键，在页面中空白位置绘制一个矩形，填充与文字相

同的描边色，如图 5-12 所示。双击“旋转”工具，弹出“旋转”对话框，选项的设置如图 5-13 所示。效果如图 5-14 所示。

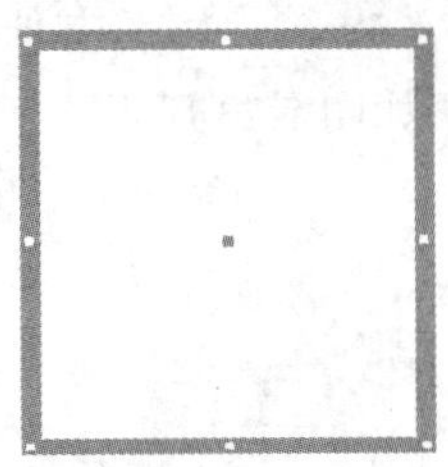

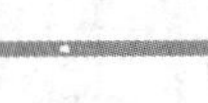

图 5-12

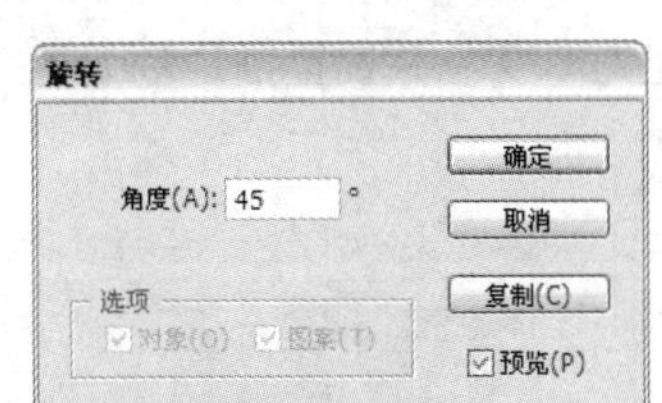

图 5-13

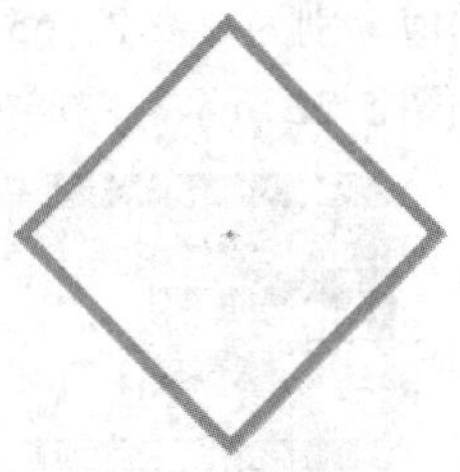

图 5-14

步骤 7 选择“效果 > 扭曲和变换 > 收缩和膨胀”命令，在弹出的对话框中进行设置，如图 5-15 所示。单击“确定”按钮，效果如图 5-16 所示。

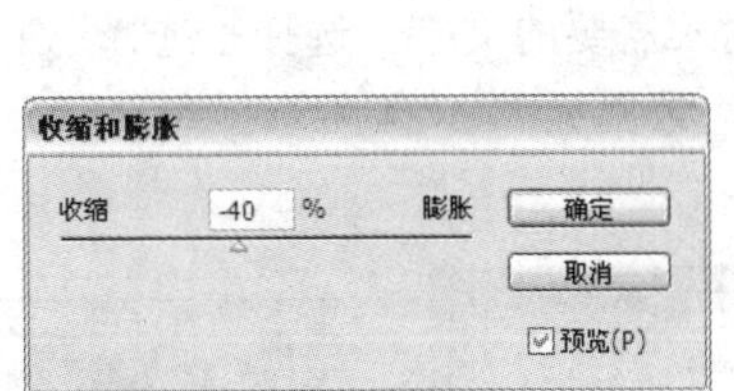

图 5-15

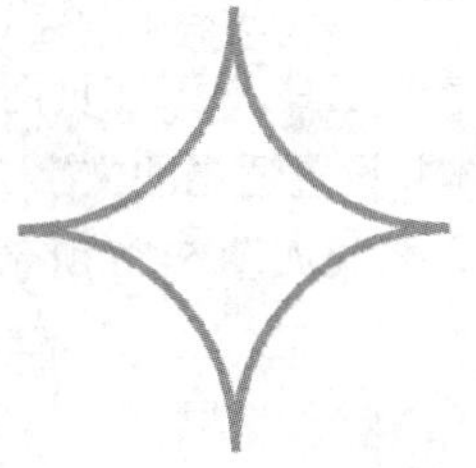

图 5-16

步骤 8 选择“选择”工具，调整图形的大小并将其拖曳到适当的位置，效果如图 5-17 所示。按住 Alt 键的同时，水平向右拖曳图形到适当的位置，复制图形，效果如图 5-18 所示。用相同的方法制作其他图形，并填充相同颜色，效果如图 5-19 所示。

图 5-17

图 5-18

图 5-19

步骤 9 选择“文字”工具，在页面中输入需要的文字。选择“选择”工具，在属性栏中选择合适的字体并设置适当的文字大小，效果如图 5-20 所示。选择“选择”工具选取文字，水平向右拖曳文字右侧中间的控制手柄到适当的位置，将文字变形，效果如图 5-21 所示。

图 5-20

图 5-21

步骤 10 按 Ctrl+Shift+O 组合键将文字转换为轮廓。双击“渐变”工具，弹出“渐变”控制面板，在色带上设置 3 个渐变滑块，分别将渐变滑块的位置设为 0、50、100，并设置 C、M、Y、K 的值分别为 0（72、65、62、16）、50（5、5、6、0）、100(72、65、62、16)，其他选项的设置如图 5-22 所示，图形被填充为渐变色并设置描边色为无，效果如图 5-23 所示。

图 5-22

图 5-23

步骤 11 选择“文字”工具，在页面中输入需要的文字。选择“选择”工具，在属性栏中选择合适的字体并设置适当的文字大小，效果如图 5-24 所示。在“字符”面板中进行设置，如图 5-25 所示，效果如图 5-26 所示。

图 5-24

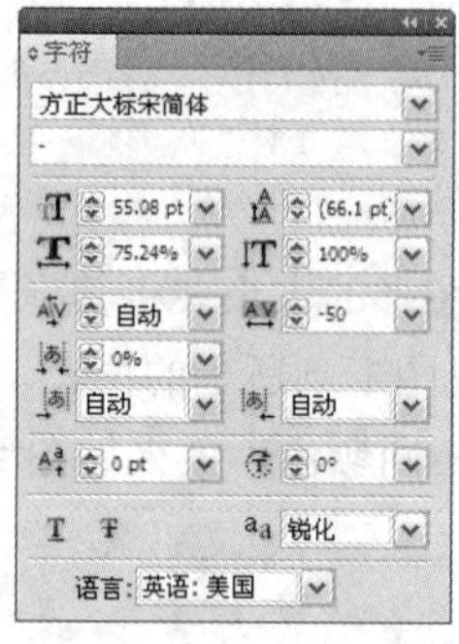

图 5-25

图 5-26

步骤 12 选择“文字”工具，在页面中输入需要的文字。选择“选择”工具，在属性栏中选择合适的字体并设置适当的文字大小，效果如图 5-27 所示。在“字符”面板中进行设置，如图 5-28 所示，效果如图 5-29 所示。

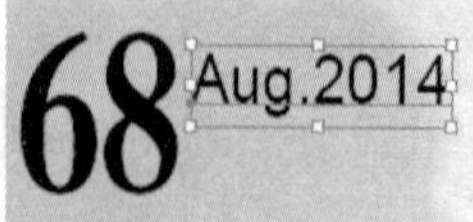

图 5-27

图 5-28

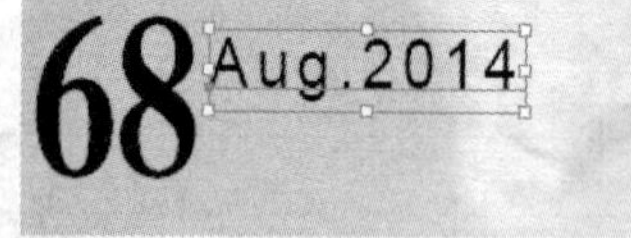

图 5-29

步骤 13 选择“文字”工具，在页面中输入需要的文字。选择“选择”工具，在属性栏中选择合适的字体并设置适当的文字大小，效果如图 5-30 所示。在“字符”面板中进行设置，如图 5-31 所示，效果如图 5-32 所示。

图 5-30

图 5-31

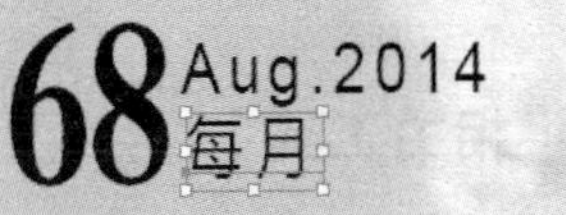

图 5-32

步骤 14 选择“文字”工具T，在页面中输入需要的文字。选择“选择”工具，在属性栏中选择合适的字体并设置适当的文字大小，效果如图 5-33 所示。在“字符”面板中进行设置，如图 5-34 所示，效果如图 5-35 所示。

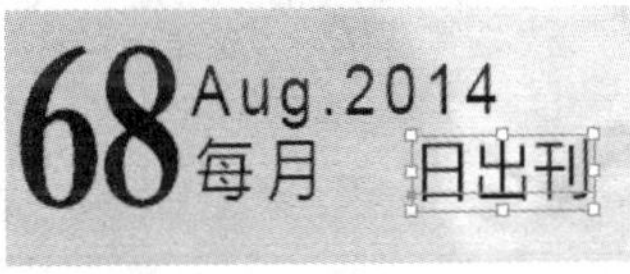

图 5-33

图 5-34

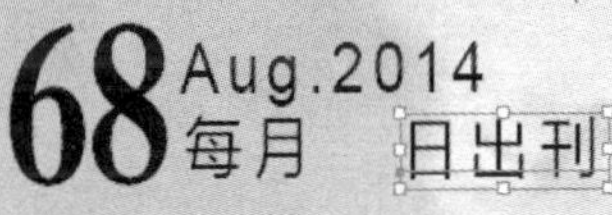

图 5-35

步骤 15 选择“文字”工具T，在页面中输入需要的文字。选择“选择”工具，在属性栏中选择合适的字体并设置适当的文字大小，设置文字填充色的 C、M、Y、K 值分别为 3、0、26、0，填充文字，效果如图 5-36 所示，按 Ctrl+Shift+O 组合键将文字转换为轮廓。选择“椭圆”工具，按住 Shift 键的同时在页面中绘制一个圆形，设置图形填充色的 C、M、Y、K 值分别为 37、58、69、0，填充图形并设置描边色为无，效果如图 5-37 所示。选择“对象 > 排列 >后移一层”命令，将图形向后移动一层，效果如图 5-38 所示。

图 5-36

图 5-37

图 5-38

步骤 16 选择“选择”工具，按住 Shift 键的同时单击所需要的图形，将其同时选取，如图 5-39 所示。选择“窗口 > 路径查找器”命令，弹出“路径查找器”控制面板，单击“减去顶层”按钮，如图 5-40 所示，生成新的对象，效果如图 5-41 所示。

图 5-39

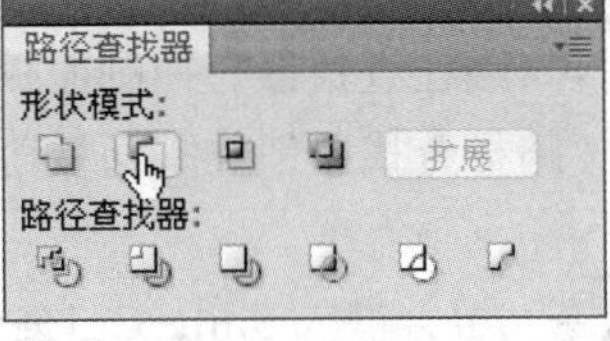

图 5-40

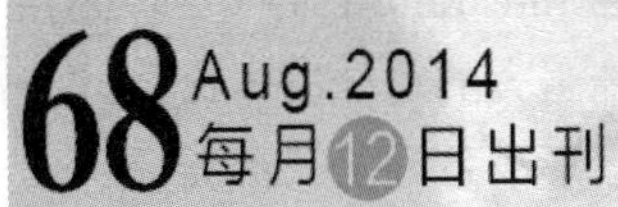

图 5-41

步骤 17 选择“文件 > 置入”命令，弹出“置入”对话框。选择光盘中的“Ch05 > 素材 > 制作时尚杂志封面 > 02”文件，单击“置入”按钮，单击属性栏中的“嵌入”按钮，弹出对话框，单击“确定”按钮嵌入图片。拖曳图片到适当的位置并调整其大小，效果如图 5-42 所示。

图 5-42

5.1.4 【相关工具】

1. 直接选择工具

选择“直接选择”工具，用鼠标单击对象可以选取整个对象，如图 5-43 所示。在对象的某个节点上单击，该节点将被选中，如图 5-44 所示。选中该节点不放，向下拖曳，将改变对象的形状，如图 5-45 所示。

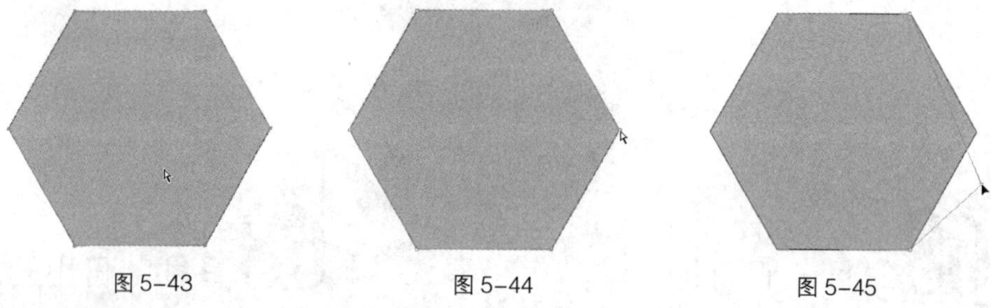

图 5-43　　图 5-44　　图 5-45

也可使用“直接选择”工具圈选对象，使用“直接选择”工具拖曳出一个矩形圈选框，在框中的所有对象将被同时选取。

提　示　在移动节点的时候，按住 Shift 键，节点可以沿着 45°角的整数倍方向移动；在移动节点的时候，按住 Alt 键，此时可以复制节点，这样就可以得到一段新路径。在删除节点时，按 Delete 键，即可删除选取的节点。

2. 文本的变换

选择“对象 > 变换”命令或“变换”工具，可以对文本进行变换。选中要变换的文本，再利用各种变换工具对文本进行旋转、对称、缩放、倾斜等变换操作。文本呈现倾斜效果如图 5-46 所示，旋转效果如图 5-47 所示，对称效果如图 5-48 所示。

图 5-46

图 5-47

图 5-48

3. 路径查找器面板

在 Illustrator CS5 中编辑图形时，“路径查找器”控制面板是最常用的工具之一，它包含了一组功能强大的路径编辑命令。使用“路径查找器”控制面板可以将许多简单的路径经过特定的运算之后形成各种复杂的路径。

选择“窗口 > 路径查找器”命令（组合键为 Shift+Ctrl+F9），弹出“路径查找器”控制面板，

如图 5-49 所示

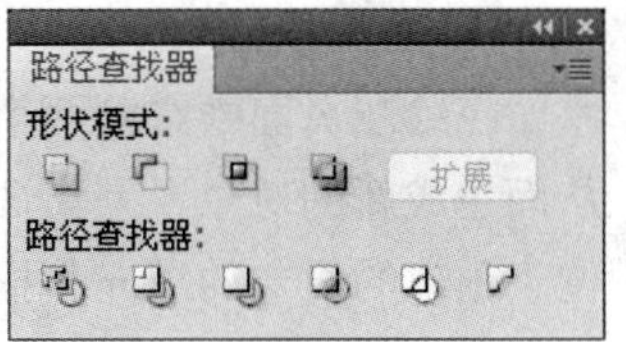

图 5-49

在"路径查找器"控制面板的"形状模式"选项组中有 5 个按钮，从左至右分别是"联集"按钮、"减去顶层"按钮、"交集"按钮、"差集"按钮和"扩展"按钮。前 4 个按钮可以通过不同的组合方式在多个图形间制作出对应的复合图形，而"扩展"按钮则可以把复合图形转变为复合路径。

在"路径查找器"选项组中有 6 个按钮，从左至右分别是"分割"按钮、"修边"按钮、"合并"按钮、"裁剪"按钮、"轮廓"按钮和"减去后方对象"按钮。这组按钮主要是把对象分解成各个独立的部分，或者删除对象中不需要的部分。

◎ **联集按钮**

在绘图页面中绘制两个图形对象，如图 5-50 所示。选中两个对象，单击"联集"按钮，从而生成新的对象，新对象的填充和描边属性与位于顶部的对象的填充和描边属性相同，效果如图 5-51 所示。

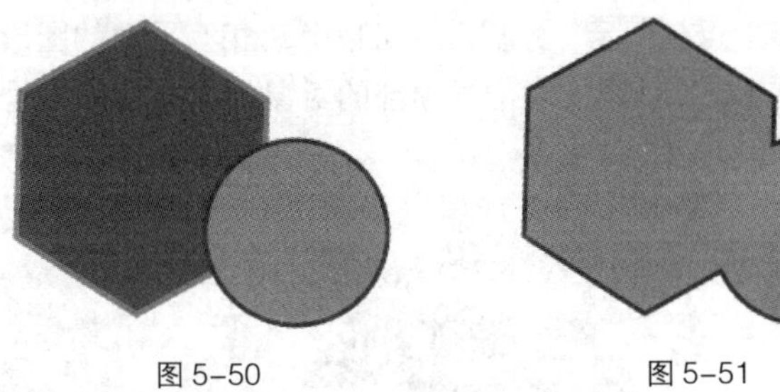

图 5-50　　图 5-51

◎ **减去顶层按钮**

在绘图页面中绘制两个图形对象，如图 5-52 所示。选中这两个对象，单击"减去顶层"按钮，从而生成新的对象，减去顶层命令可以在最下层对象的基础上，将被上层的对象挡住的部分和上层的所有对象同时删除，只剩下最下层对象的剩余部分，效果如图 5-53 所示。

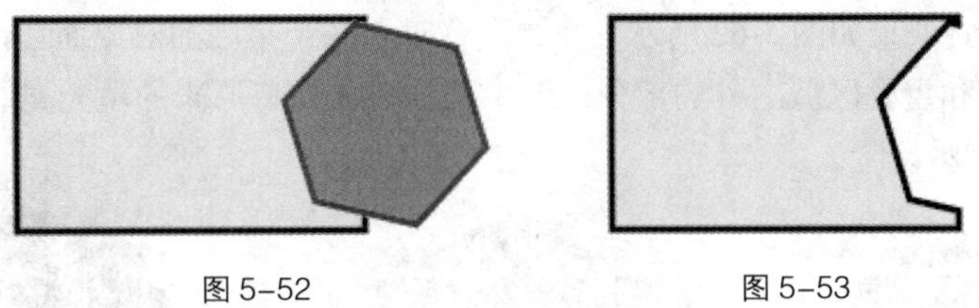

图 5-52　　图 5-53

◎ **交集按钮**

在绘图页面中绘制两个图形对象，如图 5-54 所示。选中这两个对象，单击"交集"按钮，从而生成新的对象，交集命令可以将图形没有重叠的部分删除，而仅仅保留重叠部分。所生成的新对象的填充和描边属性与位于顶部的对象的填充和描边属性相同，效果如图 5-55 所示。

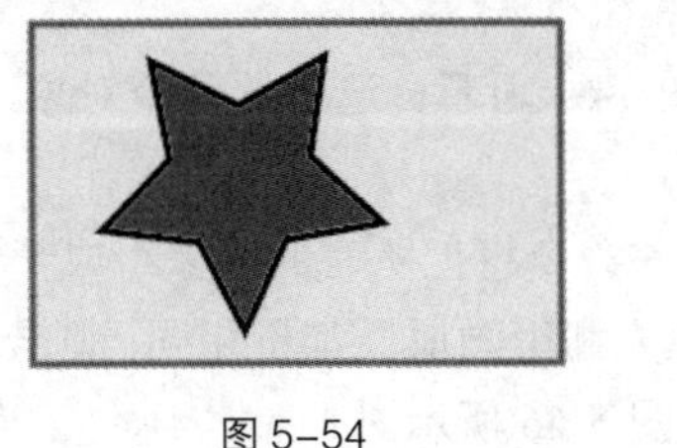

图 5-54

图 5-55

◎ 差集按钮

在绘图页面中绘制两个图形对象，如图 5-56 所示。选中这两个对象，单击“差集”按钮，从而生成新的对象，差集命令可以删除对象间重叠的部分。所生成的新对象的填充和笔画属性与位于顶部的对象的填充和描边属性相同，效果如图 5-57 所示。

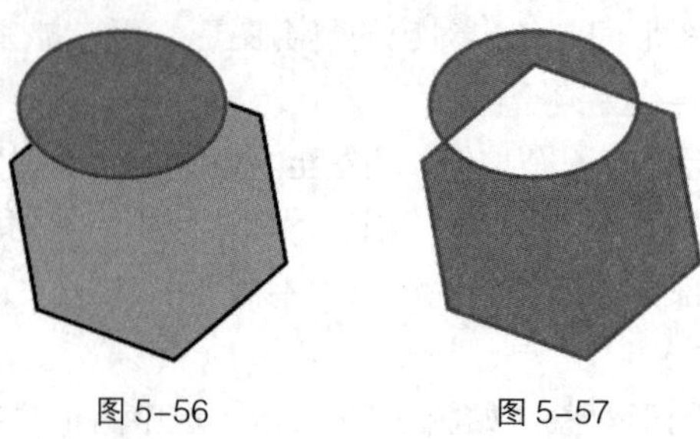

图 5-56　　图 5-57

◎ 分割按钮

在绘图页面中绘制两个图形对象，如图 5-58 所示。选中这两个对象，单击“分割”按钮，从而生成新的对象，效果如图 5-59 所示。分割命令可以分离相互重叠的图形，而得到多个独立的对象。所生成的新对象的填充和笔画属性与位于顶部的对象的填充和描边属性相同。取消选取状态后的效果如图 5-60 所示。

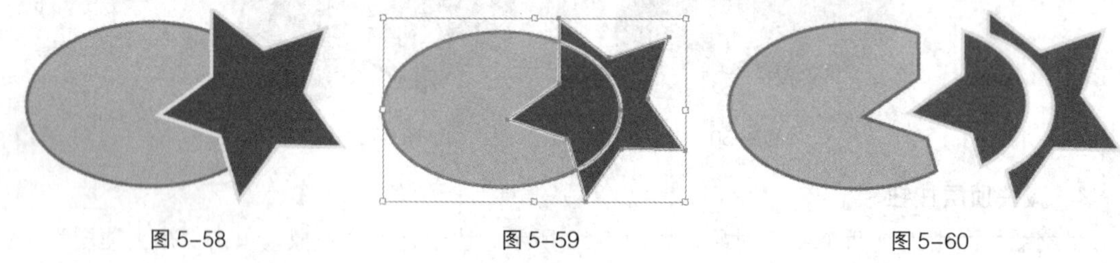

图 5-58　　图 5-59　　图 5-60

◎ 修边按钮

在绘图页面中绘制两个图形对象，如图 5-61 所示。选中这两个对象，单击“修边”按钮，从而生成新的对象，效果如图 5-62 所示。修边命令对于每个单独的对象而言，均被裁减分成包含有重叠区域的部分和重叠区域之外的部分，新生成的对象保持原来的填充属性。取消选取状态后的效果如图 5-63 所示。

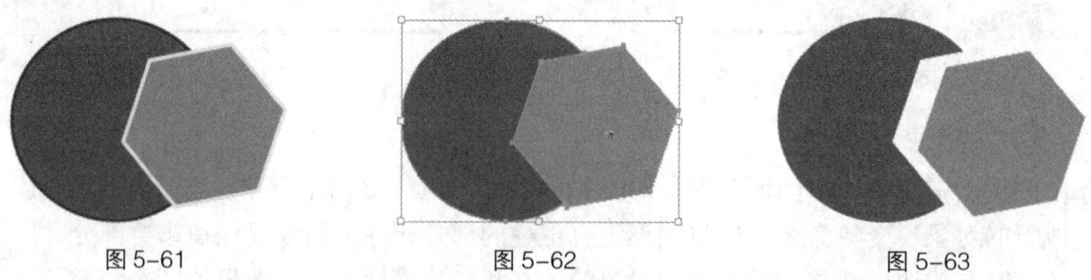

图 5-61　　图 5-62　　图 5-63

◎ 合并按钮

在绘图页面中绘制两个图形对象，如图 5-64 所示。选中这两个对象，单击“合并”按钮，从而生成新的对象，效果如图 5-65 所示。

如果对象的填充和描边属性都相同，合并命令将把所有的对象组成一个整体后合为一个对象，但对象的描边色将变为没有；如果对象的填充和笔画属性都不相同，则合并命令就相当于“裁剪”按钮的功能。取消选取状态后的效果如图 5-66 所示。

图 5-64

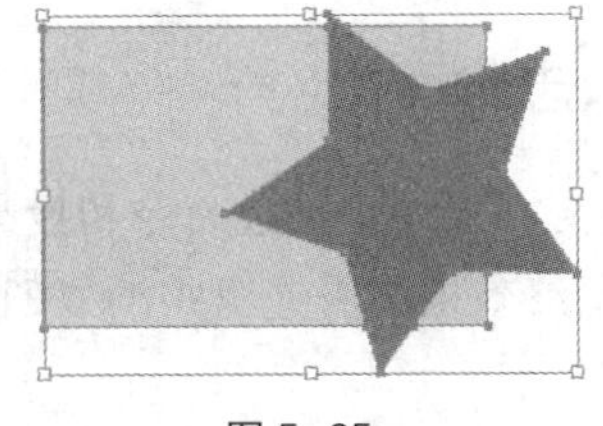

图 5-65

图 5-66

◎ **裁剪按钮**

在绘图页面中绘制两个图形对象，如图 5-67 所示。选中这两个对象，单击“裁剪”按钮，从而生成新的对象，效果如图 5-68 所示。裁剪命令的工作原理和蒙版相似，对重叠的图形来说，修剪命令可以把所有放在最前面对象之外的图形部分修剪掉，同时最前面的对象本身将消失。取消选取状态后的效果如图 5-69 所示。

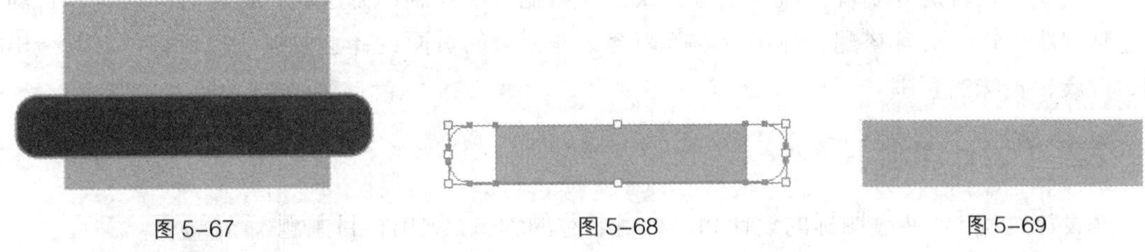

图 5-67 图 5-68 图 5-69

◎ **轮廓按钮**

在绘图页面中绘制两个图形对象，如图 5-70 所示。选中这两个对象，单击“轮廓”按钮，从而生成新的对象，效果如图 5-71 所示。轮廓命令勾勒出所有对象的轮廓。取消选取状态后的效果如图 5-72 所示。

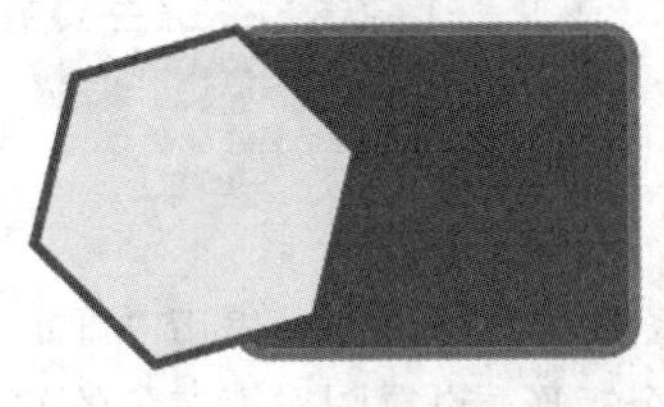

图 5-70

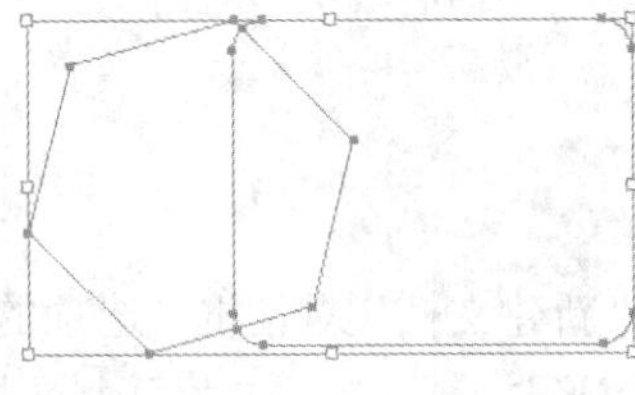

图 5-71

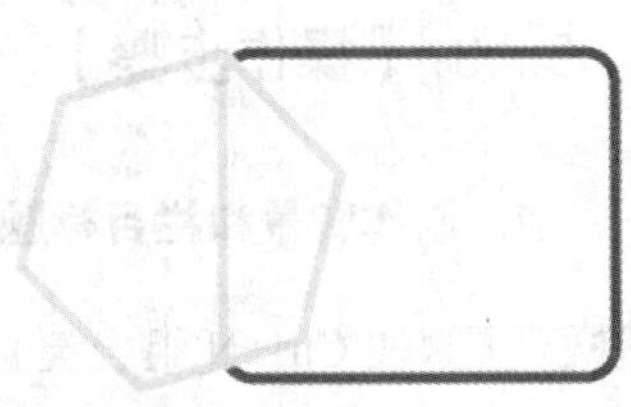

图 5-72

◎ **减去后方对象按钮**

在绘图页面中绘制两个图形对象，如图 5-73 所示。选中这两个对象，单击“减去后方对象”按钮，从而生成新的对象，效果如图 5-74 所示。减去后方对象命令可以使位于最底层的对象裁减去位于该对象之上的所有对象。取消选取状态后的效果如图 5-75 所示。

图 5-73

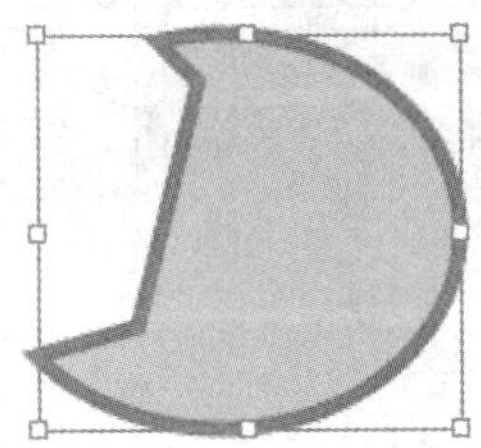

图 5-74

图 5-75

5.1.5 【实战演练】制作汽车杂志封面

使用置入命令置入封面图片；使用文字工具、描边命令和投影命令编辑文字；使用对齐命令将文字对齐。（最终效果参看光盘中的“Ch05 > 效果 > 制作汽车杂志封面”，见图 5-76。）

图 5-76

5.2 制作时尚饮食栏目

5.2.1 【案例分析】

时尚饮食栏目是介绍现代流行的健康饮食的搭配方法和制作方法的栏目。时尚饮食栏目的内容包括健康果饮、美食搭配、休闲小吃等内容。在栏目的页面设计上要抓住栏目特色，营造出时尚、健康、美味的氛围。

5.2.2 【设计理念】

在设计过程中，通过图标的设计和对栏目名称的编辑，突出栏目主题。使用橙黄色的底图和鲜美的简餐美食营造出营养健康的美食氛围。整体版式设计活泼有趣，吸引读者的注意。通过对图形、文字和图片的巧妙编排将版面分割成不同的区域，达到活而不散的效果。（最终效果参看光盘中的“Ch05 > 效果 > 制作时尚饮食栏目”，见图 5-77。）

图 5-77

5.2.3 【操作步骤】

1. 制作背景和栏目标题

步骤 1 按 Ctrl+N 组合键，弹出“新建文档”对话框，选项的设置如图 5-78 所示，单击“确定”按钮，新建一个文档。选择“矩形”工具，在页面中绘制一个矩形，设置图形填充色的 C、M、Y、K 值分别为 4、29、85、0，填充图形并设置描边色为无，效果如图 5-79 所示。

步骤 2 选择“矩形”工具，在页面中绘制一个矩形，填充图形为黑色并设置描边色为无，效果如图 5-80 所示。

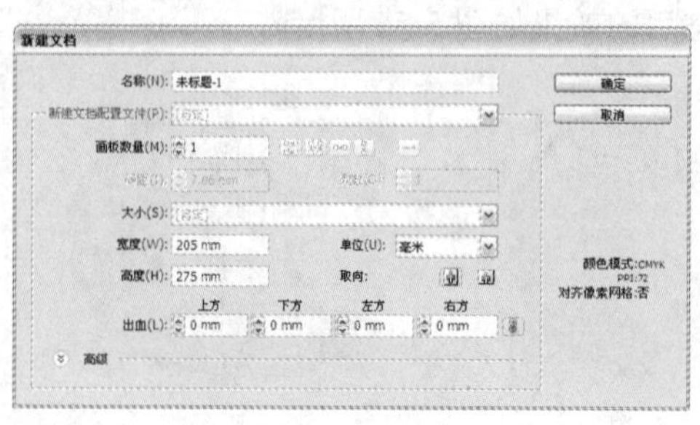

图 5-78

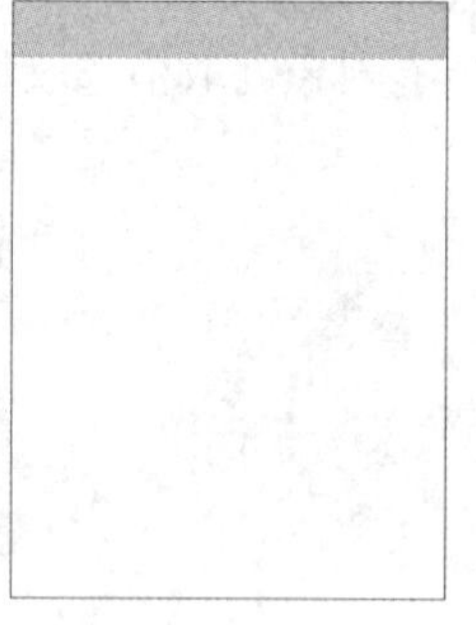

图 5-79

图 5-80

步骤 3 选择“文字”工具，在页面中输入需要的文字。选择“选择”工具，在属性栏中选择合适的字体并设置适当的文字大小，设置文字填充颜色的 C、M、Y、K 值分别为 31、69、92、0，填充文字，效果如图 5-81 所示。按 Ctrl+T 组合键，弹出“字符”面板，选项的设置如图 5-82 所示，按 Enter 键，效果如图 5-83 所示。

图 5-81

图 5-82

图 5-83

步骤 4 选择“文字”工具 T，在页面中输入需要的文字。选择“选择”工具，在属性栏中选择合适的字体并设置适当的文字大小，设置文字填充颜色的 C、M、Y、K 值分别为 31、69、92、0 填充文字，效果如图 5-84 所示。水平向左拖曳文字右侧中间的控制手柄到适当的位置，将文字变形，效果如图 5-85 所示。

图 5-84

图 5-85

步骤 5 选择“文字”工具 T，在页面中输入需要的文字。选择“选择”工具，在属性栏中选择合适的字体并设置适当的文字大小，填充文字为白色，效果如图 5-86 所示。水平向右拖曳文字右侧中间的控制手柄到适当的位置，将文字变形，效果如图 5-87 所示。

图 5-86

图 5-87

步骤 6 选择“椭圆”工具，按住 Shift 键的同时在页面中的空白位置绘制一个圆形，设置图形填充色的 C、M、Y、K 值分别为 31、69、92、0，填充图形并设置描边色为无，效果如图 5-88 所示。选择“矩形”工具，按住 Shift 键，在适当的位置绘制一个矩形，填充与圆形相同的颜色，如图 5-89 所示。

图 5-88

图 5-89

步骤 7 双击“旋转”工具，弹出“旋转”对话框，选项的设置如图 5-90 所示。单击“确定”按钮，效果如图 5-91 所示。

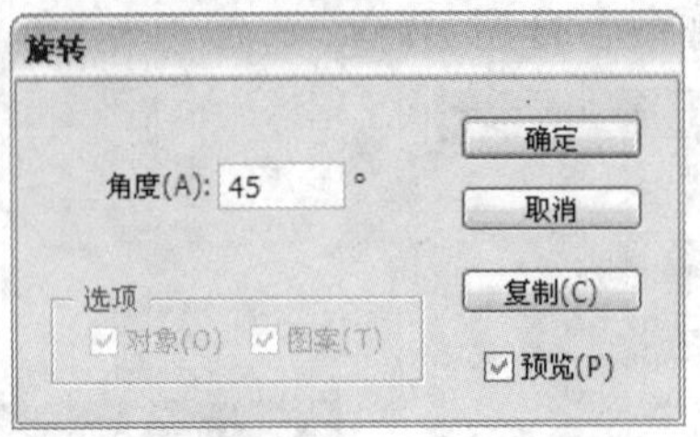

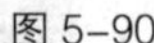
图 5-90

图 5-91

步骤 8 选择“选择”工具，按住 Shift 键的同时将需要的图形同时选取，如图 5-92 所示。选择“窗口 > 路径查找器”命令，弹出“路径查找器”控制面板，单击“减去顶层”按钮，如图 5-93 所示，生成新的对象，效果如图 5-94 所示。

图 5-92

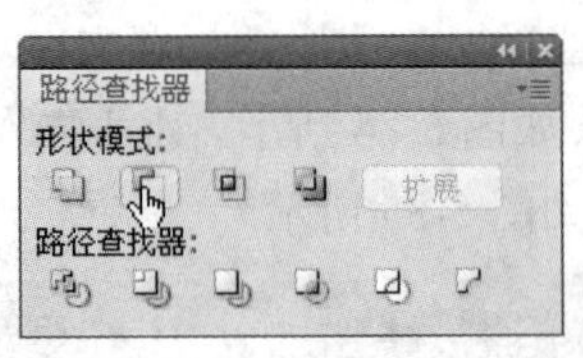

图 5-93

图 5-94

步骤 9 调整图形的大小，并将其拖曳到适当的位置，效果如图 5-95 所示。选择“矩形”工具，在页面适当的位置绘制一个矩形，填充图形为白色并设置描边颜色为无，效果如图 5-96 所示。

图 5-95

图 5-96

步骤 10 选择“文字”工具，在页面中分别输入需要的文字。选择“选择”工具，在属性栏中分别选择合适的字体并设置适当的文字大小，设置文字填充颜色的 C、M、Y、K 值分别为 4、29、85、0，填充文字，效果如图 5-97 所示。

图 5-97

步骤 11 选择“选择”工具，选择文字“新品”，在“字符”面板中进行设置，如图 5-98 所示，文字效果如图 5-99 所示。

图 5-98

图 5-99

步骤 12 选择“文字”工具，在页面中分别输入需要的文字。选择“选择”工具，在属性栏中分别选择合适的字体并设置适当的文字大小，设置文字填充颜色的 C、M、Y、K 值分别为 31、69、92、0，填充文字，效果如图 5-100 所示。

步骤 13 选择“文字”工具，在页面中输入需要的文字。选择“选择”工具，在属性栏中选择合适的字体并设置适当的文字大小，设置文字填充颜色的 C、M、Y、K 值分别为 31、69、92、0，填充文字，效果如图 5-101 所示。

图 5-100

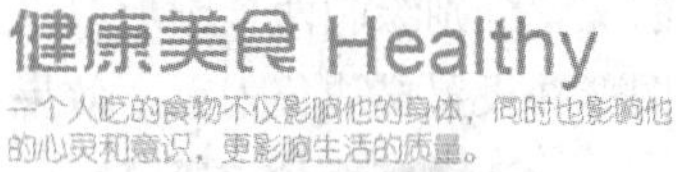

图 5-101

步骤 14 选择“文字”工具，在页面中分别输入需要的文字。选择“选择”工具，在属性栏中分别选择合适的字体并设置适当的文字大小，设置文字填充颜色为黑色，填充文字，效果如图 5-102 所示。

图 5-102

步骤 15 选择“椭圆”工具，按住 Shift 键的同时在页面中绘制一个圆形。设置图形填充色的 C、M、Y、K 值分别为 7、4、85、0，填充图形并设置描边色为无，效果如图 5-103 所示。选择“选择”工具，按住 Alt+Shift 组合键的同时水平向右拖曳圆形到适当的位置，并复制圆形。设置图形填充色的 C、M、Y、K 值分别为 5、18、85、0，填充图形并设置描边色为无，效果如图 5-104 所示。用相同方法制作其他图形并分别填充适当的颜色，效果如图 5-105 所示。

图 5-103

图 5-104

图 5-105

2. 置入图片并制作文本绕排

步骤 1 选择“圆角矩形”工具，在页面中单击鼠标左键，弹出“圆角矩形”对话框，选项的设置如图 5-106 所示，单击“确定”按钮，在页面中自动生成图形。设置图形填充色的 C、M、Y、K 值分别为 4、29、85、0，填充图形；设置描边色的 C、M、Y、K 值分别为 51、43、40、0，填充描边。选择“选择”工具，选取圆角矩形，并将其拖曳到适当的位置，效果如图 5-107 所示。

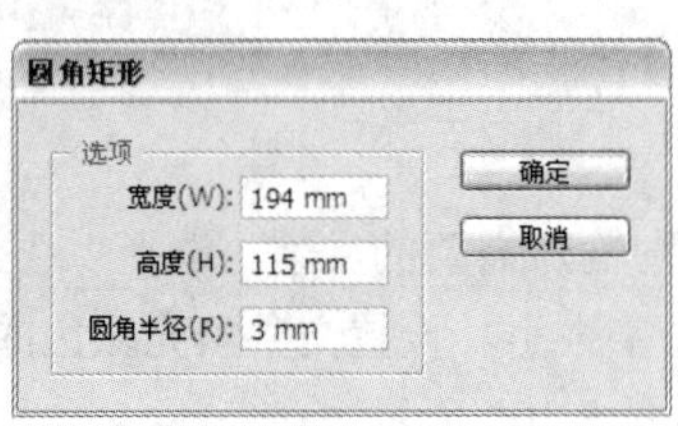

图 5-106

图 5-107

步骤 2 选择“窗口 > 描边”命令，弹出“描边”面板，选项的设置如图 5-108 所示，按 Enter 键确定操作，效果如图 5-109 所示。选择“椭圆”工具，按住 Shift 键的同时在页面适当的位置分别绘制两个圆形，设置图形填充色的 C、M、Y、K 值分别为 6、63、61、0，填充图形并设置描边色为无，效果如图 5-110 所示。

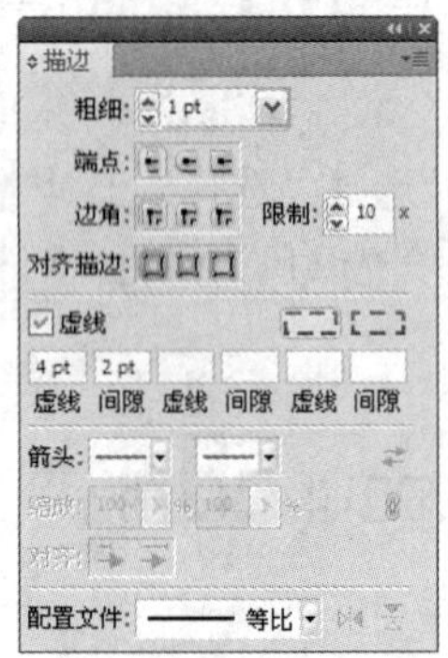

图 5-108

图 5-109

图 5-110

步骤 3 选择“选择”工具，按住 Shift 键的同时将需要的图形同时选取，如图 5-111 所示。选择“窗口 > 路径查找器”命令，弹出“路径查找器”控制面板，单击“联集”按钮，如图 5-112 所示，生成新的对象，效果如图 5-113 所示。

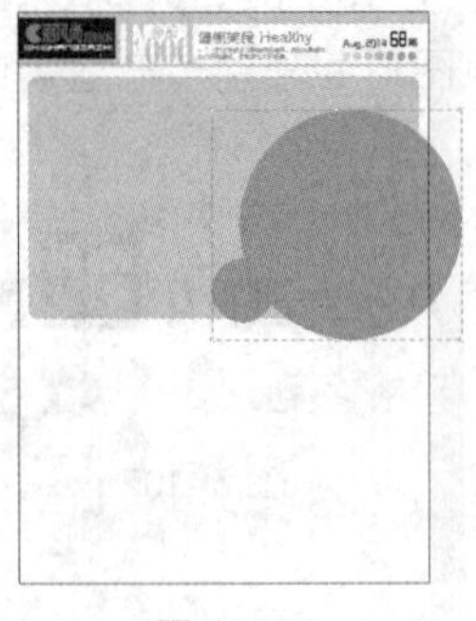

图 5-111

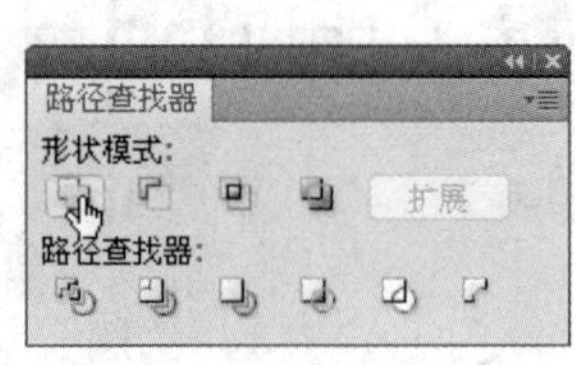

图 5-112

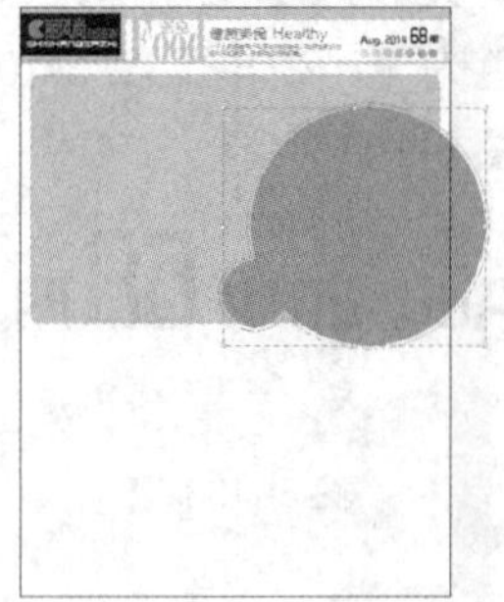

图 5-113

步骤 4 选择“文件 > 置入”命令，弹出“置入”对话框。选择光盘中的“Ch05 > 素材 > 制

作时尚饮食栏目 > 01”文件，单击“置入”按钮，在属性栏中单击“嵌入”按钮，嵌入图片。选择“选择”工具，拖曳图片到适当的位置并调整其大小，效果如图 5-114 所示。

步骤 5 选择“钢笔”工具，在适当的位置绘制一个图形。在属性栏中将“描边粗细”选项设置为 1.5pt。图形描边色的 C、M、Y、K 值分别设为 5、1、31、0，填充色为无，效果如图 5-115 所示。

步骤 6 选择“文件 > 置入”命令，弹出“置入”对话框。选择光盘中的“Ch05 > 素材 > 制作时尚饮食栏目 > 02”文件，在属性栏中单击“嵌入”按钮嵌入图片。选择“选择”工具，将图片拖曳到适当的位置并调整其大小，效果如图 5-116 所示。

图 5-114

图 5-115

图 5-116

步骤 7 选择“文件 > 置入”命令，弹出“置入”对话框。选择光盘中的“Ch05 > 素材 > 制作时尚饮食栏目 > 03”文件，单击“置入”按钮，在属性栏中单击“嵌入”按钮嵌入图片。选择“选择”工具，将图片拖曳到适当的位置并调整其大小，效果如图 5-117 所示。

步骤 8 选择“文件 > 置入”命令，弹出“置入”对话框。选择光盘中的“Ch05 > 素材 > 制作时尚饮食栏目 > 04”文件，单击“置入”按钮，在属性栏中单击“嵌入”按钮嵌入图片。选择“选择”工具，将图片拖曳到适当的位置并调整其大小，效果如图 5-118 所示。按 Ctrl+[组合键将图片下移一层，效果如图 5-119 所示。

图 5-117

图 5-118

图 5-119

步骤 9 选择“选择”工具，按住 Shift 键同时将需要的图形同时选取，如图 5-120 所示。按 Ctrl+[组合键将图片下移一层，效果如图 5-121 所示。

图 5-120

图 5-121

步骤 10 选择“选择”工具，选取绘制的不规则图形。按 Ctrl+C 组合键复制图形。按住 Shift 键的同时将需要的图形同时选取，如图 5-122 所示，选择“对象 > 剪切蒙版 > 建立”命令，创建剪切蒙版，如图 5-123 所示。按 Ctrl+F 组合键将复制的图形原位粘贴，效果如图 5-124 所示。

图 5-122

图 5-123

图 5-124

步骤 11 双击打开光盘中的文件“Ch05 > 素材 > 制作时尚饮食栏目 > 记事本”，选取并复制记事文档中需要的文字，如图 5-125 所示。返回到 Illustrator 的页面中，选择“文字”工具 T，在页面中适当的位置拖曳鼠标绘制一个文本框，如图 5-126 所示。

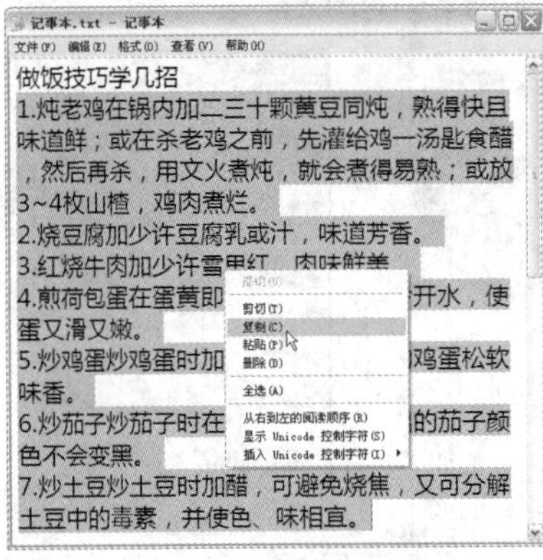

图 5-125

图 5-126

步骤 12 按 Ctrl+V 组合键将复制的文字内容粘贴到文本框中，选择“选择”工具，在属性栏中选择合适的字体并设置文字大小，效果如图 5-127 所示。在“字符”面板中进行设置，如图 5-128 所示，效果如图 5-129 所示。

步骤 13 多次按 Ctrl+[组合键将段落文字向后移到适当的位置，效果如图 5-130 所示。选择“选择”工具，按住 Shift 键的同时将需要的文字和图形同时选取，选择“对象 > 文本绕排 > 建立”命令，创建文本绕排，效果如图 5-131 所示。

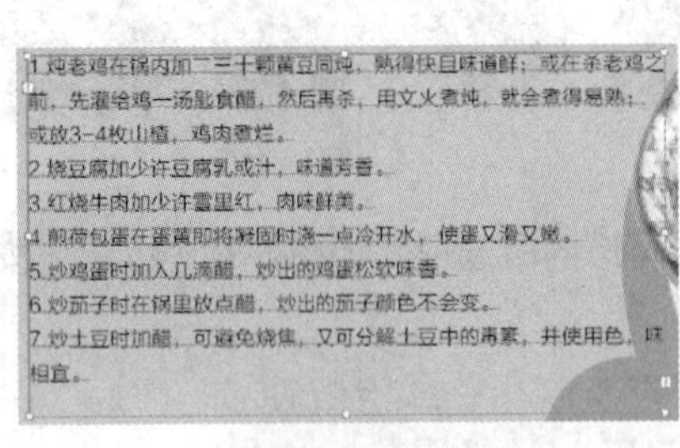

图 5-127

图 5-128

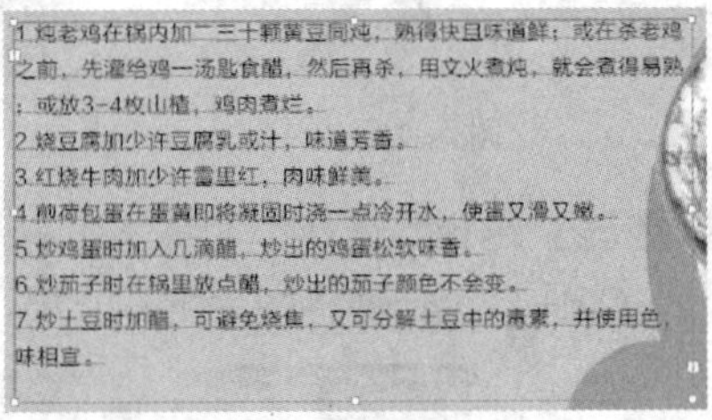

图 5-129

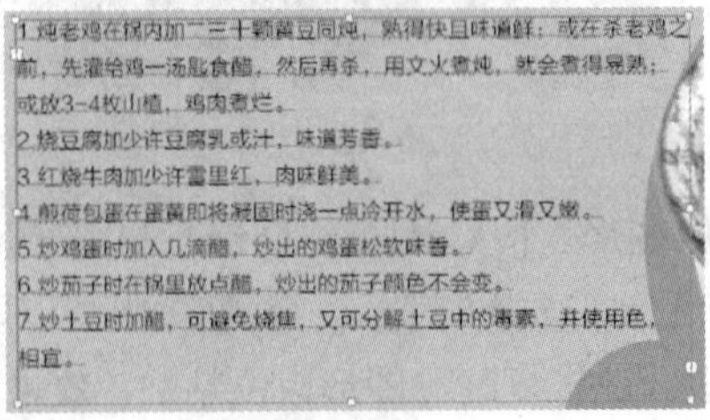

图 5-130

图 5-131

步骤 14 选择“对象 > 文本绕排 > 文本绕排选项”命令，弹出“文本绕排选项”对话框，选项的设置如图 5-132 所示。单击确定按钮，图像效果如图 5-133 所示。

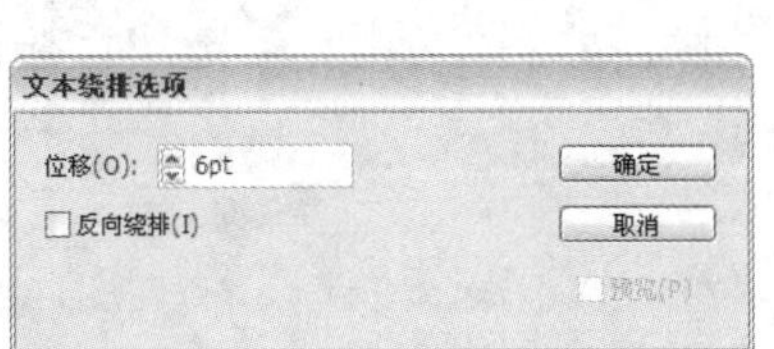

图 5-132

图 5-133

步骤 15 选择“文字”工具 T，在页面中输入需要的文字。选择“选择”工具，在属性栏中选择合适的字体并设置适当的文字大小，设置文字填充颜色的 C、M、Y、K 值分别为 18、91、84、0，填充文字，效果如图 5-134 所示。在“字符”面板中进行设置，如图 5-135 所示，效果如图 5-136 所示。

图 5-134

图 5-135

做饭技巧学儿招！

图 5-136

步骤 16 选择“选择”工具，选取需要的文字，按 Ctrl+C 组合键复制文字。设置文字描边色为白色，在属性栏中将“描边粗细”选项设置为 4 pt，效果如图 5-137 所示。选择“效果 > 风格化 > 投影”命令，在弹出的对话框中进行设置，如图 5-138 所示，单击“确定”按钮，为文字添加投影效果。按 Ctrl+F 组合键将复制的图形原位粘贴，效果如图 5-139 所示。

做饭技巧学儿招！

图 5-137

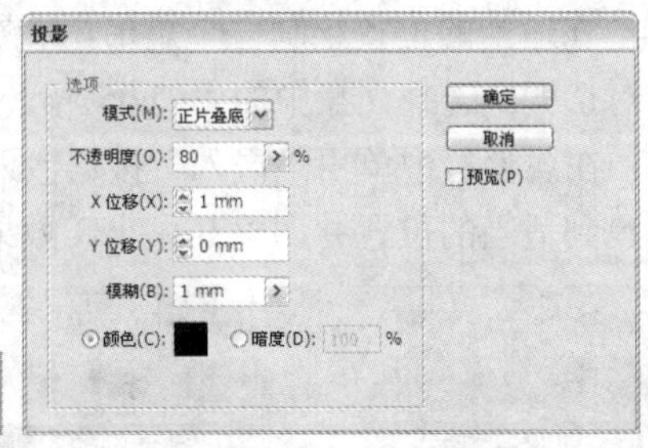

图 5-138

做饭技巧学儿招！

图 5-139

步骤 17 选择“选择”工具，按住 Shift 的同时将需要的图形同时选取，如图 5-140 所示。按 Ctrl+G 组合键编组，单击鼠标右键，在弹出的快捷菜单中选择“排列 > 置于底层”命令，将图像置于底层，效果如图 5-141 所示。

步骤 18 选择“选择”工具，选取圆角矩形，如图 5-142 所示，按 Ctrl+C 组合键复制矩形。选择“选择”工具，选取群组的图片，按住 Shift 键的同时单击圆角矩形，将图形同时选取，如图 5-143 所示。

图 5-140

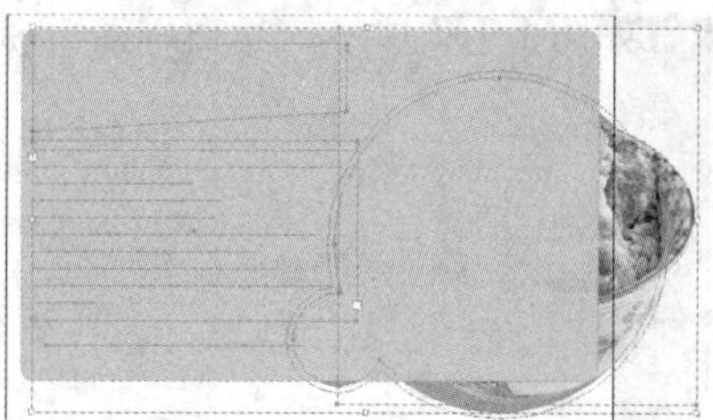

图 5-141

图 5-142

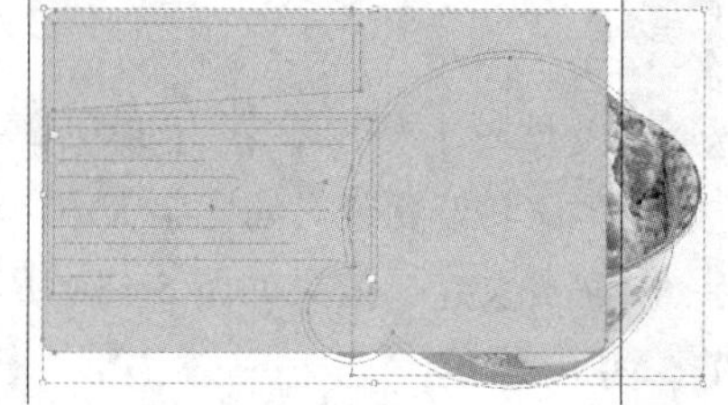

图 5-143

步骤 19 选择“对象 > 剪切蒙版 > 建立”命令，创建剪切蒙版，如图 5-144 所示。按 Ctrl+F 组合键将复制的图形原位粘贴，并向后移动到适当的位置，效果如图 5-145 所示。

图 5-144

图 5-145

3. 添加其他说明性文字

步骤 1 选择“矩形”工具，在适当的位置绘制一个矩形，如图 5-146 所示。选择“文件 > 置入”命令，弹出“置入”对话框。选择光盘中的“Ch05 > 素材 > 制作时尚饮食栏目 > 05”文件，单击“置入”按钮，在属性栏中单击“嵌入”按钮嵌入图片。选择“选择”工具，选择需要的图形，将其拖曳到适当的位置并调整其大小，效果如图 5-147 所示。

图 5-146

图 5-147

步骤 2 按 Ctrl+ [组合键将图片下移一层，效果如图 5-148 所示。选择“选择”工具，按住 Shift 的同时单击矩形图形，将图片和矩形图形同时选取，选择“对象 > 剪切蒙版 > 建立”命令，创建剪切蒙版，效果如图 5-149 所示。

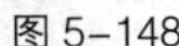

图 5-148

图 5-149

步骤 3 双击打开光盘中的文件“Ch05 > 素材 > 制作时尚饮食栏目 > 记事本”，选取并复制记事文档中需要的文字，如图 5-150 所示。返回到 Illustrator 的页面中，选择“文字”工具，在页面中适当的位置拖曳鼠标绘制一个文本框，如图 5-151 所示。

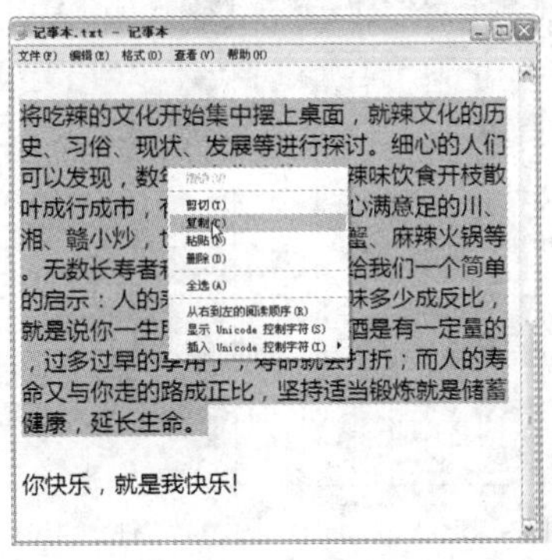

图 5-150

图 5-151

步骤 4 按 Ctrl+V 组合键将复制的文字内容粘贴到文本框中，选择“选择”工具，在属性栏中选择合适的字体并设置文字大小，效果如图 5-152 所示。在“字符”面板中进行设置，如图 5-153 所示，效果如图 5-154 所示。

图 5-152

图 5-153

将吃辣的文化开始集中摆上桌面，就辣文化的历史、习俗、现状、发展等进行探讨。细心的人们可以发现，数年来在街头巷尾，辣味饮食开枝散叶成行成市，有十几元就能吃得心满意足的川、湘、赣小炒，也有中高档的香辣蟹、麻辣火锅等。无数长寿者和短寿者生存经验给我们一个简单的启示：人的寿命与你摄取的美味多少成反比，就是说你一生所享用的美食、美酒是有一定量的，过多过早的享用了，寿命就会打折；而人的寿命又与你走的路成正比，坚持适当锻炼就是储

图 5-154

步骤 5 选择“文字 > 区域文字选项”命令，弹出“区域文字选项”对话框，选项的设置如图 5-155 所示。单击“确定”按钮，效果如图 5-156 所示。

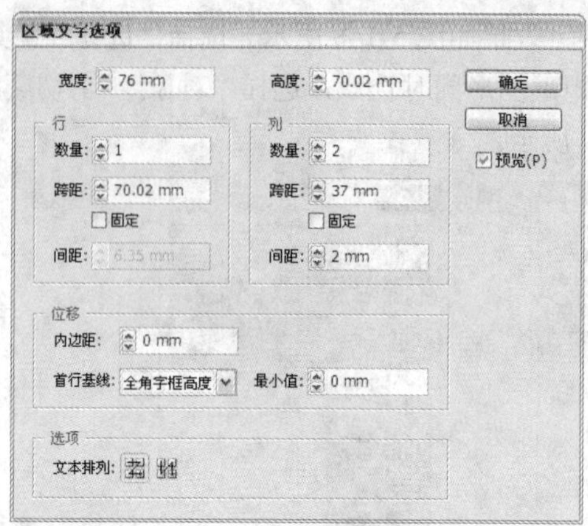

图 5-155

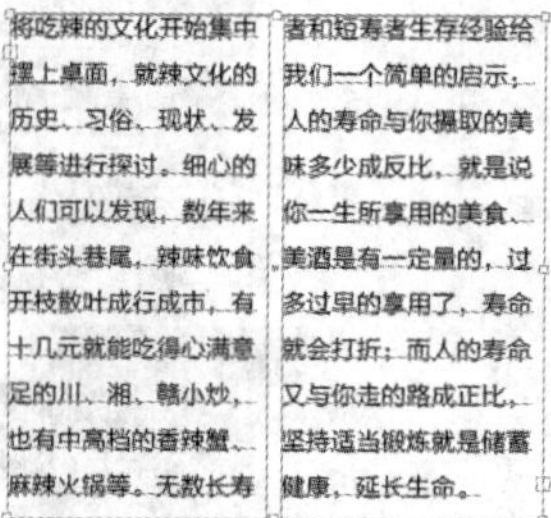

图 5-156

步骤 6 选择“直排文字”工具 T，在页面中输入需要的文字。选择“选择”工具，在属性栏中选择合适的字体并设置适当的文字大小，效果如图 5-157 所示。在“字符”面板中进行设置，如图 5-158 所示。设置文字填充颜色为白色填充文字，效果如图 5-159 所示。

图 5-157

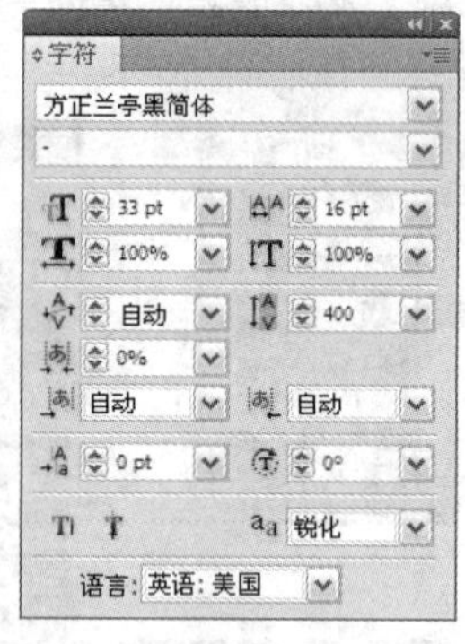

图 5-158

图 5-159

步骤 7 选择“椭圆”工具，按住 Shift 键的同时在页面中绘制一个圆形。设置图形填充色的 C、M、Y、K 值分别为 32、93、89、0，填充图形。在属性栏中将描边色设为黑色，将“粗细”选项设为 2pt，效果如图 5-160 所示。选择“选择”工具，选取需要的图形，按住 Alt 键的同时垂直向下拖曳图形到适当的位置，效果如图 5-161 所示。用相同的方法制作其他图形，效果如图 5-162 所示。

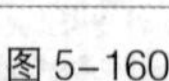

图 5-160

图 5-161

图 5-162

步骤 8 选择“选择”工具，按住 Shift 键的同时将需要的图形同时选取，如图 5-163 所示。在图形上单击鼠标右键，在弹出的快捷菜单中选择“排列 > 至于底层”命令，将图形向后移动到最底层，效果如图 5-164 所示。

图 5-163

图 5-164

步骤 9 选择“直排文字”工具，在页面中输入需要的文字。选择“选择”工具，在属性栏中选择合适的字体并设置适当的文字大小，设置文字填充色的 C、M、Y、K 值分别为 12、91、82、0，填充文字并设置描边色为无，效果如图 5-165 所示。在“字符”面板中进行设置，如图 5-166 所示，文字效果如图 5-167 所示。

图 5-165

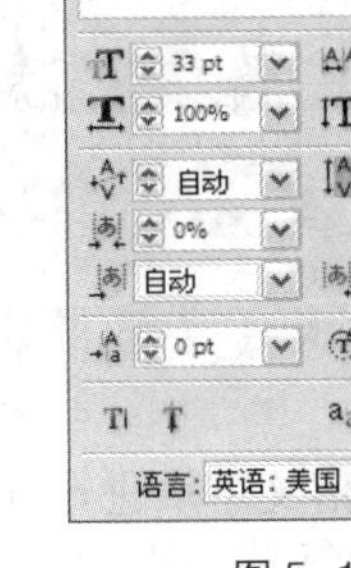

图 5-166

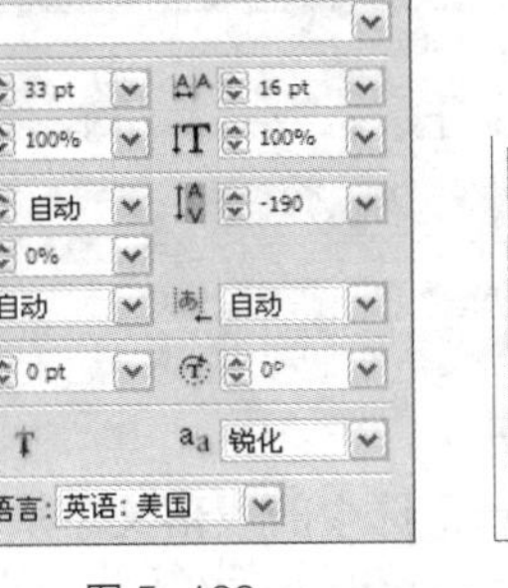

图 5-167

步骤 10 选择“文件 > 置入”命令，弹出“置入”对话框。分别选择光盘中的“Ch05 > 素材 > 制作时尚饮食栏目 > 06、07、08”文件，单击“置入”按钮，在属性栏中单击“嵌入”按钮嵌入图片。

步骤 11 选择“选择”工具，分别选取需要的图片，将其拖曳到适当的位置并调整其大小，效果如图 5-168 所示。时尚饮食栏目制作完成，效果如图 5-169 所示。

图 5-168

图 5-169

5.2.4 【相关工具】

1. 行距的设置

行距是指文本中行与行之间的距离。如果没有自定义行距值，系统将使用自动行距，这时系

统将以最适合的参数设置行间距。

选中文本，如图 5-170 所示。在“字符”控制面板中的“设置行距”选项数值框中输入所需要的数值，可以调整行与行之间的距离。设置“设置行距”数值为 36，按 Enter 键确认，行距效果如图 5-171 所示。

子夜的宁寂中，凝望漆黑沉默的窗，听大风吹过了月亮的额头。重重叠叠的夜色失去了金属的光泽，细碎的声音却十分坚硬、尖锐，把旷野的天穹打造成了缺失微笑的面孔。

图 5-170

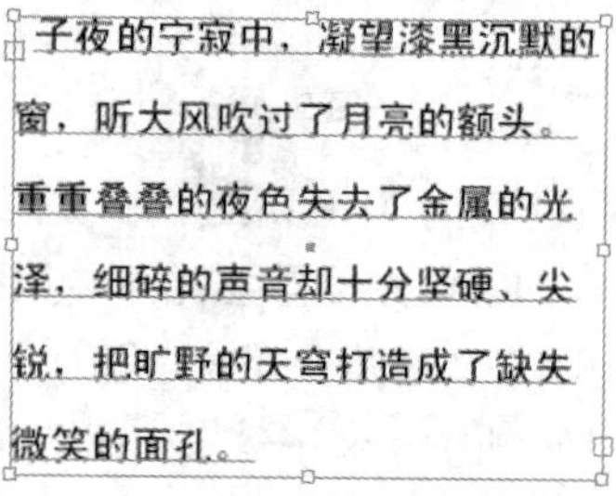

图 5-171

提　示 按键盘上的 Alt+上、下、左、右方向组合键，也可调整文字的行距。

2. 创建文本分栏

在 Illustrator CS5 中，可以对一个选中的段落文本块进行分栏。不能对点文本或路径文本进行分栏，也不能对一个文本块中的部分文本进行分栏。

选中要进行分栏的文本块，如图 5-172 所示。选择“文字 > 区域文字选项”命令，弹出“区域文字选项”对话框，如图 5-173 所示。

人生之旅，远离了哲学，就很难去探究生命的本末，享受生活的精彩。

“不懂得哲学的人，如同禽兽。”第一次读到一代哲人柏拉图的这句格言，实在有点惊世骇俗。让人不得不在平庸中猛醒：人生不可以没有哲学的框约与启迪。

自然经济的年代，哲学对人生的引导似乎并不显现。当历史进入精神多元，物质多样的当今，哲学的作用从来没有像这样的重要而不可远离。人，谁都离不了哲学的启迪和抚慰。

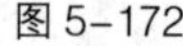

图 5-172

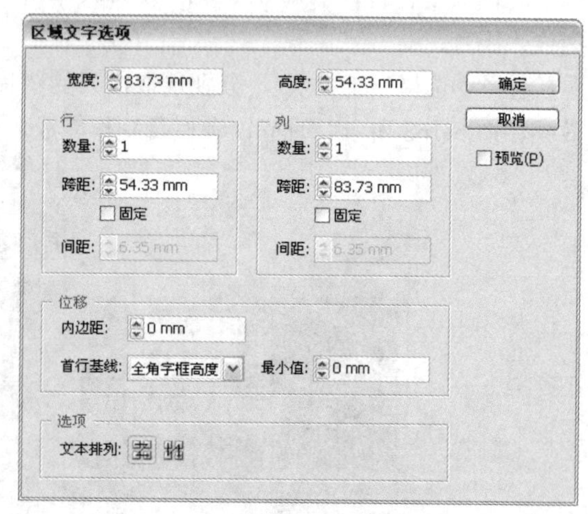

图 5-173

在“行”选项组中的“数量”选项中输入行数，所有的行自动定义为相同的高度，建立文本分栏后可以改变各行的高度。“跨距”选项用于设置行的高度。

在“列”选项组中的“数量”选项中输入栏数，所有的栏自动定义为相同的宽度，建立文本分栏后可以改变各栏的宽度。“跨距”选项用于设置栏的宽度。

单击“文本排列”选项后的图标按钮，如图 5-174 所示，选择一种文本流在链接时的排列方

式，每个图标上的方向箭头指明了文本流的方向。

选项
文本排列:

图 5–174

“区域文字选项”对话框如图 5-175 所示进行设定，单击“确定”按钮创建文本分栏，效果如图 5-176 所示。

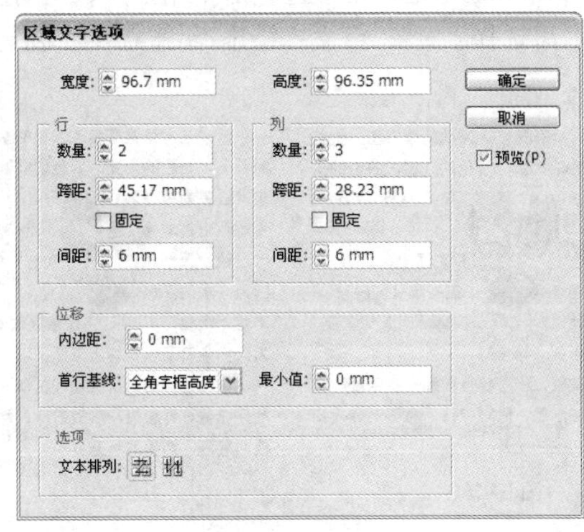

图 5–175

人生之旅，远离了哲学，就很难去探究生命的本末，享受生活的精彩。“不懂得哲学的人，如同禽兽。”第一次读到一代哲人柏拉图的这句格言，实在有点惊世骇俗。让人不得不在平庸中猛醒：人生不可

图 5–176

3. 链接文本块

如果文本块出现文本溢出的现象，可以通过调整文本块的大小显示所有的文本，也可以将溢出的文本链接到另一个文本框中，还可以进行多个文本框的链接。点文本和路径文本不能被链接。

选择有文本溢出的文本块，在文本框的右下角出现⊞图标，表示因文本框太小有文本溢出，绘制一个闭合路径或创建一个文本框，同时将文本块和闭合路径选中，如图 5-177 所示。

选择“文字 > 串接文本 > 创建”命令，左边文本框中溢出的文本会自动移到右边的闭合路径中，效果如图 5-178 所示。

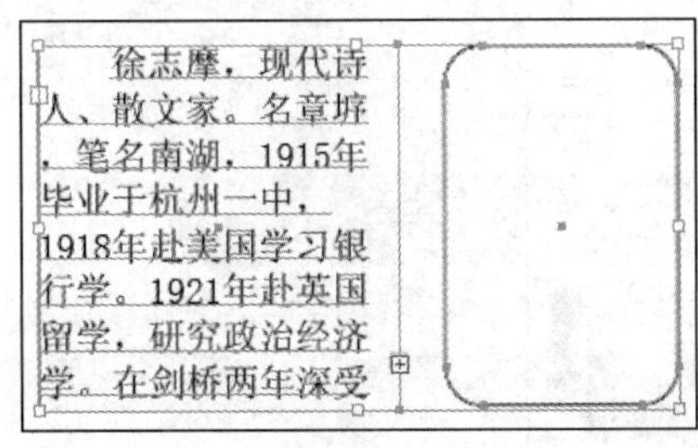

图 5–177

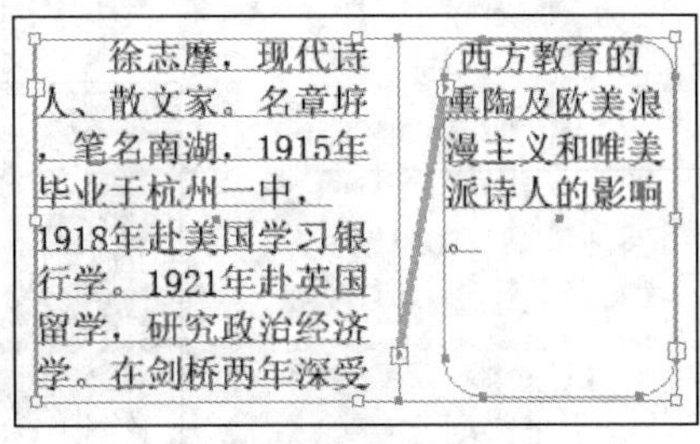

图 5–178

如果右边的文本框中还有文本溢出，可以继续添加文本框来链接溢出的文本，方法同上。链接的多个文本框其实还是一个文本块。选择“文字 > 串接文本 > 释放所选文字”命令，可以解除各文本框之间的链接状态。

4. 图文混排

图文混排效果在版式设计中是经常使用的一种效果，使用文本绕图命令可以制作出漂亮的图文混排效果。文本绕图对整个文本块起作用，对于文本块中的部分文本，以及点文本、路径文本都不能进行文本绕图。

在文本块上放置图形并调整好位置，同时选中文本块和图形，如图 5-179 所示。选择“对象 > 文本绕排 > 建立”命令，建立文本绕排，文本和图形结合在一起，效果如图 5-180 所示。要增加绕排的图形，可先将图形放置在文本块上，再选择“对象 > 文本绕排 > 建立”命令，文本绕图将会重新排列，效果如图 5-181 所示。

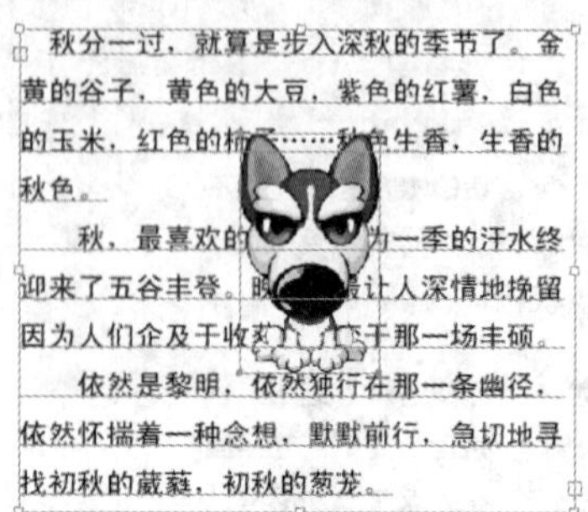

图 5-179

秋分一过，就算是步入深秋的季节了。金黄的谷子，黄色的大豆，紫色的红薯，白色的玉米，红色的柿子……秋色生香，生香的秋色。

秋，最喜欢的季节，因为一季的汗水终迎来了五谷丰登。晚秋，最让人深情地挽留因为人们企及于收获眷恋于那一场丰硕。

依然是黎明，依然独行在那一条幽径，依然怀揣着一种念想，默默前行，急切地寻找初秋的葳蕤，初秋的葱茏。

图 5-180

秋分一过，就算是步入深秋的季节了。金黄的谷子，黄色的大豆，紫色的红薯，白色的玉米，红色的柿子……秋色生香，生香的秋色。

秋，最喜欢的季节，因为一季的汗水终迎来了五谷丰登。晚秋，最让人深情地挽留因为人们企及于收获眷恋于那一场丰硕。

依然是黎明，依然独行在那一条幽径，依然怀揣着一种念想，默默前行，急切地寻找初秋的葳蕤，初秋的葱茏。

图 5-181

选中文本绕图对象，选择“对象 > 文本绕排 > 释放”命令，可以取消文本绕图。

提　示 图形必须放置在文本块之上才能进行文本绕图。

5.2.5 【实战演练】制作流行服饰栏目

使用矩形工具、钢笔工具和描边命令制作栏目背景；使用文字工具添加需要的栏目名称和相关信息；使用椭圆工具和混合工具制作渐变圆形；使用置入命令置入图片；使用建立文本绕排命令制作图片的绕排效果。（最终效果参看光盘中的“Ch05 > 效果 > 制作流行服饰栏目”，见图 5-182。）

图 5-182

5.3 综合演练——制作化妆品栏目

5.3.1 【案例分析】

本案例是为时尚杂志制作的化妆品栏目，时尚杂志的化妆品栏目是必不可少的，它介绍当季最流行的妆容并与读者分享最新产品，得到多数女性的喜爱。设计要求具有时尚、新潮的特点，符合年轻女性的喜好。

5.3.2 【设计理念】

在设计过程中，栏目设计多使用红色，中间的不规则图形将页面完美地分割，上方的时尚女性向读者展示了她的妆容；右侧产品介绍使用紫色的圆形为底，精巧细致；下方的产品推荐主题明确，一目了然；页面中的字体都进行了相应的设计，所使用的色彩都体现了时尚女性的特色。整个画面图文搭配布局合理，设计精巧。

5.3.3 【知识要点】

使用置入命令和钢笔工具制作背景图；使用文字工具添加栏目名称；使用椭圆工具和区域文字工具制作区域文字。（最终效果参看光盘中的“Ch05 > 效果 > 制作化妆品栏目”，见图 5-183。）

图 5-183

5.4 综合演练——制作新娘杂志封面

5.4.1 【案例分析】

新娘杂志包容了最新的婚纱款式和婚庆装扮，不管是想要了解最新国外婚纱流行趋势的设计师还是准备穿上婚纱的新娘，都是婚纱杂志的读者。本案例制作新娘杂志封面，要求体现幸福浪漫的感觉。

5.4.2 【设计理念】

在设计过程中，封面的背景使用蓝绿色渐变，与新娘的礼服搭配适宜，画面中两个新人深情

对视，新郎手拿鲜花增添了画面的浪漫色彩；杂志的字体使用粉色与白色搭配，甜美温馨；整个画面色彩的搭配体现了杂志的主题，吸引读者阅读。

5.4.3 【知识要点】

使用置入命令置入图片；使用文字工具、创建轮廓命令、直接选择工具、钢笔工具和描边命令制作标题文字；使用文字工具添加其他相关信息。（最终效果参看光盘中的“Ch05 > 效果 > 制作新娘杂志封面”，见图 5-184。）

图 5–184

第6章 宣传单设计

宣传单是直销广告的一种，对宣传活动和促销商品有着重要的作用。宣传单通过派送、邮递等形式，可以有效地将信息传达给目标受众。本章以各种不同主题的宣传单为例，讲解宣传单的设计方法和制作技巧。

课堂学习目标

- 掌握宣传单的设计思路和过程
- 掌握宣传单的制作方法和技巧

6.1 制作手机宣传单

6.1.1 【案例分析】

现在手机已经是人手一个的重要通信工具，不同公司的手机产品竞争也非常激烈。本案例是为某手机品牌制作的活动宣传单，要求着重介绍产品以及活动的主题。

6.1.2 【设计理念】

在设计过程中，宣传单的背景使用金黄色渐变，突显出产品较高的品质感；手机产品放置在宣传单的正中央且在地面制作出裂缝效果，展现出本次活动的震撼感，加深人们对产品的印象；活动文字使用红黑搭配，在视觉上非常醒目，宣传性强。（最终效果参看光盘中的“Ch06 > 效果 > 制作手机宣传单”，见图 6-1。）

图 6-1

6.1.3 【操作步骤】

1. 添加文字

步骤 1 按 Ctrl+N 组合键，弹出“新建文档”对话框，选项的设置如图 6-2 所示，单击“确定”按钮，新建一个文档。

步骤 2 选择“文件 > 置入”命令，弹出“置入”对话框。分别选择光盘中的“Ch06 > 素材 > 制作手机宣传单 > 01、02”文件，单击“置入”按钮，在文件中置入图片。单击属性栏中的“嵌入”按钮，选择“选择”工具，分别将图片拖曳到页面中适当的位置，效果如图

6-3 所示。

图 6-2

图 6-3

步骤 3 选择“文字”工具T，在页面中分别输入需要的文字。选择“选择”工具，在属性栏中分别选择合适的字体并分别设置适当的文字大小，效果如图 6-4 所示。将所有文字同时选取，旋转到适当的角度，效果如图 6-5 所示。

图 6-4

图 6-5

步骤 4 选择“文字”工具T，分别选取需要的文字。设置文字填充色的 C、M、Y、K 值分别为 0、100、100、30，填充文字，效果如图 6-6 所示。在页面中分别输入需要的文字，选择“选择”工具，在属性栏中分别选择合适的字体并分别设置适当的文字大小，效果如图 6-7 所示。

图 6-6

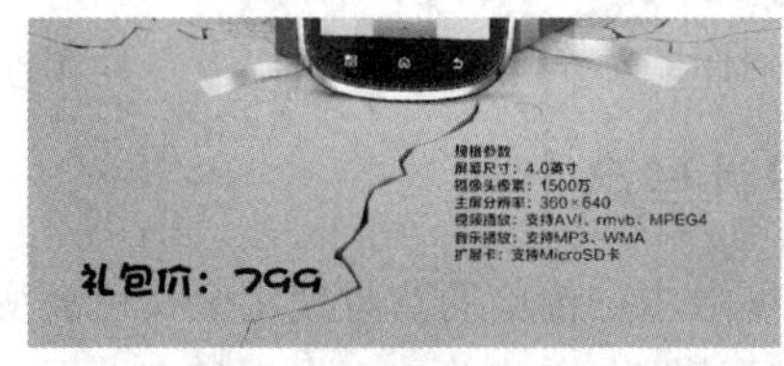

图 6-7

步骤 5 选取文字，按 Ctrl+T 组合键，弹出“字符”面板，选项的设置如图 6-8 所示。按 Enter 键，效果如图 6-9 所示。选择“文字”工具T选取价格文字，设置文字填充色的 C、M、Y、K 值分别为 0、100、100、30，填充文字，效果如图 6-10 所示。

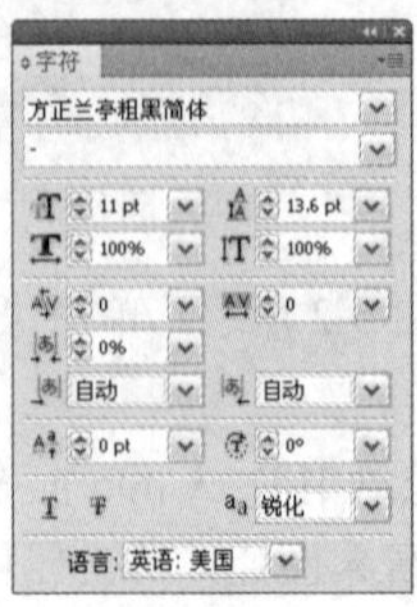

图 6-8

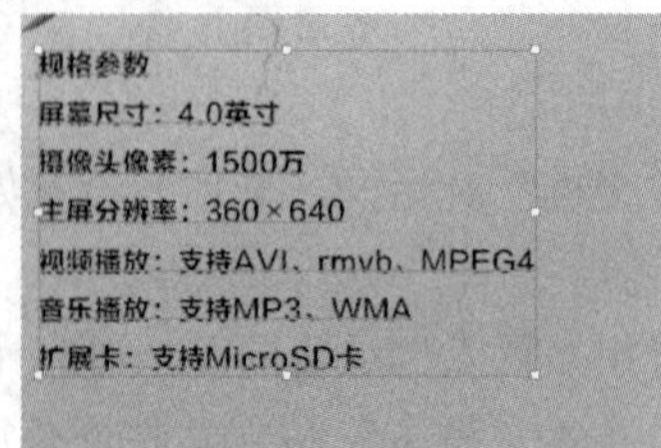

图 6-9

图 6-10

2. 绘制装饰图形

步骤 1 选择“矩形”工具，在页面中绘制一个矩形，填充图形为黑色并设置描边色为无，效果如图 6-11 所示。选择“效果 > 扭曲和变换 > 波纹效果”命令，在弹出的对话框中进行设置，如图 6-12 所示。单击“确定”按钮，效果如图 6-13 所示。

图 6-11

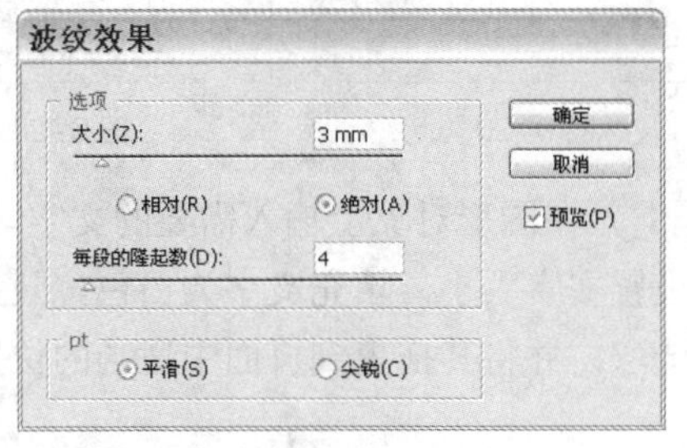

图 6-12

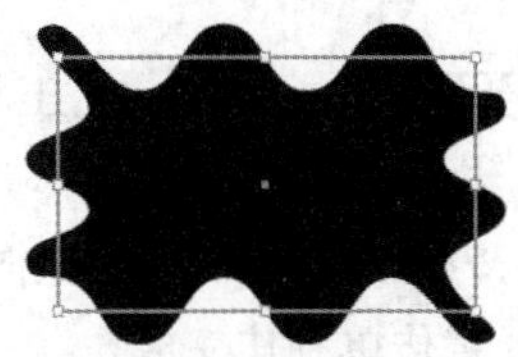

图 6-13

步骤 2 选择“选择”工具选中图形，按 Ctrl+C 组合键复制图形，按 Ctrl+F 组合键将复制的图形原位粘贴，按键盘上的方向键微调图形的位置。设置图形填充色的 C、M、Y、K 值分别为 0、30、100、0，填充图形，效果如图 6-14 所示。用同样的方法复制图形并调整图形的大小，设置图形填充色的 C、M、Y、K 值分别为 0、100、100、0，填充图形，效果如图 6-15 所示。

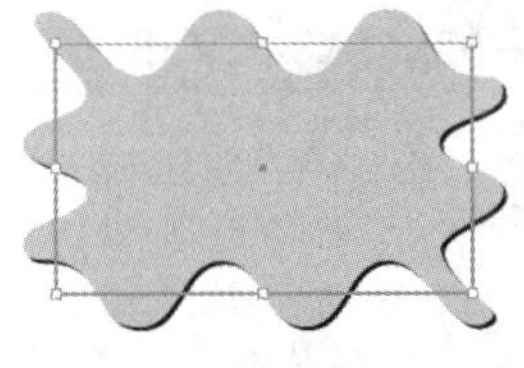

图 6-14

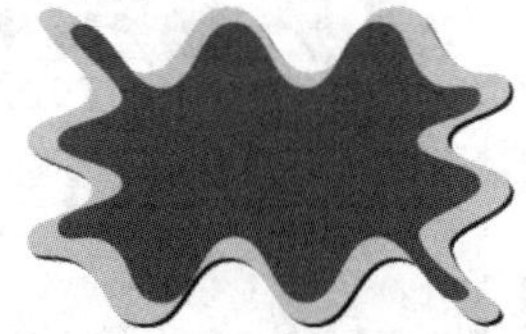

图 6-15

步骤 3 选择“选择”工具，选中红色的图形，按 Ctrl+C 组合键复制图形，按 Ctrl+F 组合键将复制的图形原位粘贴，设置图形填充色为白色，效果如图 6-16 所示。选择“窗口 > 透明度”命令，弹出“透明度”控制面板，单击控制面板右上方的图标，在弹出的菜单中选择“建立不透明度蒙版”命令，图形效果如图 6-17 所示。单击“编辑不透明蒙版”图标，如图 6-18 所示。

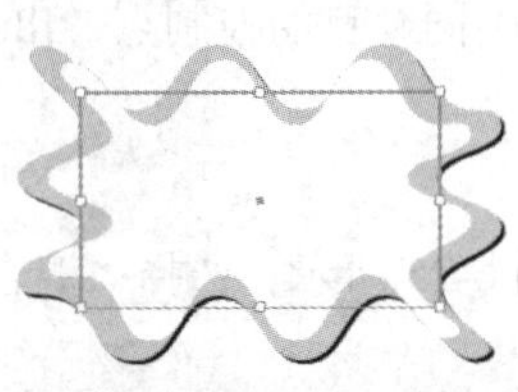

图 6-16

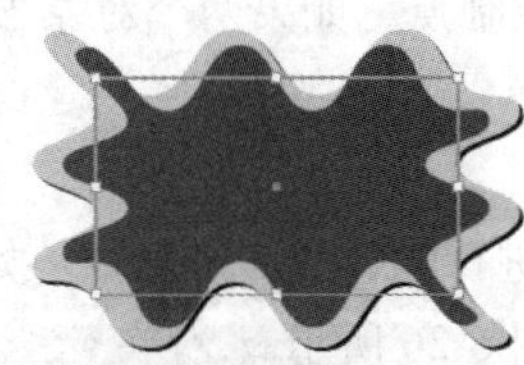

图 6-17

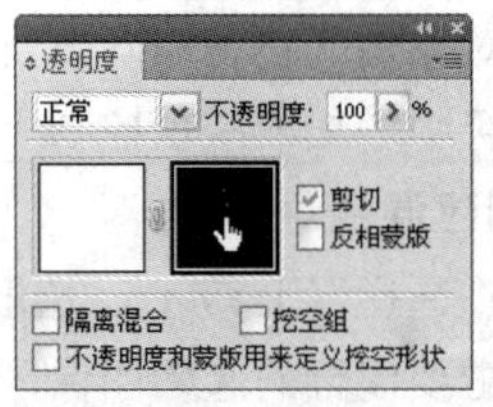

图 6-18

步骤 4 选择“椭圆”工具绘制一个椭圆形，如图 6-19 所示。双击“渐变”工具，弹出“渐变”控制面板，在色带上设置 2 个渐变滑块，分别将渐变滑块的位置设为 40、100，并设置 C、M、Y、K 的值分别为 40（0、0、0、100）、100（0、0、0、0），其他选项的设置如图 6-20 所示。在“透明度”控制面板中单击“停止编辑不透明蒙版”图标，如图 6-21 所示，效果如图 6-22 所示。

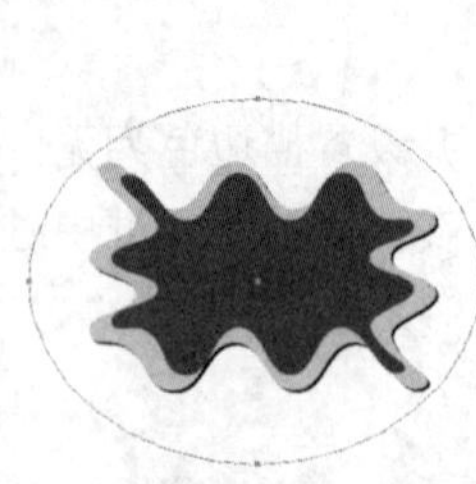
图 6-19

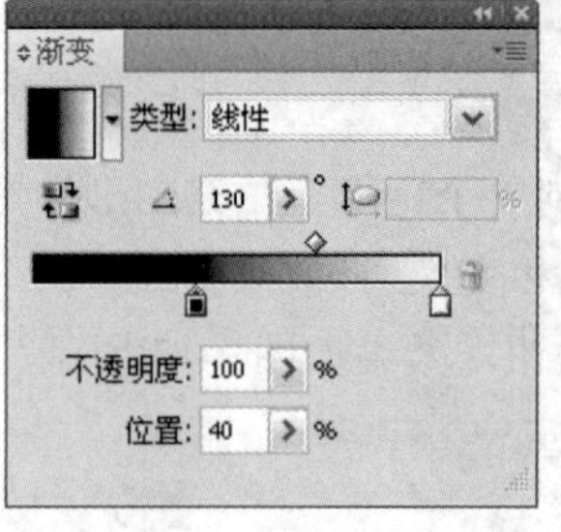

图 6-20

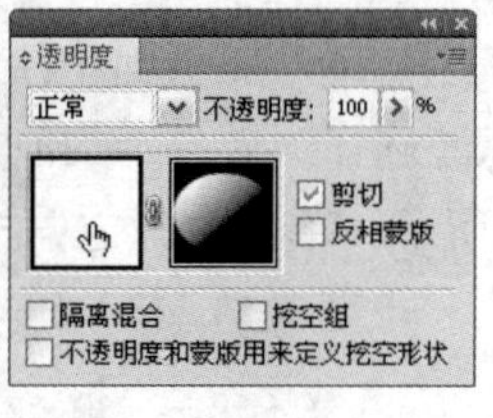

图 6-21

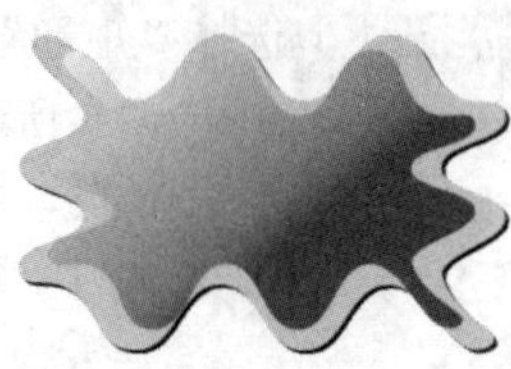
图 6-22

步骤 5 选择“文字”工具T，在图形对象上输入需要的文字。选择“选择”工具，在属性栏中选择合适的字体并设置文字大小，填充文字为白色，效果如图 6-23 所示。使用圈选的方法将图形和文字同时选取，并将其拖曳到页面中适当的位置，效果如图 6-24 所示。手机宣传单制作完成。

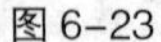
图 6-23

图 6-24

6.1.4 【相关工具】

1. 混合效果的使用

选择混合命令可以对整个图形、部分路径或控制点进行混合。混合对象后，中间各级路径上的点的数量、位置以及点之间线段的性质取决于起始对象和终点对象上的点的数目，同时还取决于在每个路径上指定的特定的点。

混合命令试图匹配起始对象和终点对象上的所有点，并在每对相邻的点间画条线段。起始对象和终点对象最好包含相同数目的控制点。如果两个对象含有不同数目的控制点，Illustrator CS5 将在中间级中增加或减少控制点。

◎ 创建混合对象

选择“选择”工具，选取要进行混合的 2 个对象，如图 6-25 所示。选择“混合”工具，用鼠标单击要混合的起始图像，如图 6-26 所示。

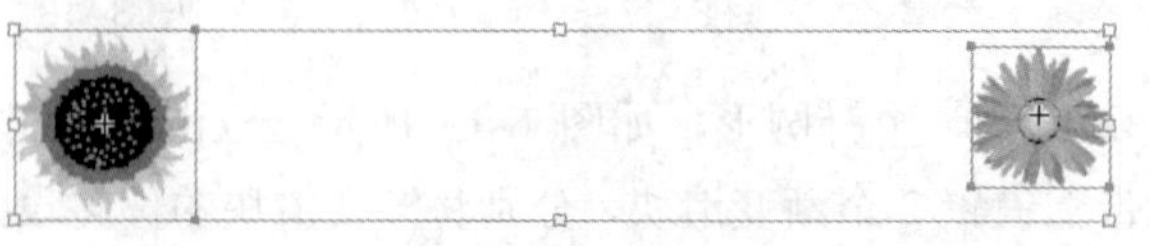
图 6-25

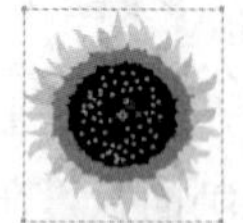
图 6-26

在另一个要混合的图像上单击鼠标，将它设置为目标图像，如图 6-27 所示。绘制出的混合图像效果如图 6-28 所示。

图 6-27

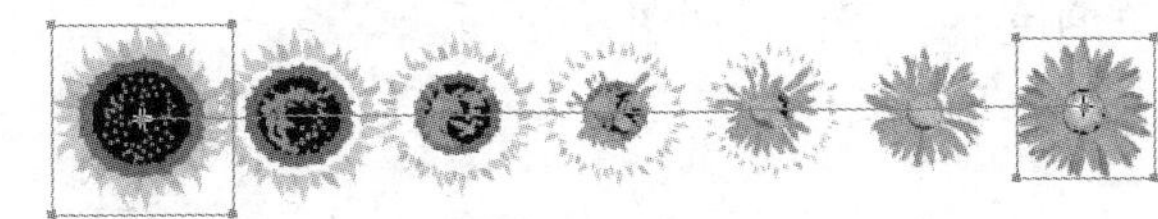

图 6-28

选择“选择”工具，选取要进行混合的对象。选择“对象 > 混合 > 建立”命令（组合键为 Alt +Ctrl+ B），绘制出混合图像。

◎ **创建混合路径**

选择“选择”工具，选取要进行混合的对象，如图 6-29 所示。选择“混合”工具，用鼠标单击要混合的起始路径上的某一节点，光标变为实心，如图 6-30 所示。用鼠标单击另一个要混合的目标路径上的某一节点，将它设置为目标路径，如图 6-31 所示。制作出的混合效果如图 6-32 所示。

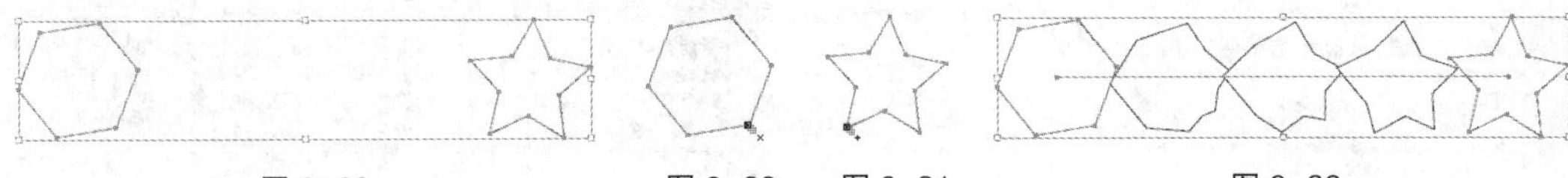

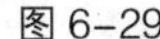

图 6-29　　图 6-30　　图 6-31　　图 6-32

提　示　在起始路径和目标路径上单击的节点不同，所得出的混合效果也不同。

选择“混合”工具，用鼠标单击混合路径中最后一个混合对象路径上的节点，如图 6-33 所示。单击想要添加的其他路径上的节点，如图 6-34 所示。可继续混合其他对象，效果如图 6-35 所示。

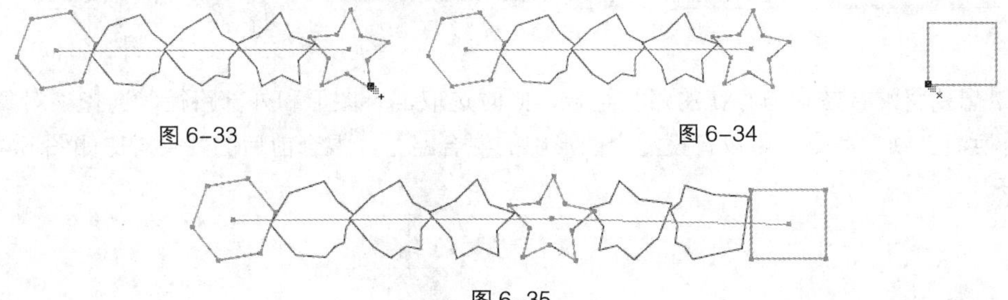

图 6-33　　图 6-34

图 6-35

◎ **释放混合对象**

选择“选择”工具，选取一组混合对象，如图 6-36 所示。选择“对象 > 混合 > 释放”命令（组合键为 Alt + Shift +Ctrl+B），释放混合对象，效果如图 6-37 所示。

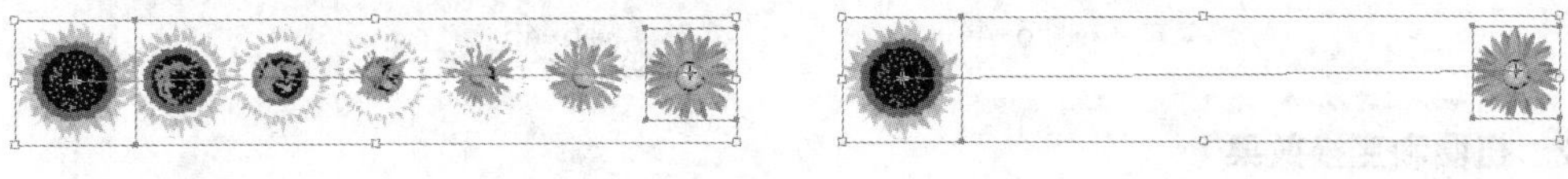

图 6-36　　图 6-37

◎ **使用混合选项对话框**

选择“选择”工具，选取要进行混合的对象，如图 6-38 所示。选择“对象 > 混合 > 混合选项”命令，弹出“混合选项”对话框，在对话框中“间距”选项的下拉列表中选择“平滑颜色”，可以使混合的颜色保持平滑，如图 6-39 所示。

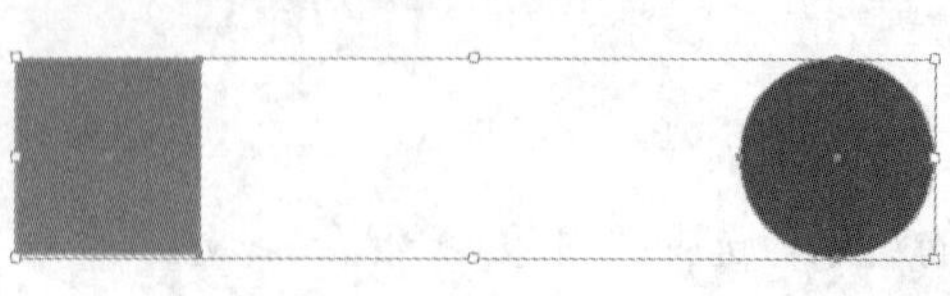
图 6-38

图 6-39

在对话框中“间距”选项的下拉列表中选择“指定的步数”，可以设置混合对象的步骤数，如图 6-40 所示。在对话框中“间距”选项的下拉列表中选择“指定的距离”选项，可以设置混合对象间的距离，如图 6-41 所示。

图 6-40

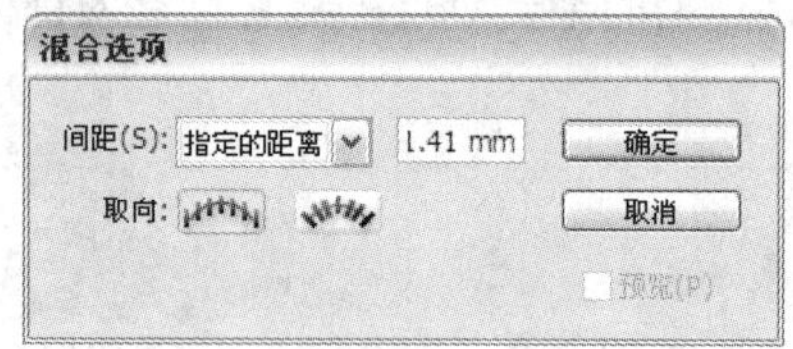

图 6-41

在对话框的“取向”选项组中有 2 个选项可以选择：“对齐页面”选项和“对齐路径”选项，如图 6-42 所示。设置每个选项后，单击“确定”按钮。选择“对象 > 混合 > 建立”命令，将对象混合，效果如图 6-43 所示。

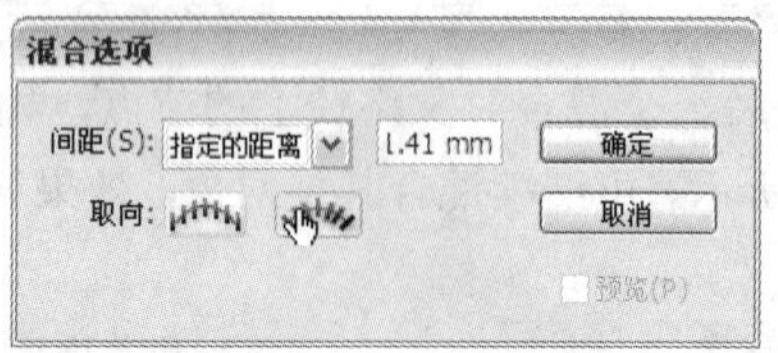

图 6-42

图 6-43

如果想要将混合图形与存在的路径结合，同时选取混合图形和外部路径，选择“对象 > 混合 > 替换混合轴”命令，可以替换混合图形中的混合路径，混合前后的效果对比如图 6-44 和图 6-45 所示。

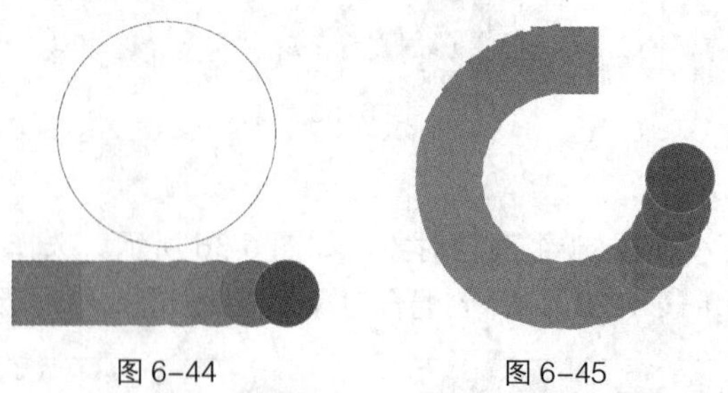
图 6-44　　图 6-45

2. 扭曲和变换效果

选择“效果 > 扭曲和变换”命令，弹出“扭曲和变换”效果组，如图 6-46 所示，它主要用于改变对象的形状、方向和位置。

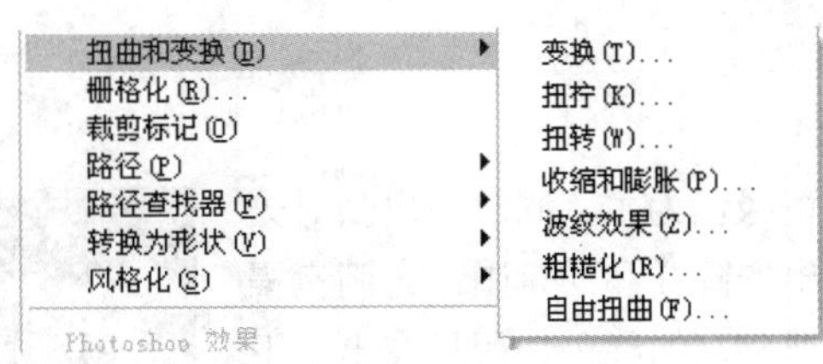

图 6-46

“扭曲和变换”效果组中的效果如图 6-47 所示。

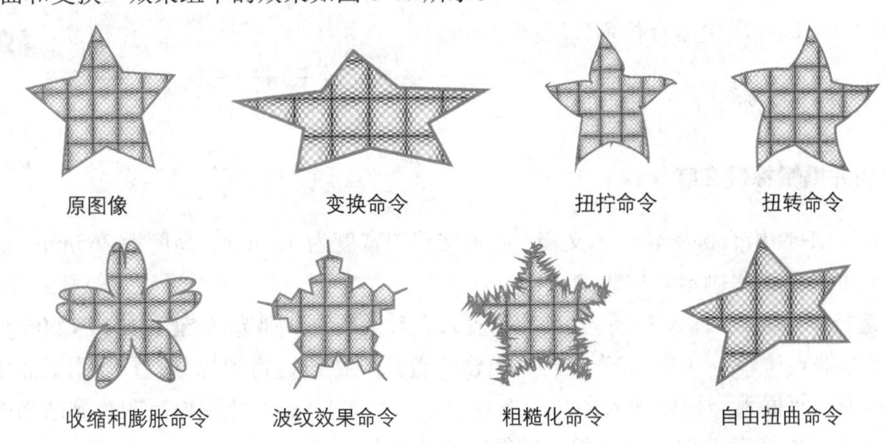

图 6-47

6.1.5 【实战演练】制作彩铅宣传单

使用矩形工具和建立剪切蒙版命令制作背景图；使用符号控制面板添加符号图形；使用文字工具、自由扭曲命令和混合工具制作标题文字。（最终效果参看光盘中的“Ch06 > 效果 > 制作彩铅宣传单”，见图 6-48。）

图 6-48

6.2 制作吸尘器宣传单

6.2.1 【案例分析】

本案例是制作吸尘器宣传单，在吸尘器越发普及的现在，吸尘器的产品宣传更加重要，宣传单设计要求体现吸尘器的产品功能，突出其特色。

6.2.2 【设计理念】

在设计过程中，背景以黄绿色为主，同时突出一对夫妻相携漫步在草地上，营造出安静祥和的氛围，充满幸福感；宣传语设计使用辨识度非常高的红色，醒目突出；下方的表格和产品图片展示出产品信息，让人一目了然。整个画面和谐自然，使人舒适轻松。（最终效果参看光盘中的“Ch06 > 效果 > 制作吸尘器宣传单”，见图 6-49。）

图 6-49

6.2.3 【操作步骤】

1. 添加并编辑标题文字

步骤 1 按 Ctrl+N 组合键新建一个文档，设置文档的宽度为 420mm，高度为 265mm，颜色模式为 CMYK，单击“确定”按钮。

步骤 2 选择“文件 > 置入”命令，弹出“置入”对话框。分别选择光盘中的“Ch06 > 素材 > 制作吸尘器宣传单 > 01、02”文件，单击“置入”按钮，将图片分别置入到页面中，单击属性栏中的“嵌入”按钮嵌入图片。选择“选择”工具，分别拖曳图片到适当的位置，效果如图 6-50 所示。按 Ctrl+2 组合键锁定所选对象。

步骤 3 选择“文字”工具 T，在页面中适当的位置输入需要的文字。选择“选择”工具，在属性栏中选择合适的字体并设置文字大小，效果如图 6-51 所示。

图 6-50

图 6-51

步骤 4 选择“选择”工具，将输入的文字同时选取，按 Ctrl+T 组合键，弹出“字符”控制面板，将“设置所选字符的字距调整”选项设置为 60，其他选项的设置如图 6-52 所示，按 Enter 键，效果如图 6-53 所示。

图 6-52

图 6-53

步骤 5 选择“选择”工具，将输入的文字同时选取，双击“倾斜”工具，弹出“倾斜”对话框，选项的设置如图 6-54 所示。单击“确定”按钮，效果如图 6-55 所示。

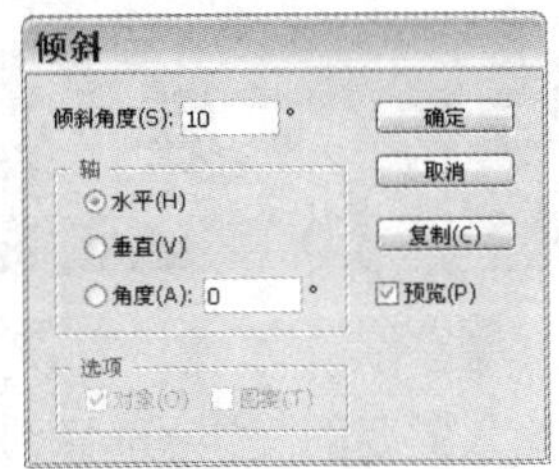

图 6-54

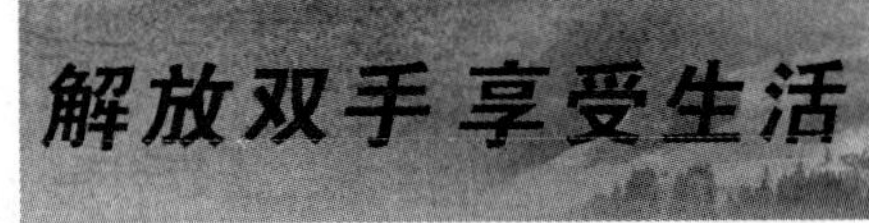

图 6-55

步骤 6 设置文字填充色的 C、M、Y、K 值分别为 11、91、58、0，填充文字，效果如图 6-56 所示。按 Ctrl+Shift+O 组合键将文字转换为轮廓，效果如图 6-57 所示。

图 6-56

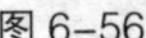

图 6-57

步骤 7 选择“窗口 > 外观”命令，弹出“外观”控制面板，单击“外观”控制面板下方的“添加新描边”按钮为文字添加描边，设置文字描边色的 C、M、Y、K 值分别为 2、44、4、0，将“描边粗细”选项设为 15 pt，如图 6-58 所示，按 Enter 键，效果如图 6-59 所示。

图 6-58

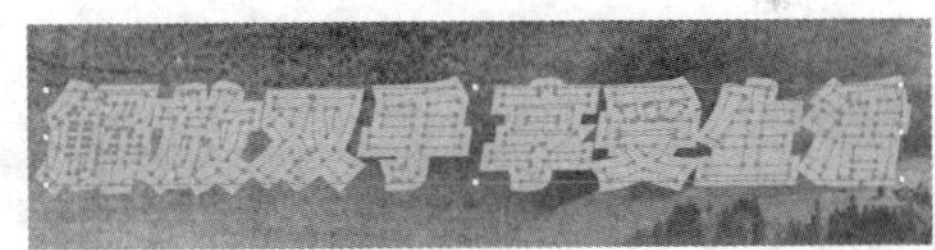

图 6-59

步骤 8 连续两次单击“外观”控制面板下方的“添加新描边”按钮为文字添加描边，分别设置文字描边色的 C、M、Y、K 值分别为（3、0、26、0）和白色，将“描边粗细”选项设为 12 pt 和 4 pt，如图 6-60 所示，按 Enter 键，效果如图 6-61 所示。

图 6-60

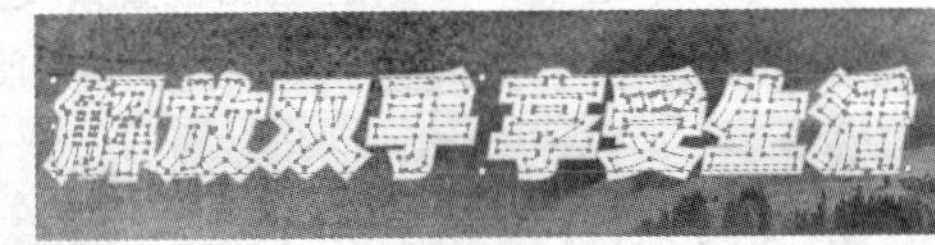

图 6-61

步骤 9 在“外观”控制面板中，将“填色”选项拖曳到“描边”选项的上方，并设置文字填充色的 C、M、Y、K 值分别为 11、91、58、0，如图 6-62 所示，填充文字，效果如图 6-63 所示。

图 6-62

图 6-63

步骤 10 选择“文字”工具，在页面中适当的位置分别输入需要的文字。选择“选择”工具，在属性栏中选择合适的字体并设置文字大小，按 Alt+→组合键分别调整文字的间距，效果如图 6-64 所示。

步骤 11 选择“选择”工具，将输入的文字同时选取，设置文字填充色的 C、M、Y、K 值分别为 82、40、13、0，填充文字；设置文字描边色的 C、M、Y、K 值分别为 3、0、26、0，填充描边，效果如图 6-65 所示。按 Ctrl+Shift+O 组合键将文字转换为轮廓。

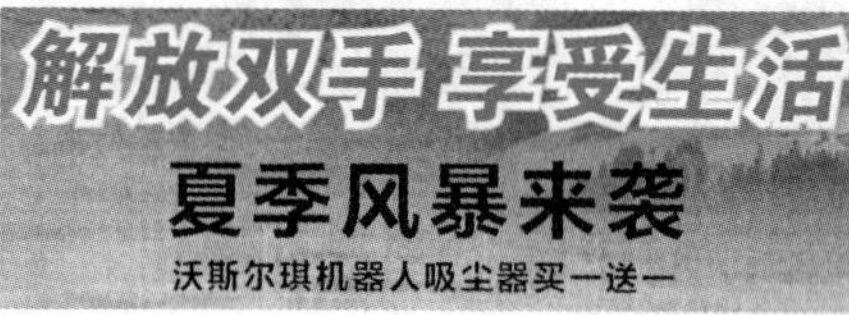

图 6-64

图 6-65

步骤 12 选择“窗口 > 描边”命令，在弹出的“描边”控制面板中单击“使描边外侧对齐”按钮，其他选项的设置如图 6-66 所示，文字效果如图 6-67 所示。选择“选择”工具，选取文字“沃斯尔琪…”，在属性栏中将“描边粗细”选项设置为 1 pt，文字效果如图 6-68 所示。

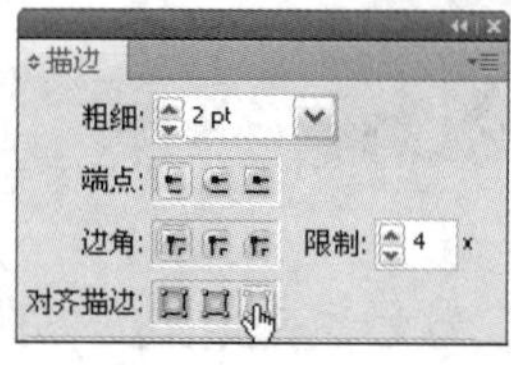

图 6-66

图 6-67

图 6-68

步骤 13 选择“文件 > 置入”命令，弹出“置入”对话框。选择光盘中的“Ch06 > 素材 >制作吸尘器宣传单 > 03”文件，单击“置入”按钮，将图片置入到页面中，单击属性栏中的“嵌入”按钮嵌入图片。选择“选择”工具，拖曳图片到适当的位置，效果如图 6-69 所示。按住 Alt 键的同时向下拖曳图形到适当的位置，复制图形，并将其旋转到适当的角度，效果如图 6-70 所示。使用相同方法再复制两个心形并旋转到适当的角度，效果如图 6-71 所示。

图 6-69

图 6-70

图 6-71

2. 添加其他相关信息

步骤 1 选择“矩形网格”工具，在页面外单击，弹出“矩形网格工具选项”对话框，选项设置如图 6-72 所示。单击“确定”按钮，得到一个矩形网格，效果如图 6-73 所示。

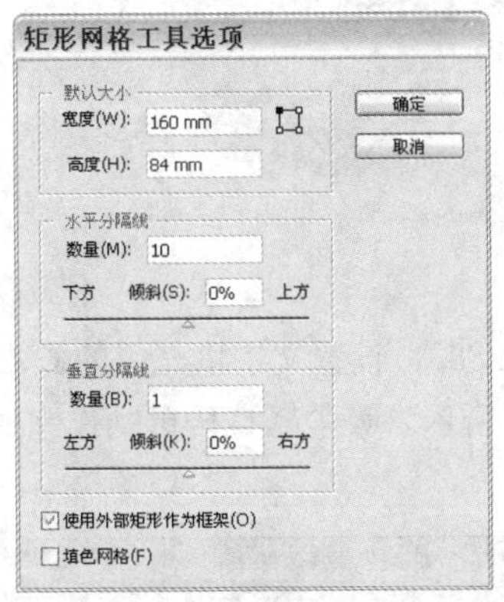

图 6-72

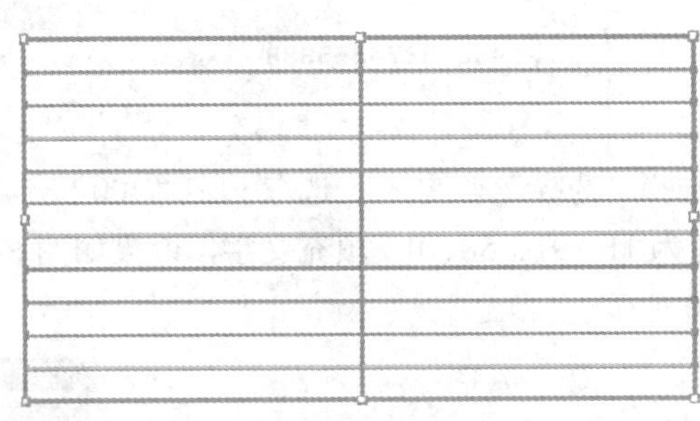

图 6-73

步骤 2 按 Ctrl+Shift+G 组合键取消图形编组。选择“选择”工具，选中中间竖线，按住 Shift 键的同时水平向左拖曳到适当的位置，效果如图 6-74 所示。按住 Shift 键的同时依次单击选取需要的直线，按 Delete 键将其删除，效果如图 6-75 所示。

图 6-74

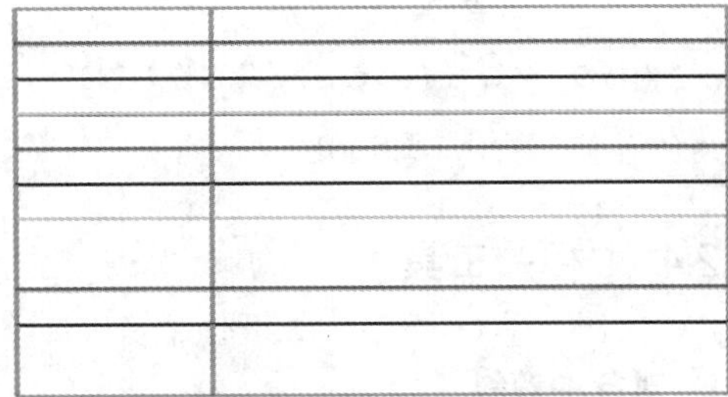

图 6-75

步骤 3 选择“文字”工具，在页面中适当的位置分别输入需要的文字。选择“选择”工具，在属性栏中选择合适的字体并设置文字大小，效果如图 6-76 所示。使用圈选的方法将文字同时选取，按 Ctrl+G 组合键将其编组，将编组图形拖曳到页面中适当的位置，效果如图 6-77 所示。

名称	沃斯尔琪地宝503机器人吸尘器
品牌	沃斯尔琪
规格	335*335*90
重量	3.2kg
一次充电打扫面积	90~130㎡
充电时间	约5~6小时
清扫模式	自动模式/循环模式/返回模式 通过遥控器可另外实现定点模式/沿边模式/精扫模式
噪音	55分贝
功能	定时预约清扫/自动感应灰尘/自动清扫地面 自动返回充电座充电

图 6-76

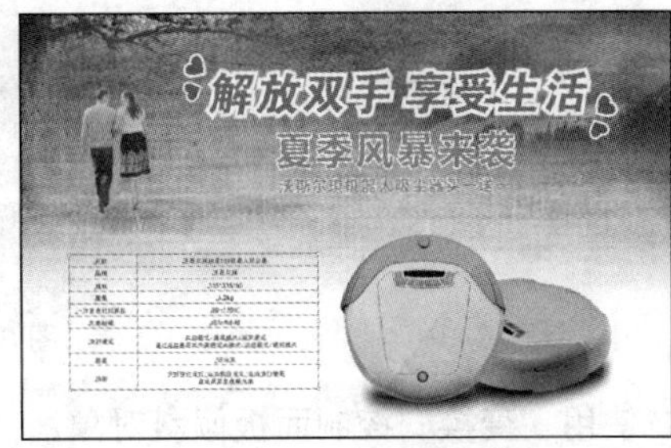

图 6-77

步骤 4 选择“文字”工具，在页面中适当的位置分别输入需要的文字。选择“选择”工具，在属性栏中分别选择合适的字体并设置文字大小，按 Alt+→组合键分别调整文字的间距，效果如图 6-78 所示。

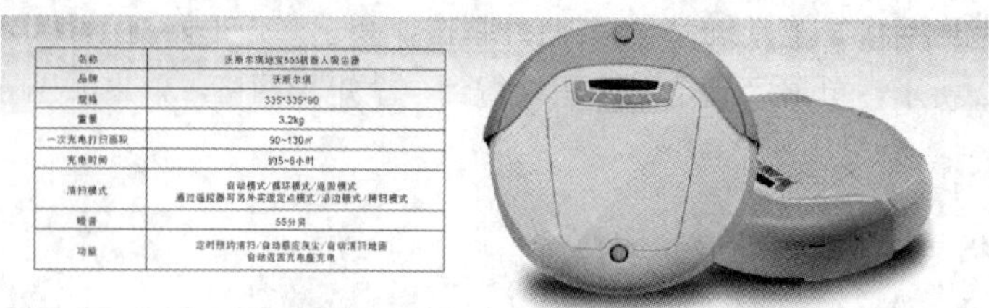

图 6-78

步骤 5 选择“选择”工具，选取文字“400-887-455888”，设置文字填充色的 C、M、Y、K 值分别为 11、91、58、0，填充文字，效果如图 6-79 所示。吸尘器宣传单制作完成，效果如图 6-80 所示。

咨询热线：400-887-455888

图 6-79

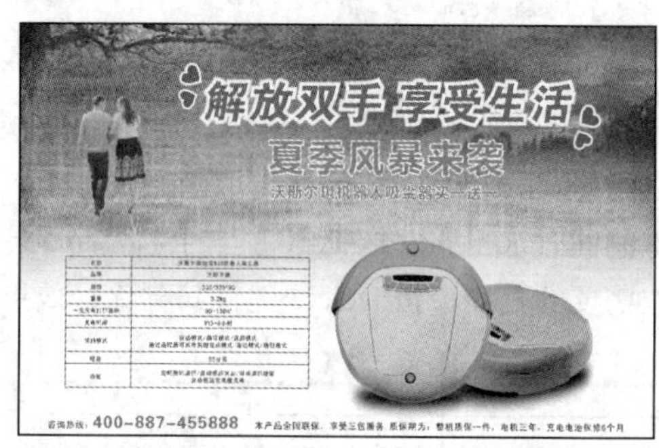

图 6-80

6.2.4 【相关工具】

1. 对象的倾斜

◎ 使用工具箱中的工具倾斜对象

选取要倾斜对象，效果如图 6-81 所示，选择“倾斜”工具，对象的四周出现控制柄。用鼠标拖曳控制柄或对象，倾斜时对象会出现蓝色的虚线指示倾斜变形的方向和角度，效果如图 6-82 所示。倾斜到需要的角度后释放鼠标左键即可，对象的倾斜效果如图 6-83 所示。

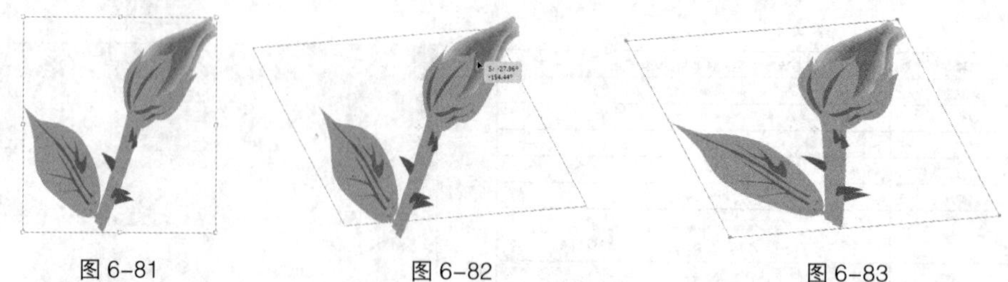

图 6-81　　图 6-82　　图 6-83

◎ 使用“变换”控制面板倾斜对象

选择“窗口 > 变换”命令，弹出“变换”控制面板。“变换”控制面板的使用方法和“移动”中的使用方法相同，这里不再赘述。

◎ 使用菜单命令倾斜对象

选择"对象 > 变换 > 倾斜"命令，弹出"倾斜"对话框，如图 6-84 所示。在对话框中，"倾斜角度"选项可以设置对象倾斜的角度。在"轴"选项组中，选择"水平"单选钮，对象可以水平倾斜；选择"垂直"单选钮，对象可以垂直倾斜；选择"角度"单选钮，可以调节倾斜的角度；"复制"按钮用于在原对象上复制一个倾斜的对象。

图 6-84

2. 3D 效果

"3D"效果组主要用于将对象改变成 3D 的效果，如图 6-85 所示。

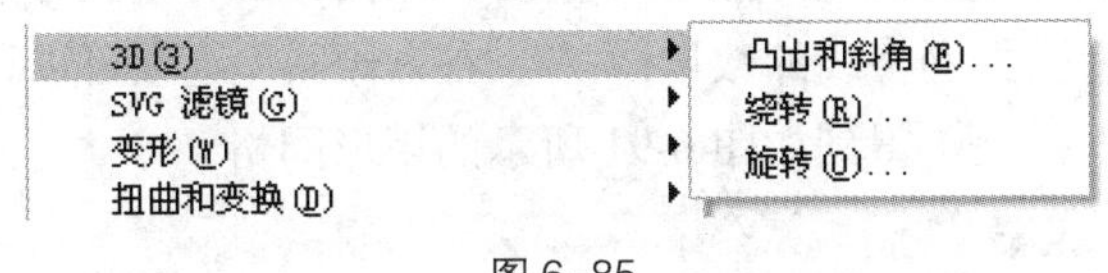

图 6-85

"3D"效果组中的效果如图 6-86 所示。

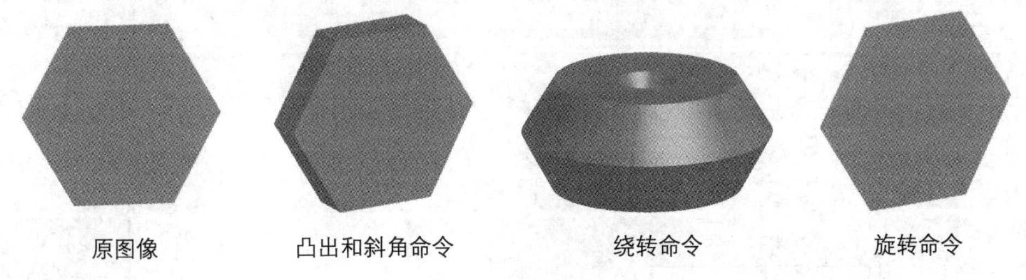

图 6-86

3. 绘制矩形网格

◎ 拖曳鼠标绘制矩形网格

选择"矩形网格"工具，在页面中需要的位置单击并按住鼠标左键不放，拖曳鼠标到需要的位置，释放鼠标左键，绘制出一个矩形网格，效果如图 6-87 所示。

选择"矩形网格"工具，按住 Shift 键，在页面中需要的位置单击并按住鼠标左键不放，拖曳鼠标到需要的位置，释放鼠标左键，绘制出一个正方形网格，效果如图 6-88 所示。

选择"矩形网格"工具，按住～键，在页面中需要的位置单击并按住鼠标左键不放，拖曳鼠标到需要的位置，释放鼠标左键，绘制出多个矩形网格，效果如图 6-89 所示。

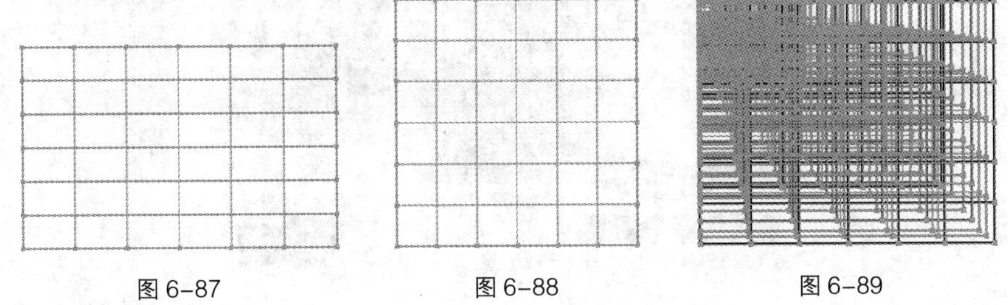

图 6-87　　图 6-88　　图 6-89

提 示 选择“矩形网格”工具，在页面中需要的位置单击并按住鼠标左键不放，拖曳鼠标到需要的位置，再按住键盘上“方向”键中的向上移动键，可以增加矩形网格的行数。如果按住键盘上“方向”键中的向下移动键，则可以减少矩形网格的行数。此方法在“极坐标网格”工具、“多边形”工具和“星形”工具中同样适用。

◎ 精确绘制矩形网格

选择“矩形网格”工具，在页面中需要的位置单击，弹出“矩形网格工具选项”对话框，如图 6-90 所示。

在对话框的“默认大小”选项组中，“宽度”选项可以设置矩形网格的宽度，“高度”选项可以设置矩形网格的高度。在“水平分隔线”选项组中，“数量”选项可以设置矩形网格中水平网格线的数量；“下、上方倾斜”选项可以设置水平网格的倾向。在“垂直分隔线”选项组中，“数量”选项可以设置矩形网格中垂直网格线的数量；“左、右方倾斜”选项可以设置垂直网格的倾向。设置完成后，单击“确定”按钮，得到如图 6-91 所示的矩形网格。

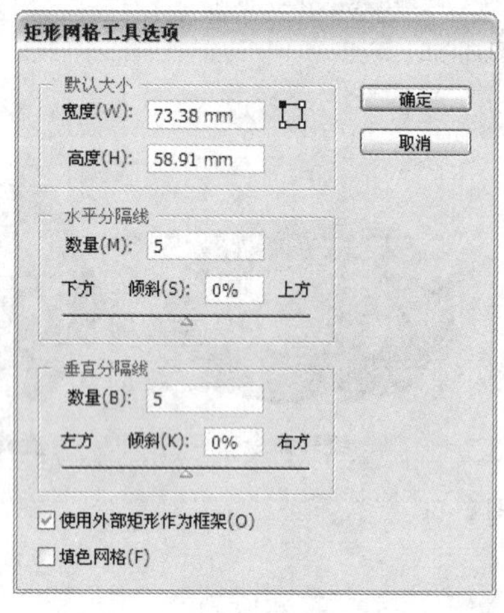

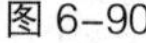
图 6-90

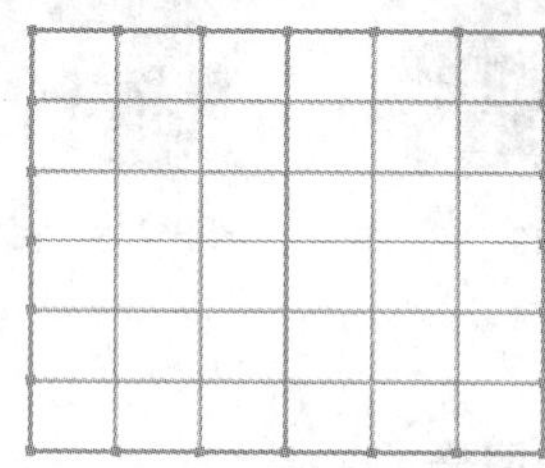

图 6-91

6.2.5 【实战演练】制作液晶电视宣传单

使用置入命令置入图片；使用文字工具、渐变工具和钢笔工具制作标题文字；使用矩形网格工具绘制网格；使用椭圆工具、混合工具和替换混合轴命令制作标志。（最终效果参看光盘中的“Ch06 > 效果 >制作液晶电视宣传单”，见图 6-92。）

图 6-92

6.3 综合演练——制作房地产宣传单

6.3.1 【案例分析】

本案例是制作房地产宣传单，要求通过宣传单的设计能够体现该地产公司的品质，以及目前将要宣传出售的房子特色。

6.3.2 【设计理念】

在设计过程中，首先背景采用橙黄渐变使画面产生一种雍容之气，带给人尊贵、品质的印象；下方使用了古代皇城的建筑进行装饰，展现一种帝王皇宫的霸气与威武，与宣传主题相呼应；下方的文字介绍出宣传的具体信息，易于人们的识别和阅读。整个宣传单内容丰厚、宣传性强。

6.3.3 【知识要点】

使用文字工具添加相关信息；使用钢笔工具和混合工具制作印章；使用文字工具、凸出和斜角命令制作印章文字；使用选择工具和复制/粘贴命令导入素材。（最终效果参看光盘中的“Ch06 > 效果 > 制作房地产宣传单”，见图 6-93。）

图 6-93

6.4 综合演练——制作电脑宣传单

6.4.1 【案例分析】

本案例是制作电脑宣传单，宣传单设计要求能够直观简洁地介绍出本次活动的主题以及内容，并且能够体现该品牌电脑的优势。

6.4.2 【设计理念】

在设计过程中，宣传单以蓝色为主，营造出沉稳大方的气质，突显出产品的科技感；通过艺术处理的宣传语醒目生动，增加了画面的活泼感，加深人们的印象；对比色的运用突出显示宣传的主要信息，能抓住人们的视线，达到宣传的目的。整个宣传单内容丰富饱满、信息量大、宣传

中等职业教育数字艺术类规划教材

效果强。

6.4.3 【知识要点】

使用矩形工具、钢笔工具和渐变工具绘制背景；使用文字工具和渐变工具制作标题文字；使用多边形工具、收缩和膨胀命令制作装饰图形。（最终效果参看光盘中的“Ch06 > 效果 > 制作电脑宣传单”，见图 6-94。）

图 6-94

第7章 广告设计

广告以多样的形式出现在城市中，是城市商业发展的写照。广告通过电视、报纸、霓虹灯等媒体来发布。好的广告要强化视觉冲击力，抓住观众的视线。本章以多种题材的广告为例，讲解广告的设计方法和制作技巧。

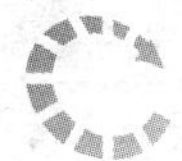

课堂学习目标

- 掌握广告的设计思路和过程
- 掌握广告的制作方法和技巧

7.1 制作啤酒广告

7.1.1 【案例分析】

啤酒是人类最古老的酒精饮料，是水和茶之后世界上消耗量排名第三的饮料。啤酒于20世纪初传入中国，属外来酒种。本例要求广告设计能够体现该品牌的特色。

7.1.2 【设计理念】

在设计过程中，广告使用天空图片作为背景，增强了视觉宽广度，带给人舒适爽快之感；产品图片放在画面正中央，突出对产品的宣传和介绍，同时达到整个页面的平衡；产品发光效果的处理增强了画面的层次感；通过对文字的编排和艺术设计突出广告语和宣传信息，表现出产品的功能特色以及优势特性。（最终效果参看光盘中的“Ch07 > 效果 > 制作啤酒广告”，见图7-1。）

图7-1

7.1.3 【操作步骤】

步骤 1 按Ctrl+N组合键新建一个文档，设置文档的宽度为600mm，高度为800mm，取向为竖向，颜色模式为CMYK，单击“确定”按钮。

步骤 2 选择“文件 > 置入”命令，弹出“置入”对话框。分别选择光盘中的“Ch07 > 素材 > 制作啤酒广告 > 01、02”文件，单击“置入”按钮，将图片置入到页面中，单击属性栏中的“嵌入”按钮嵌入图片。选择“选择”工具，分别拖曳图片到适当的位置并调整其大小，效果如图7-2所示。

步骤 3 选择"选择"工具选取酒瓶，按 Alt 键的同时向右拖曳图片到适当的位置，复制图片，并将其旋转到适当的角度，效果如图 7-3 所示。按 Ctrl+[组合键将图片向后移一层，效果如图 7-4 所示。

图 7-2

图 7-3

图 7-4

步骤 4 选择"钢笔"工具，在适当的位置绘制图形，填充图形为黑色并设置描边色为无，效果如图 7-5 所示。选择"文字"工具，在页面中输入需要的文字。选择"选择"工具，在属性栏中选择合适的字体并设置适当的文字大小，填充文字为白色，按 Ctrl+ →组合键适当调整文字间距，效果如图 7-6 所示。

图 7-5

图 7-6

步骤 5 选择"窗口 > 图形样式库 > 文字效果"命令，弹出"文字效果"控制面板，在需要的图形样式中双击，如图 7-7 所示，文字效果如图 7-8 所示。将文字旋转到适当的角度，效果如图 7-9 所示。

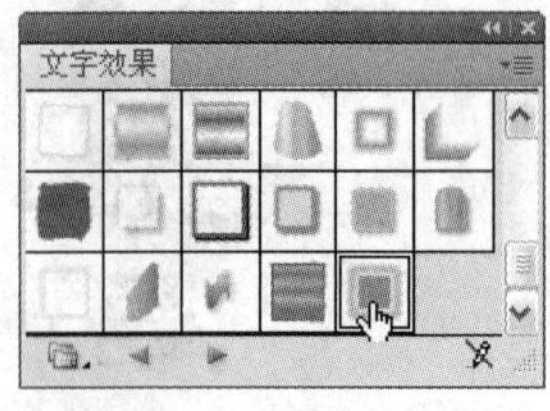

图 7-7

WESD BEER

图 7-8

图 7-9

步骤 6 选择"文字"工具，在页面中输入需要的文字。选择"选择"工具，在属性栏中选择合适的字体并设置适当的文字大小，按 Ctrl+ →组合键适当调整文字间距，并将文字旋转到适当的角度，效果如图 7-10 所示。使用相同的方法输入其他文字并旋转到适当的角度，效果如图 7-11 所示。

图 7-10

图 7-11

步骤 7 选择“文件 > 置入”命令，弹出“置入”对话框。选择光盘中的“Ch07 > 素材 >制作啤酒广告 > 03”文件，单击“置入”按钮，将图片置入到页面中，单击属性栏中的“嵌入”按钮嵌入图片。选择“选择”工具，拖曳图片到适当的位置并调整其大小，效果如图 7-12 所示。啤酒广告制作完成，效果如图 7-13 所示。

图 7-12

图 7-13

7.1.4 【相关工具】

1. 使用样式

Illustrator CS5 提供了多种样式库供选择和使用。下面具体介绍各种样式的使用方法。

◎ **“图形样式”控制面板**

选择“窗口 > 图形样式”命令，弹出“图形样式”控制面板。在默认的状态下，控制面板的效果如图 7-14 所示。在“图形样式”控制面板中，系统提供多种预置的样式。在制作图像的过程中，不但可以任意调用控制面板中的样式，还可以创建、保存、管理样式。在“图形样式”控制面板的下方，“断开图形样式链接”按钮用于断开样式与图形之间的链接；“新建图形样式”按钮用于建立新的样式；“删除图形样式”按钮用于删除不需要的样式。

Illustrator CS5 提供了丰富的样式库，可以根据需要调出样式库。选择“窗口 > 图形样式库”命令，弹出其子菜单，如图 7-15 所示，可以调出不同的样式库，如图 7-16 所示。

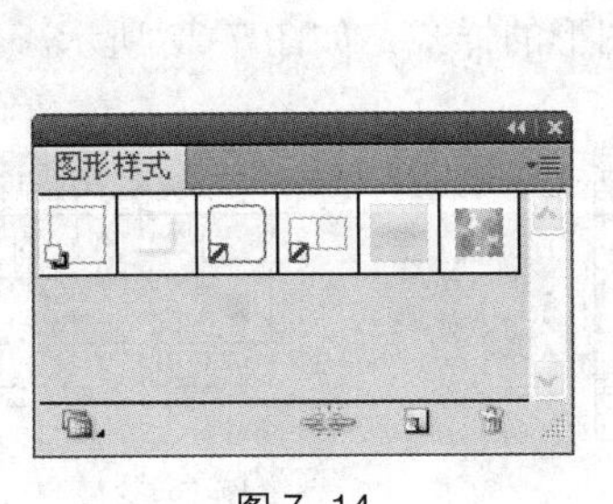

图 7-14

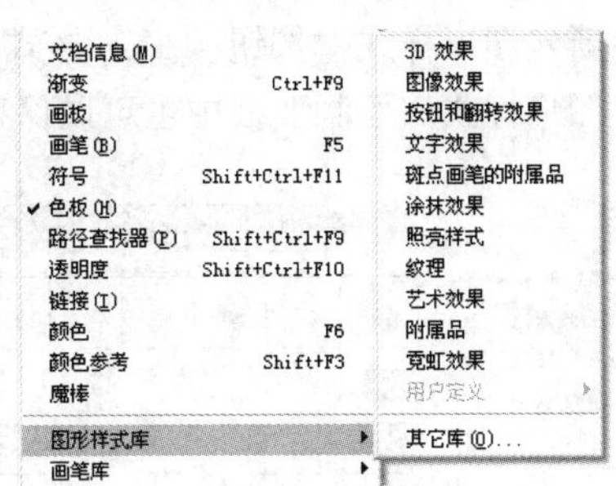

图 7-15

中等职业教育数字艺术类规划教材

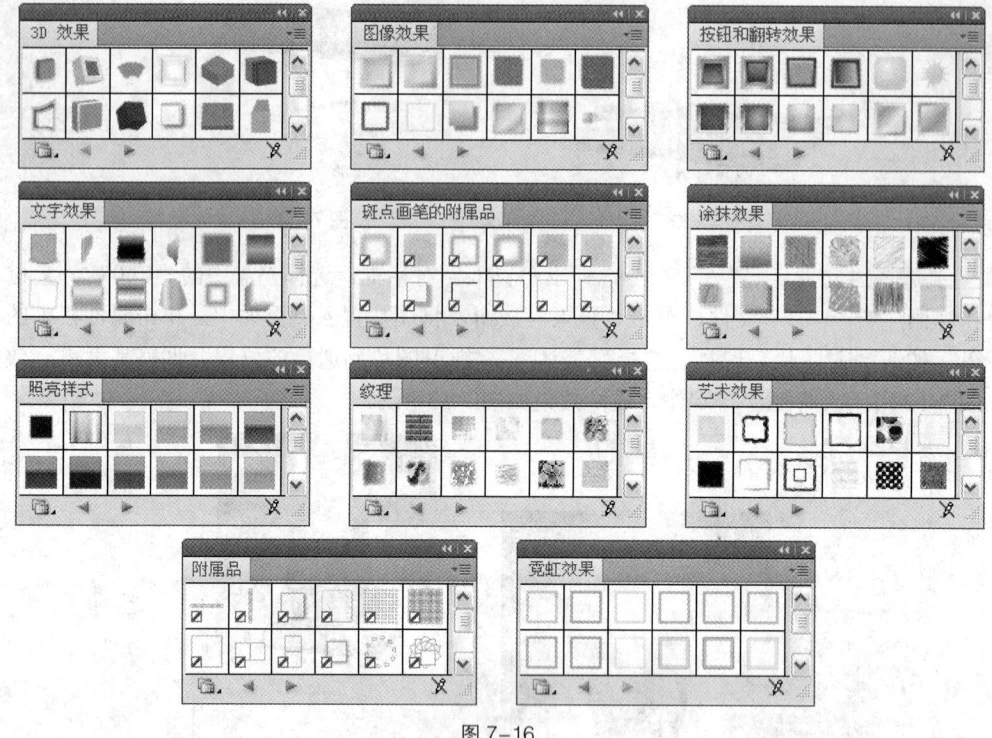

图 7-16

提　示 IllustratorCS5 中的样式有 CMYK 颜色模式和 RGB 颜色模式两种类型。

◎ 使用样式

选中要添加样式的图形，如图 7-17 所示。在“图形样式”控制面板中单击要添加的样式，如图 7-18 所示。图形被添加样式后的效果如图 7-19 所示。

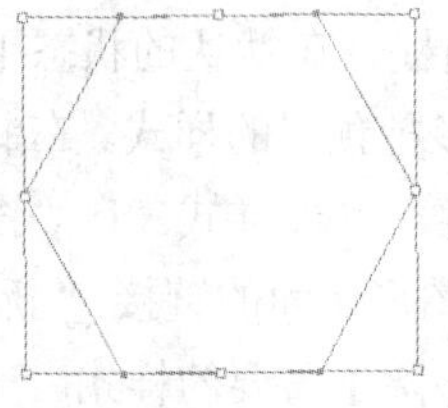

图 7-17

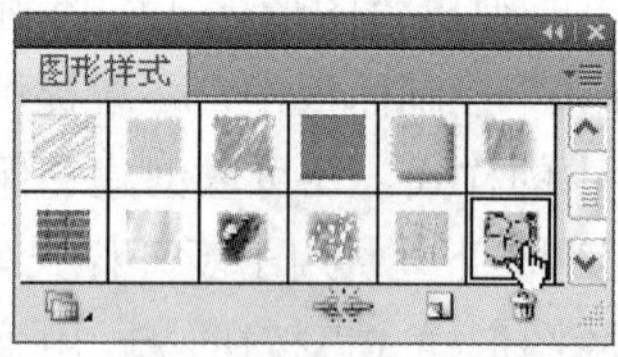

图 7-18

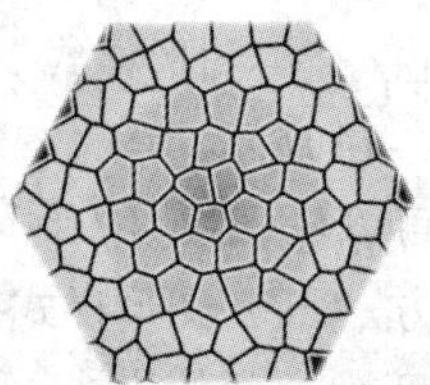

图 7-19

定义图形的外观后可以将其保存。选中要保存外观的图形，如图 7-20 所示。单击“图形样式”控制面板中的“新建图形样式”按钮，样式被保存到样式库，如图 7-21 所示。用鼠标将图形直接拖曳到“图形样式”控制面板中也可以保存图形的样式，如图 7-22 所示。

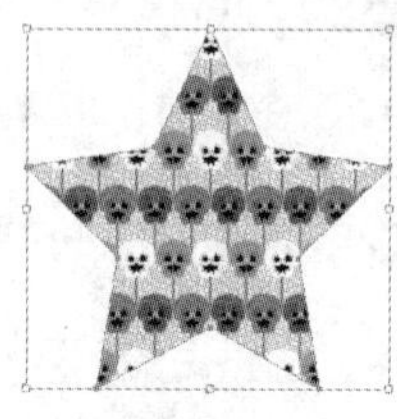

图 7-20

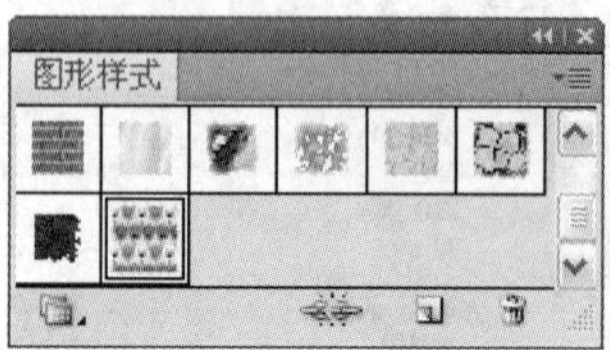

图 7-21

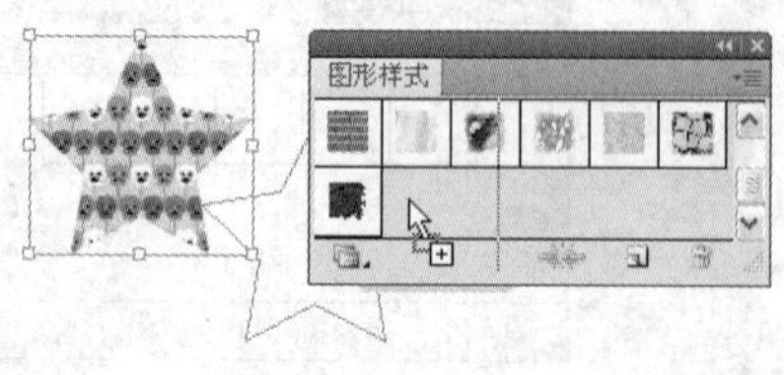

图 7-22

当把“图形样式”控制面板中的样式添加到图形上时，Illustrator CS5 将在图形和选定的样式之间创建一种链接关系，也就是说，如果“图形样式”控制面板中的样式发生了变化，那么被添加了该样式的图形也会随之变化。单击“图形样式”控制面板中的“断开图形样式链接”按钮，可断开链接关系。

2. 羽化命令

效果命令可以将对象的边缘从实心颜色逐渐过渡为无色。

选中要羽化的对象，如图 7-23 所示。选择“效果 > 风格化 > 羽化”命令，在弹出的“羽化”对话框中设置数值，如图 7-24 所示。单击“确定”按钮，对象的效果如图 7-25 所示。

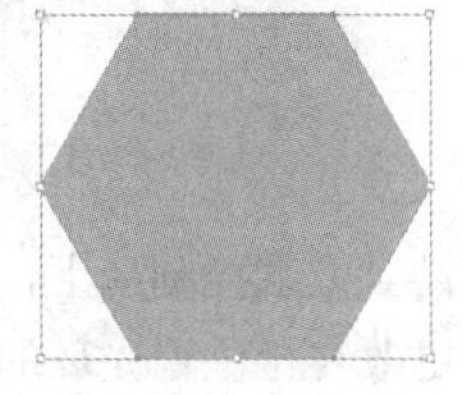

图 7-23

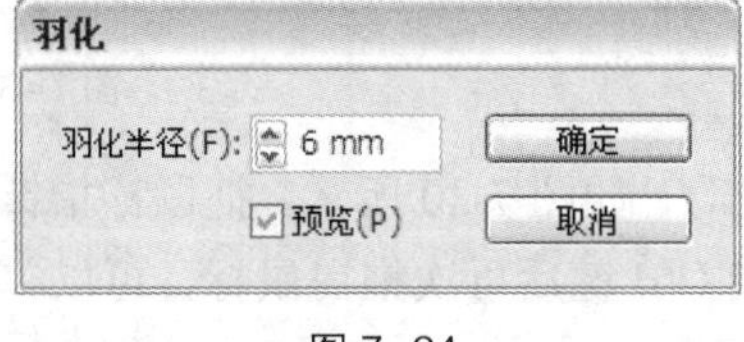

图 7-24

图 7-25

3. 绘制光晕形

可以应用光晕工具绘制出镜头光晕的效果，在绘制出的图形中包括一个明亮的发光点，以及光晕、光线、光环等对象，通过调节中心控制点和末端控制柄的位置，可以改变光线的方向。光晕形的组成部分如图 7-26 所示。

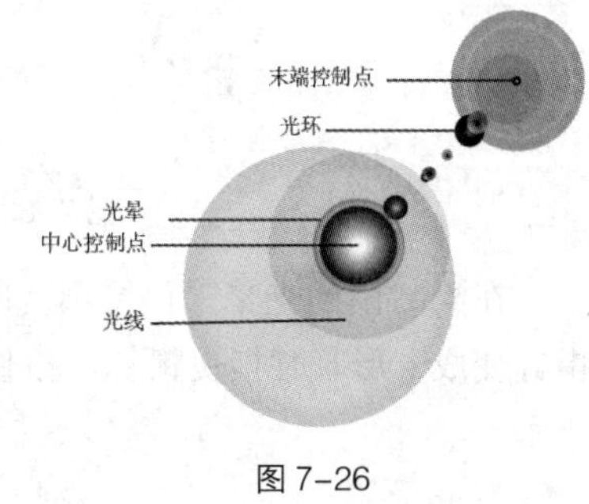

图 7-26

◎ 使用鼠标绘制光晕形

选择“光晕”工具，在页面中需要的位置单击并按住鼠标左键不放，拖曳鼠标到需要的位置，如图 7-27 所示。释放鼠标左键，然后在其他需要的位置再次单击并拖动鼠标，如图 7-28 所示。释放鼠标左键，绘制一个光晕形，如图 7-29 所示。取消选取后的光晕形如图 7-30 所示。

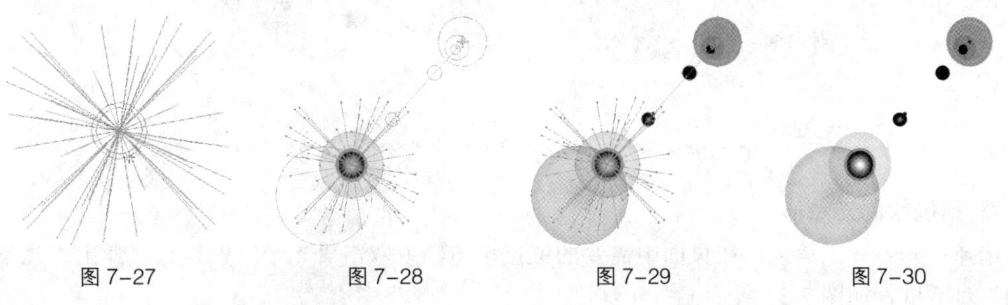

图 7-27　图 7-28　图 7-29　图 7-30

技 巧 在光晕形保持不变时，不释放鼠标左键，按住 Shift 键后再次拖动鼠标，中心控制点、光线和光晕随鼠标拖曳按比例缩放；按住 Ctrl 键后再次拖曳鼠标，中心控制点的大小保持不变，而光线和光晕随鼠标拖曳按比例缩放；同时按住键盘上“方向”键中的向上移动键，可以逐渐增加光线的数量；按住键盘上“方向”键中的向下移动键，则可以逐渐减少光线的数量。

下面介绍调节中心控制点和末端控制柄之间的距离，以及光环数量的方法。

在绘制出的光晕形保持不变时，如图 7-30 所示。把鼠标指针移动到末端控制柄上，当鼠标指针变成✳形状时，拖曳鼠标调整中心控制点和末端控制柄之间的距离，如图 7-31 和图 7-32 所示。

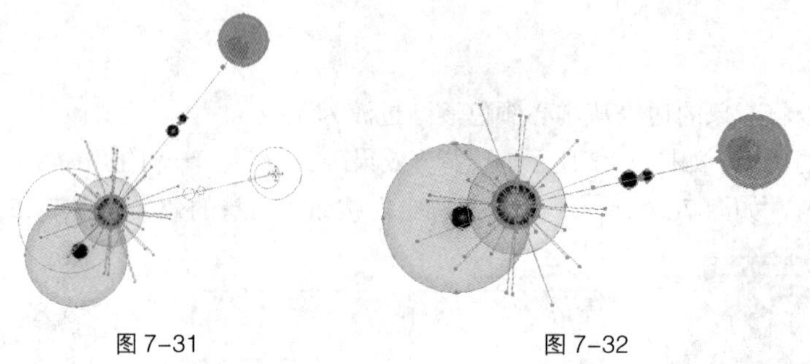

图 7–31　　图 7–32

在绘制出的光晕形保持不变时，如图 7-30 所示。把鼠标指针移动到末端控制柄上，当鼠标指针变成✳形状时拖曳鼠标，按住 Ctrl 键后再次拖曳鼠标，可以单独更改终止位置光环的大小，如图 7-33 和图 7-34 所示。

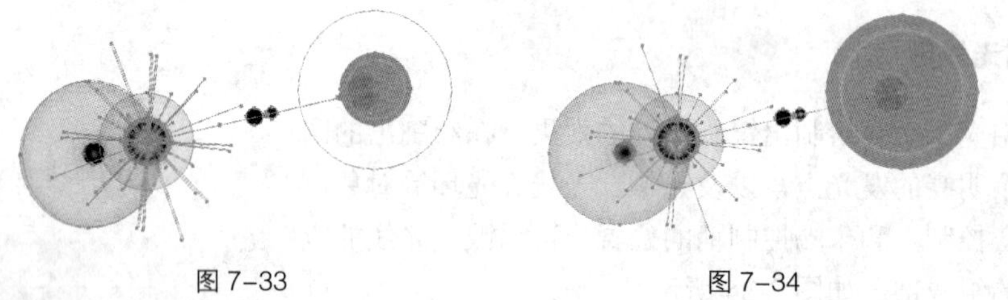

图 7–33　　图 7–34

在绘制出的光晕形保持不变时，如图 7-30 所示。把鼠标移动指针到末端控制柄上，当鼠标指针变成✳形状时拖曳鼠标，按住～键，可以重新随机地排列光环的位置，如图 7-35 和图 7-36 所示。

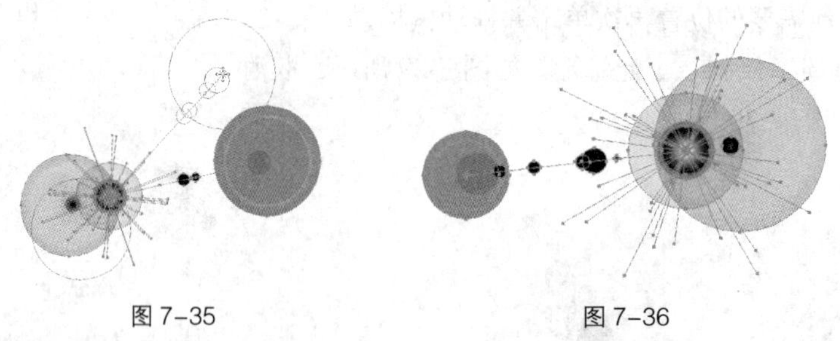

图 7–35　　图 7–36

◎ **精确绘制光晕形**

选择“光晕”工具，在页面中需要的位置单击，或双击“光晕”工具，弹出“光晕工具选项”对话框，如图 7-37 所示。

在对话框的“居中”选项组中，“直径”选项可以设置中心控制点直径的大小，“不透明度”选项可以设置中心控制点的不透明度比例，“亮度”选项可以设置中心控制点的亮度比例。在“光晕”选项组中，“增大”选项可以设置光晕围绕中心控制点的辐射程度，“模糊度”选项可以设置光晕在图形中的模糊程度。在“射线”选项组中，“数量”选项可以设置光线的数量，“最长”选项可以设置光线的长度，“模糊度”选项可以设置光线在图形中的模糊程度。在“环形”选项组中，

“路径”选项可以设置光环所在路径的长度值，“数量”选项可以设置光环在图形中的数量，“最大”选项可以设置光环的大小比例，“方向”选项可以设置光环在图形中的旋转角度，还可以通过右边的角度控制按钮调节光环的角度。设置完成后，单击“确定”按钮，得到如图 7-38 所示的光晕形。

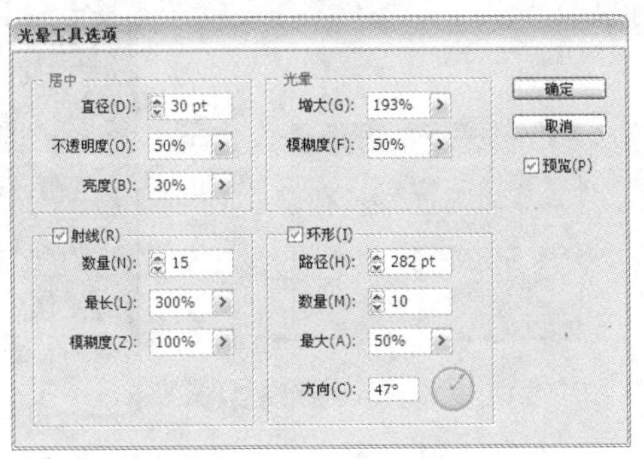

图 7-37

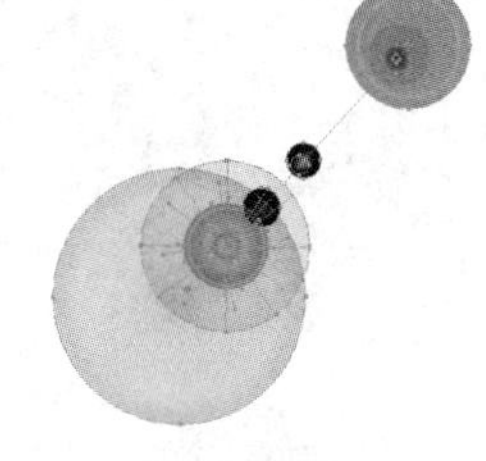

图 7-38

7.1.5 【实战演练】制作茶艺广告

使用置入命令置入图片；使用圆角矩形工具、文字工具和图形样式库制作印章文字；使用文字工具添加产品相关信息。（最终效果参看光盘中的“Ch07 > 效果 > 制作茶艺广告”，见图 7-39。）

图 7-39

7.2 制作计算机广告

7.2.1 【案例分析】

计算机目前已经成为人们工作、学习以及休闲生活的必需品，计算机品牌丰富多样，所以其竞争也越发激烈。本案例是为计算机公司设计制作的广告。设计中要求表现出计算机的新技术及特色。

7.2.2 【设计理念】

在设计过程中，通过蓝色渐变的背景营造出通透明亮、安宁舒适的氛围；产品、线条和音乐符号的添加，在突出广告主体的同时，使画面充满韵律感和节奏感；简洁的文字点明主题，同时识别性强；整个设计寓意深远且紧扣主题，使人们产生对产品的期待与购买欲望。（最终效果参看光盘中的“Ch07 > 效果 > 制作计算机广告”，见图 7-40。）

图 7-40

7.2.3 【操作步骤】

1. 添加标志和编辑广告语

步骤 1 打开 Illustrator CS5 软件，按 Ctrl+N 组合键，弹出“新建文档”对话框，选项的设置如图 7-41 所示，单击“确定”按钮，新建一个文档。

步骤 2 选择“文件 > 置入”命令，弹出“置入”对话框。选择光盘中的“Ch07 > 效果 > 制作计算机广告 > 01”文件，单击“置入”按钮，将图片置入到页面中，在属性栏中单击“嵌入”按钮嵌入图片。选择“窗口 > 对齐”命令，弹出“对齐”控制面板，将对齐方式设为“对齐画板”，如图 7-42 所示。分别单击“对齐”控制面板中的“水平居中对齐”按钮和“垂直居中对齐”按钮，图片与页面居中对齐，效果如图 7-43 所示。

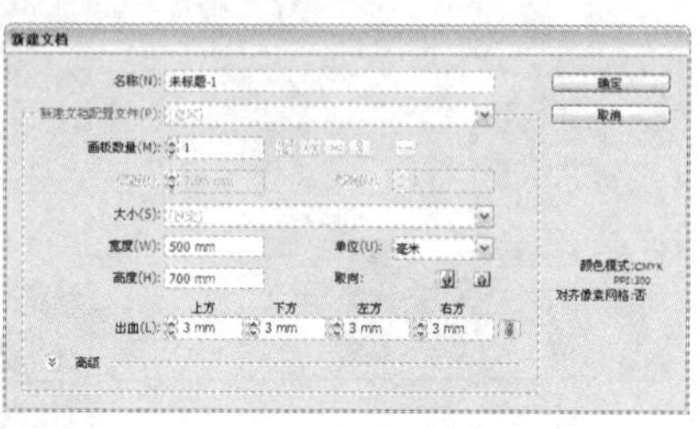
图 7-41

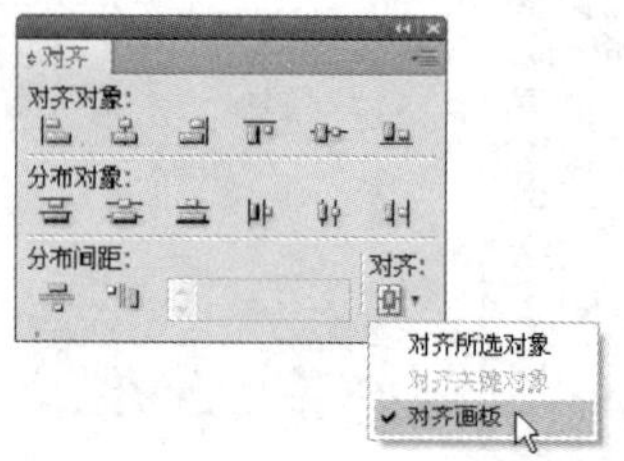
图 7-42

图 7-43

步骤 3 选择“文件 > 置入”命令，弹出“置入”对话框。分别选择光盘中的“Ch07 > 效果 > 制作计算机广告 > 02、03”文件，单击“置入”按钮，将图片置入到页面中，在属性栏中单击“嵌入”按钮嵌入图片，分别拖曳图片到适当的位置，效果如图 7-44 所示。

步骤 4 选择“选择”工具，选择计算机图片，按 Ctrl+C 组合键复制图片，按 Ctrl+B 组合键将复制的图片粘贴在后面，选择“效果 > 模糊 > 径向模糊”命令，在弹出的“径向模糊”对话框中进行设置，如图 7-45 所示。单击“确定”按钮，效果如图 7-46 所示。

图 7-44

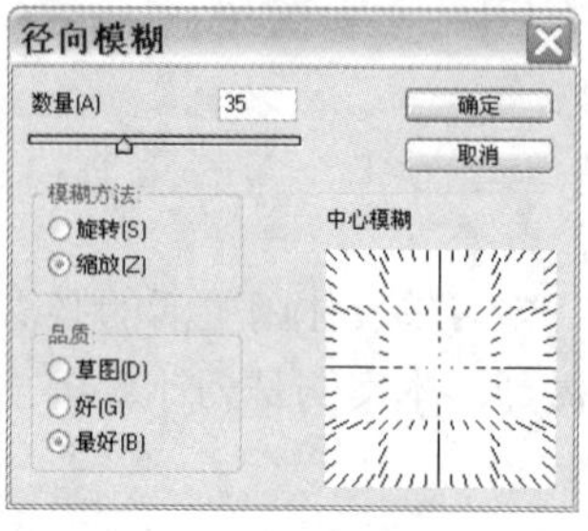

图 7-45

图 7-46

步骤 5 选择“矩形”工具，在页面左上方绘制一个矩形，填充图形为白色并设置描边色为无，效果如图 7-47 所示。再绘制一个矩形，设置填充色为深蓝色（其 C、M、Y、K 的值分别为 100、0、0、50），填充图形并设置描边色为无，效果如图 7-48 所示。选择“选择”工具，按住 Alt 键的同时拖曳矩形到适当的位置，复制图形，如图 7-49 所示。

图 7-47

图 7-48

图 7-49

步骤 6 选择“选择”工具，按住 Shift 键的同时将两个矩形同时选取，选择“窗口 > 路径查找器”命令，在弹出的控制面板中单击“差集”按钮，如图 7-50 所示，生成新的对象，效果如图 7-51 所示。

步骤 7 选择“文字”工具T，在页面的适当位置输入需要的文字。选择“选择”工具，在属性栏中选择合适的字体并设置文字大小，设置填充色为深蓝色（其 C、M、Y、K 的值分别为 100、0、0、50)，填充文字，效果如图 7-52 所示。

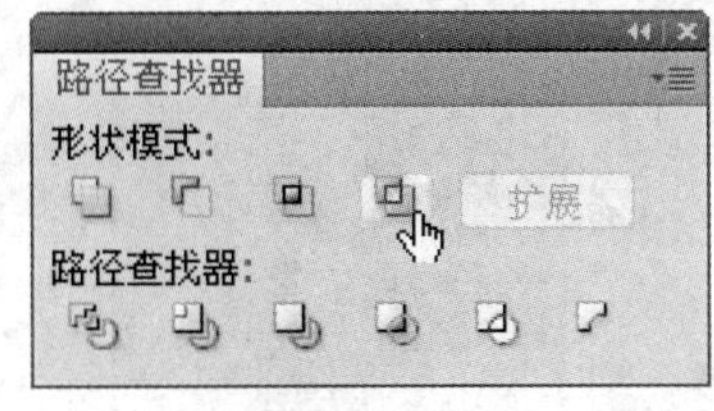

图 7-50

图 7-51

图 7-52

步骤 8 选择“文字”工具T，在页面的适当位置输入需要的文字。选择“选择”工具，在属性栏中选择合适的字体并设置文字大小，效果如图 7-53 所示。按 Ctrl+T 组合键，弹出“字符”控制面板，将“设置所选字符的字距调整”选项设为 300，如图 7-54 所示。按 Enter 键，效果如图 7-55 所示。

图 7-53

图 7-54

图 7-55

步骤 9 选择“文字”工具T，在页面的适当位置输入需要的文字。选择“选择”工具，在属性栏中选择合适的字体并设置文字大小，填充文字为白色，效果如图 7-56 所示。选取需要的文字，如图 7-57 所示，在属性栏中选择合适的字体，并选择适当的文字样式。取消文字的选取状态，效果如图 7-58 所示。

图 7-56

图 7-57

图 7-58

步骤 10 选择“文字”工具T，选取英文文字“Edge”，设置文字填充色为红色（其 C、M、Y、K 的值分别为 0、100、100、10)，填充文字，在空白处单击取消文字的选取状态，效果如图 7-59 所示。选取文字“平台”，在属性栏中选择合适的字体，在空白处单击取消文字的选取状态，效果如图 7-60 所示。

图 7-59 　　图 7-60

步骤 11 选择“文字”工具T，选取文字“新品”，在属性栏中设置文字大小，取消文字的选取状态，效果如图 7-61 所示。选择“选择”工具，单击选取需要的文字，如图 7-62 所示，单击属性栏中的“居中对齐”按钮，效果如图 7-63 所示。

图 7-61 　　图 7-62　　图 7-63

步骤 12 选择“窗口 > 变换”命令，在弹出的控制面板中将“X”选项设为 253，如图 7-64 所示。按 Enter 键，效果如图 7-65 所示。

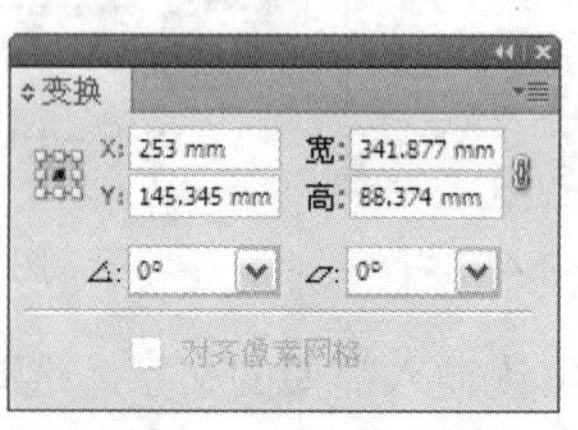

图 7-64

图 7-65

步骤 13 选择“文字”工具T，在页面的适当位置输入需要的文字。选择“选择”工具，在属性栏中选择合适的字体并设置文字大小，填充文字为白色，效果如图 7-66 所示。

步骤 14 选择“矩形”工具，在页面适当的位置绘制一个矩形，设置图形填充色为红色（其 C、M、Y、K 的值分别为 0、100、100、10），填充图形并设置描边颜色为无，效果如图 7-67 所示。

步骤 15 选择“文字”工具T，在矩形上输入需要的文字。选择“选择”工具，在属性栏中选择合适的字体并设置文字大小，填充文字为白色，效果如图 7-68 所示。

图 7-66 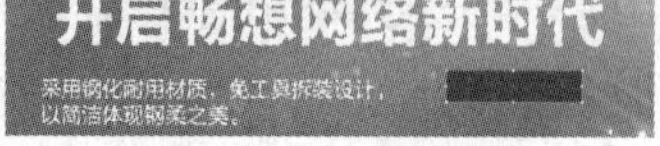　　图 7-67 　　图 7-68

2. 添加图标和文字

步骤 1 选择“矩形”工具，在适当的位置绘制一个矩形，设置填充色为蓝色（其C、M、Y、K的值分别为58、0、0、0），填充图形并设置描边色为无，效果如图7-69所示。选择“文字”工具，在页面中适当的位置输入需要的文字。选择“选择”工具，在属性栏中选择合适的字体并设置文字大小，填充文字为白色，效果如图7-70所示。

图7-69

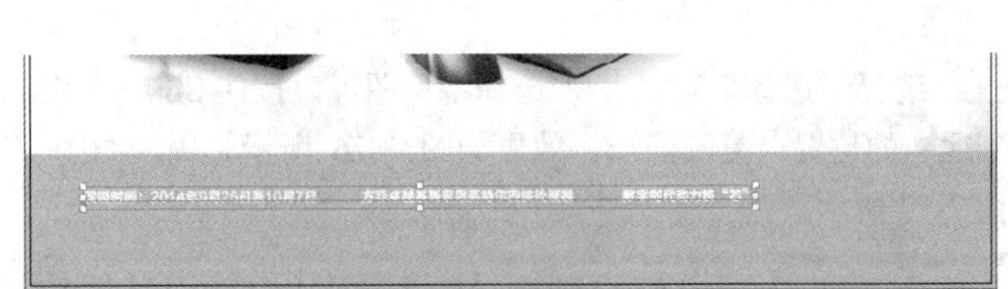

图7-70

步骤 2 选择“文字”工具，在页面中适当的位置输入需要的文字。选择“选择”工具，在属性栏中选择合适的字体并设置文字大小，填充文字为白色，效果如图7-71所示。在“字符”控制面板中将“行距”选项设为30，其他选项设置如图7-72所示，按Enter键，效果如图7-73所示。

图7-71

图7-72

图7-73

步骤 3 选择“文字”工具，在页面空白处单击插入光标。选择“文字 > 字形”命令，在弹出的“字形”面板中按需要进行设置并选择需要的字形，如图7-74所示。双击鼠标插入字形，在属性栏中设置字形大小，填充字形为白色，选择“选择”工具，将字形拖曳到适当的位置，效果如图7-75所示。

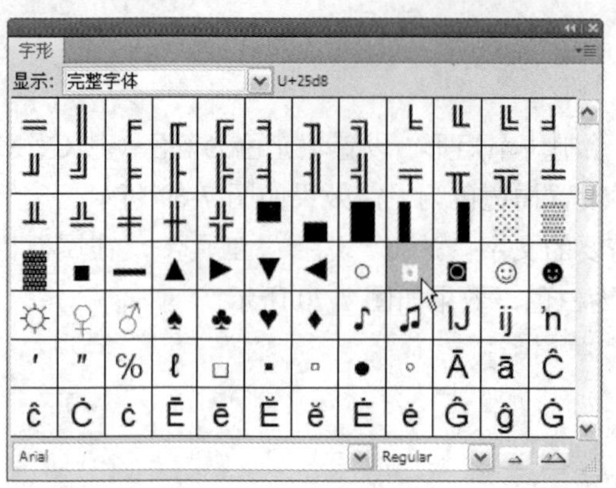

图 7-74

图 7-75

步骤 4 选择“选择”工具，选择字形图标，按住 Shift+Alt 组合键的同时将其垂直向下拖曳到适当的位置，复制图形，效果如图 7-76 所示。用相同的方法复制多个字形图标，效果如图 7-77 所示。

图 7-76

图 7-77

步骤 5 选择“矩形”工具，在适当的位置绘制一个矩形，填充图形为白色并设置描边色为无，效果如图 7-78 所示。

步骤 6 选择“文字”工具，在矩形上输入需要的文字。选择“选择”工具，在属性栏中选择合适的字体并设置适当的文字大小，设置填充色为蓝色（其 C、M、Y、K 的值分别为 58、0、0、0），填充文字，效果如图 7-79 所示。

图 7-78

图 7-79

步骤 7 在“字符”控制面板中，将“设置所选字符的字距调整”选项设置为 200，如图 7-80 所示。按 Enter 键，效果如图 7-81 所示。

图 7-80

图 7-81

步骤 8 选择“文字”工具T，在页面中适当的位置输入需要的文字。选择“选择”工具，在属性栏中选择合适的字体并设置文字大小，填充文字为白色，效果如图 7-82 所示。在“字符”控制面板中，将“行距”选项设为 18.5 pt，其他选项的设置如图 7-83 所示，按 Enter 键，效果如图 7-84 所示。

图 7-82

图 7-83

图 7-84

步骤 9 选择“文字”工具T，分别在适当的位置输入需要的文字。选择“选择”工具，分别在属性栏中选择合适的字体并设置适当的文字大小，效果如图 7-85 所示。计算机广告制作完成，效果如图 7-86 所示。

步骤 10 按 Ctrl+S 组合键，弹出“存储为”对话框，将其命名为“制作计算机广告”，保存为 AI 格式，单击“保存”按钮将图像保存。

图 7-85

图 7-86

7.2.4 【相关工具】

1. 内发光命令

内发光可以在对象的内部创建发光的外观效果。

选中要添加内发光效果的对象，如图 7-87 所示。选择“效果 > 风格化 > 内发光”命令，在弹出的对话框中设置需要的数值，如图 7-88 所示。单击“确定”按钮，对象的内发光效果如图 7-89 所示。

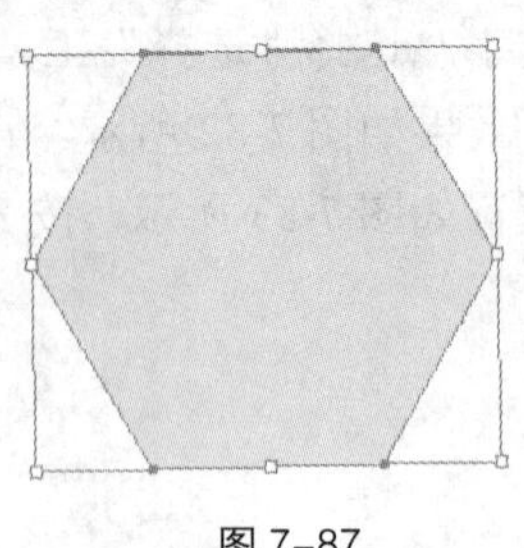

图 7-87

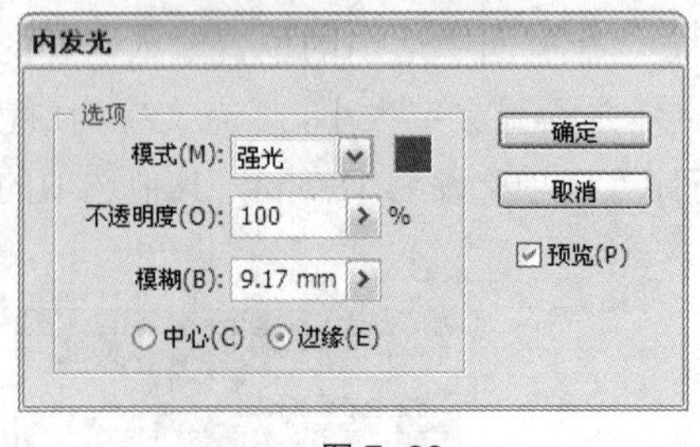

图 7-88

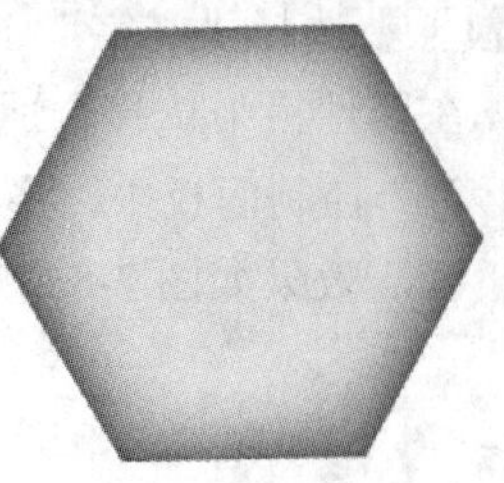

图 7-89

2. SVG 滤镜效果

“SVG 滤镜”效果组可以为对象添加许多滤镜效果，如图 7-90 所示。选中要添加滤镜效果的对象，如图 7-91 所示。

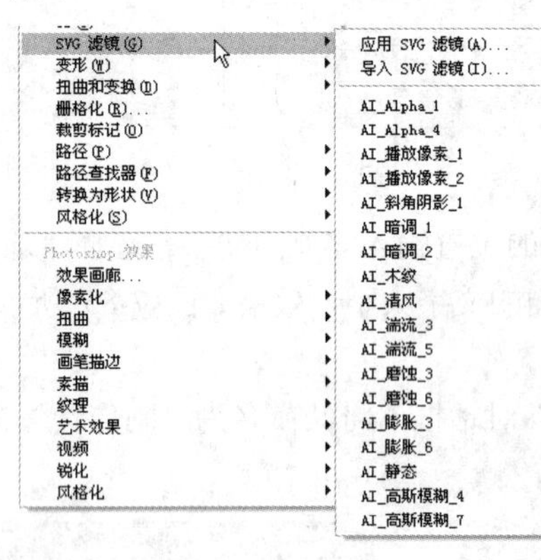

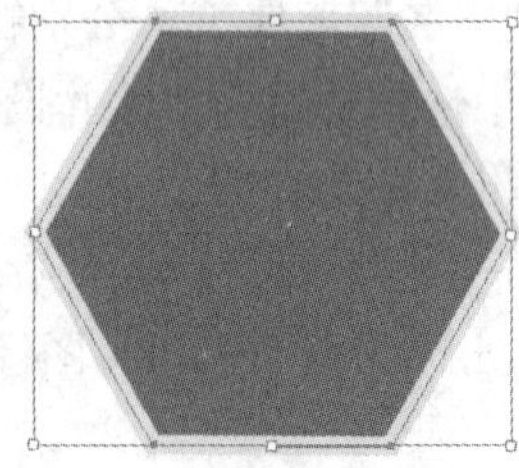

图 7-90　　图 7-91

可以直接在“SVG 滤镜”菜单下选择滤镜命令，还可以选择“SVG 滤镜 > 应用 SVG 滤镜”命令，弹出“应用 SVG 滤镜”对话框，在对话框中设置要添加的滤镜命令，如图 7-92 所示。添加不同的滤镜将产生不同的效果，如图 7-93 所示。

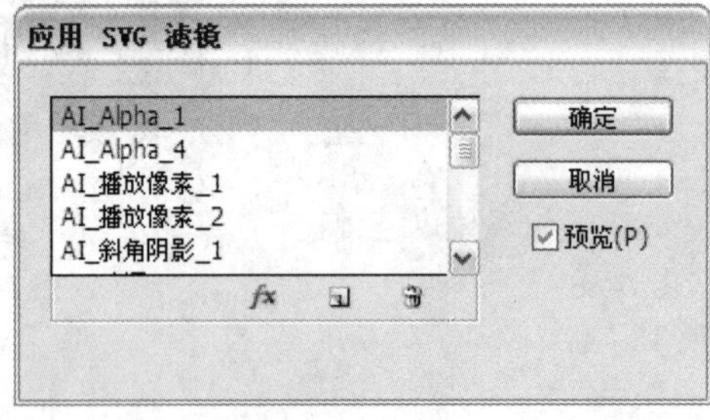

图 7-92

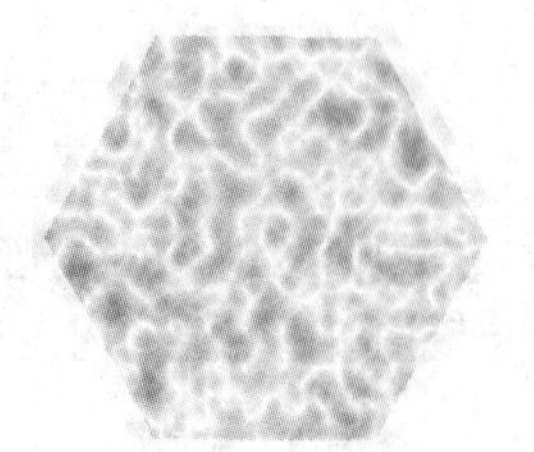

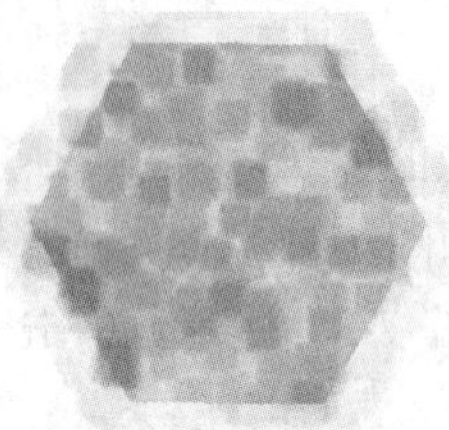

图 7-93

3. 径向模糊

“径向模糊”命令可以使图像产生旋转或运动的效果，模糊的中心位置可以任意调整。当用于直线时，可使直线产生拉伸方向的模糊。

选中图像，如图 7-94 所示。选择“效果 > 模糊 > 径向模糊”命令，在弹出的“径向模糊”对话框中进行设置，如图 7-95 所示。单击“确定”按钮，图像效果如图 7-96 所示。

图 7–94

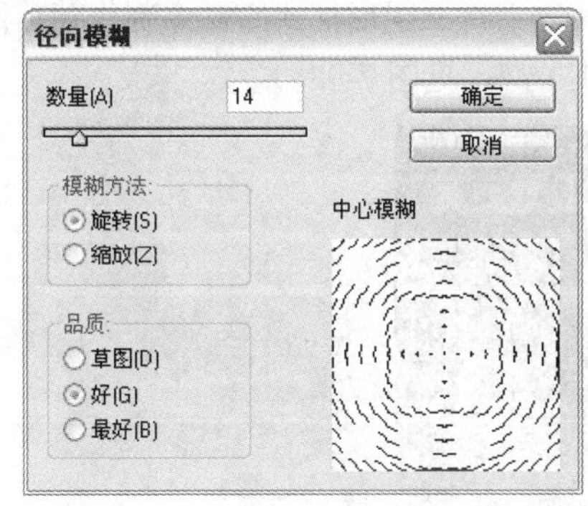

图 7–95

图 7–96

7.2.5 【实战演练】制作汽车广告

使用椭圆工具、文字工具、星形工具、倾斜工具、渐变工具和路径查找器面板制作汽车标志；使用文字工具添加标题文字及相关信息；使用矩形工具和剪贴蒙版命令编辑图片。（最终效果参看光盘中的“Ch07 > 效果 > 制作汽车广告”，见图 7-97。）

图 7–97

7.3 综合演练——制作葡萄酒广告

7.3.1 【案例分析】

葡萄酒是指以葡萄或葡萄汁为原料，经全部或部分发酵酿制而成、酒精度大于等于 7%的酒精饮品，是一种健康饮品，设计要求体现品牌的品质并具有宣传效应。

7.3.2 【设计理念】

在设计过程中，使用酒红色的背景，营造出浪漫、典雅的氛围；金黄色的线条突出广告宣传的主体，在丰富画面的同时，展现出优雅、尊贵的气质；位于上方中间的浅色宣传文字醒目突出，让人一目了然，宣传性强；整个广告设计简洁大气，色彩搭配和谐，展现了品牌的特色。

7.3.3 【知识要点】

使用置入命令、矩形工具、直线工具和描边命令制作背景效果；使用文字工具和描边面板制作标题文字；使用钢笔工具、椭圆工具和路径查找器命令、图形样式库命令制作葡萄图标。（最终效果参看光盘中的“Ch07 > 效果 > 制作葡萄酒广告”，见图 7-98。）

图 7-98

7.4 综合演练——制作情人节广告

7.4.1 【案例分析】

情人节是西方的传统节日之一。这是一个关于爱、浪漫以及花、巧克力、贺卡的节日，男女在这一天互送礼物用以表达爱意或友好，许多商家也都利用此节日进行活动促销产品。本案例要求为某商场制作情人节广告，要求体现浪漫、甜蜜、时尚等感觉。

7.4.2 【设计理念】

在设计过程中，广告设计处处都围绕甜蜜温馨的节日氛围：粉色的渐变背景以及使用玫瑰拼制成的心形，展现出浪漫、温馨的感觉；中间的深粉色宣传文字作为画面的主体，在突出宣传主题的同时，与整个画面的色彩搭配相呼应；左下角的一对可爱的毛绒玩具增添了画面的丰富性。广告设计将情人节的特色与促销的信息相结合。

7.4.3 【知识要点】

使用置入命令置入图片；使用文字工具、直接选择工具和钢笔工具制作广告语；使用钢笔工具和径向模糊命令制作装饰心形；使用文字工具添加其他文字。（最终效果参看光盘中的“Ch07 >

效果 >制作情人节广告”，见图 7-99。）

图 7-99

第8章 宣传册设计

宣传册又称为企业的大名片，是企业的自荐书。它可以起到有效宣传企业或产品的作用，能够提高企业的品牌形象、产品的知名度和市场的忠诚度，有利于企业的融资和扩张。本章以企业宣传册设计为例，讲解宣传册的设计方法和制作技巧。

课堂学习目标

- 掌握宣传册的设计思路和过程
- 掌握宣传册的制作方法和技巧

8.1 制作美发画册封面

8.1.1 【案例分析】

本案例是为美发公司设计制作的宣传册封面。要求设计清新明快、简洁直观，有时代气息，能体现出公司时尚的经营理念和专业的服务精神。

8.1.2 【设计理念】

在设计过程中，画册的背景使用纯白色，大量的留白使画面的视觉更加集中，并且体现了简洁大气的设计风格；彩色的形状不一的长方形使画面丰富跳跃，在白色的背景下更加凸显；模特的照片也处理成长方形，独具特色与个性，并且充满活力。（最终效果参看光盘中的“Ch08 > 效果 > 制作美发画册封面”，见图 8-1。）

图 8-1

8.1.3 【操作步骤】

1. 制作封面装饰图

步骤 1 按 Ctrl+N 组合键新建一个文档，设置文档的宽度为 500mm，高度为 250mm，取向为横向，颜色模式为 CMYK，选项的设置如图 8-2 所示，单击“确定”按钮，新建一个文档。

步骤 2 按 Ctrl+R 组合键显示标尺。选择“选择”工具 ，在页面中拖曳一条垂直参考线。选择“窗口 > 变换”命令，弹出“变换”面板，将“X”选项设为 250mm，如图 8-3 所示，

按 Enter 键确认操作，效果如图 8-4 所示。

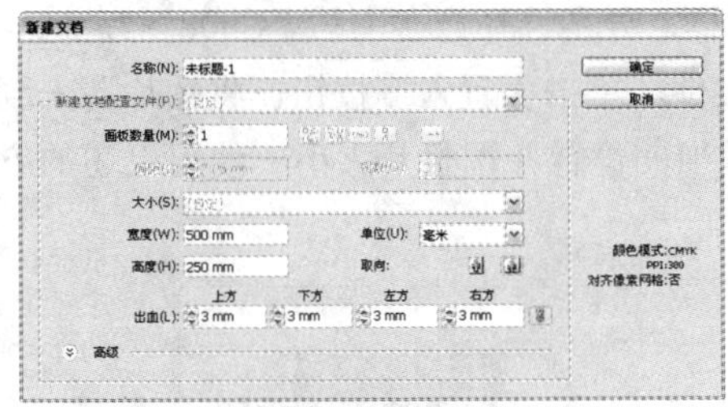

图 8-2

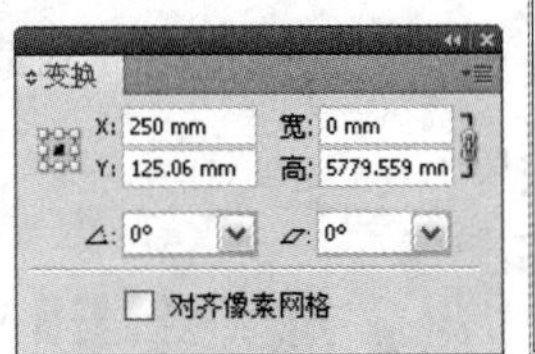

图 8-3

图 8-4

步骤 3 选择“矩形”工具，在页面中适当的位置绘制一个矩形，设置图形填充色为红色（其 C、M、Y、K 值分别为 11、95、73、0），填充图形并设置描边色为无，效果如图 8-5 所示。使用相同的方法分别再绘制几个矩形，并依次填充为橘红色（其 C、M、Y、K 值分别为 8、73、85、0）、橙黄色（其 C、M、Y、K 值分别为 6、31、91、0）、草绿色（其 C、M、Y、K 值分别为 51、7、94、0）、绿色（其 C、M、Y、K 值分别为 83、39、100、2）、淡绿色（其 C、M、Y、K 值分别为 69、25、46、0）、紫色（其 C、M、Y、K 值分别为 50、95、22、0）、深紫色（其 C、M、Y、K 值分别为 73、95、13、0），并设置描边颜色为无，效果如图 8-6 所示。

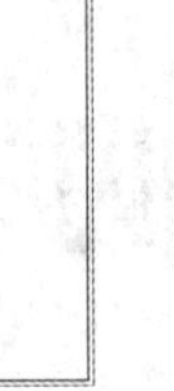

图 8-5

图 8-6

步骤 4 选择“文件 > 置入”命令，弹出“置入”对话框。选择光盘中的“Ch08 > 素材 > 制作美发画册 > 01”文件，单击“置入”按钮，将图片置入到页面中。选择“选择”工具，拖曳图片到适当的位置并调整其大小，效果如图 8-7 所示。

步骤 5 选择“选择”工具，选取上方的红色矩形，按住 Alt+Shift 组合键的同时用鼠标垂直向下拖曳图形到适当位置，复制图形。按 Ctrl+Shift+] 组合键将图形置于顶层，效果如图 8-8 所示。拖曳下边中间的控制手柄到适当的位置，调整图形大小，效果如图 8-9 所示。

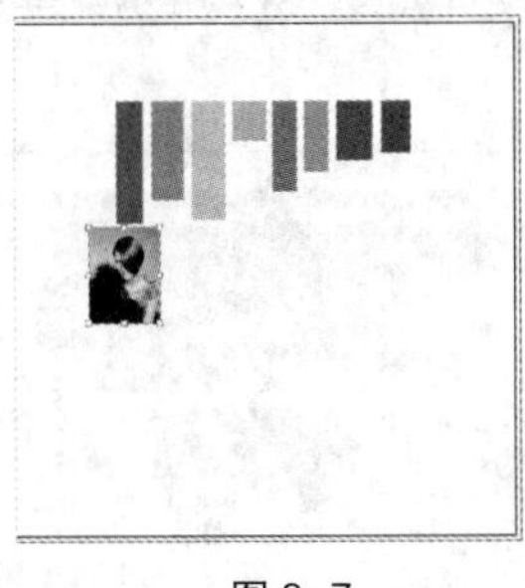

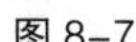

图 8-7

图 8-8

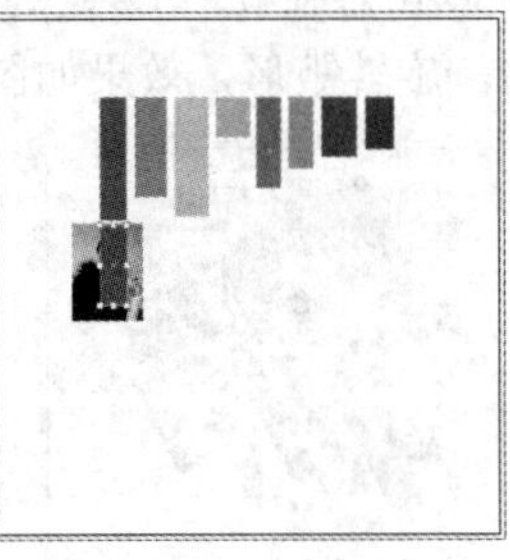

图 8-9

步骤 6 选择“选择”工具，按住 Shift 键的同时单击下方图片将其同时选取，如图 8-10 所示。按 Ctrl+7 组合键建立剪切蒙版，效果如图 8-11 所示。

步骤 7 选择“文件 > 置入”命令，弹出“置入”对话框。分别选择光盘中的“Ch08 > 素材 > 制作美发画册 > 02、03、04、05、06、07、08”文件，单击“置入”按钮，将图片置入到页面中。选择“选择”工具，分别拖曳图片到适当的位置并调整其大小。使用上述的方法制作如图 8-12 所示的效果。

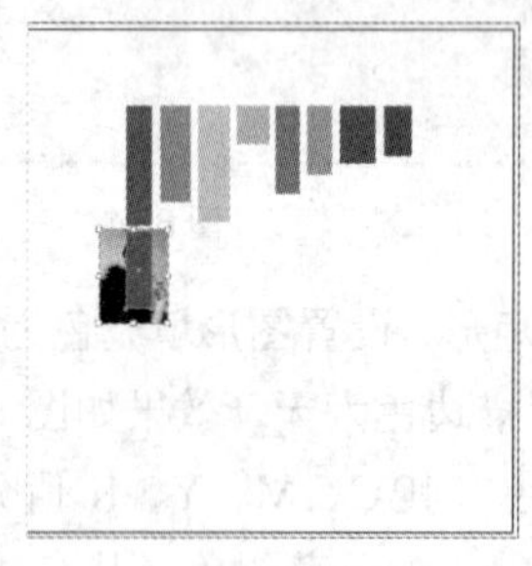
图 8-10

图 8-11

图 8-12

步骤 8 选择“选择”工具，用圈选的方法将图片和矩形同时选取，如图 8-13 所示。在属性栏中单击“水平左分布”按钮，将图片与矩形按左分布，按 Ctrl+G 组合键将其编组，效果如图 8-14 所示。拖曳编组图形到适当的位置，调整大小并将其旋转到适当的角度，效果如图 8-15 所示。

图 8-13

图 8-14

图 8-15

2. 绘制标志图形

步骤 1 选择“矩形”工具，按住 Shift 键的同时在页面右下角拖曳鼠标绘制一个矩形，设置矩形填充色的 C、M、Y、K 值分别为 74、100、0、0，填充图形并设置描边色为无，效果如图 8-16 所示。

步骤 2 双击“旋转”工具，弹出“旋转”对话框，选项的设置如图 8-17 所示。单击“确定”按钮，旋转矩形，效果如图 8-18 所示。

图 8-16

图 8-17

图 8-18

步骤 3 选择“钢笔”工具，在矩形上的适当位置绘制图形，填充图形为白色并设置描边色为无，效果如图 8-19 所示。使用“钢笔”工具再绘制一个图形，填充图形为白色并设置描边色为无，效果如图 8-20 所示。

图 8-19

图 8-20

步骤 4 选择“选择”工具，按住 Alt+Shift 组合键的同时向上拖曳图形到适当的位置，复制图形，如图 8-21 所示。按 Ctrl+D 组合键再复制一个图形，效果如图 8-22 所示。

图 8-21

图 8-22

步骤 5 选择“选择”工具，用圈选的方法将刚绘制的图形同时选取，如图 8-23 所示。选择“窗口 > 路径查找器”命令，弹出“路径查找器”控制面板，单击“减去顶层”按钮，如图 8-24 所示，生成新的对象，效果如图 8-25 所示。

图 8-23

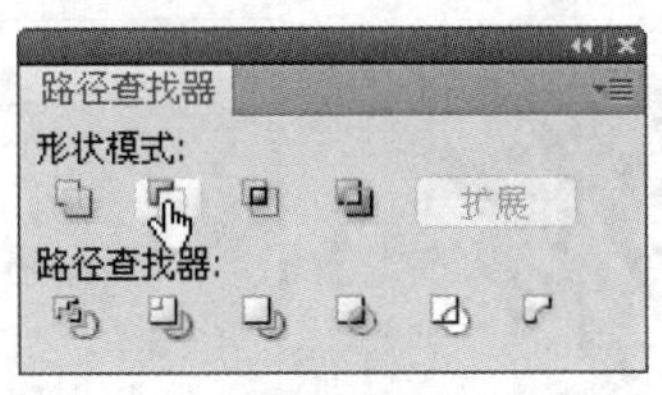

图 8-24

图 8-25

步骤 6 选择“文字”工具，在页面中分别输入需要的文字。选择“选择”工具，在属性栏中分别选择合适的字体并设置文字大小，效果如图 8-26 所示。

步骤 7 选择“选择”工具，选取封面中需要的图形，如图 8-27 所示。按住 Alt 键的同时用鼠标向左拖曳图形到封底的适当位置，复制图形并调整其大小，效果如图 8-28 所示。

图 8-26

图 8-27

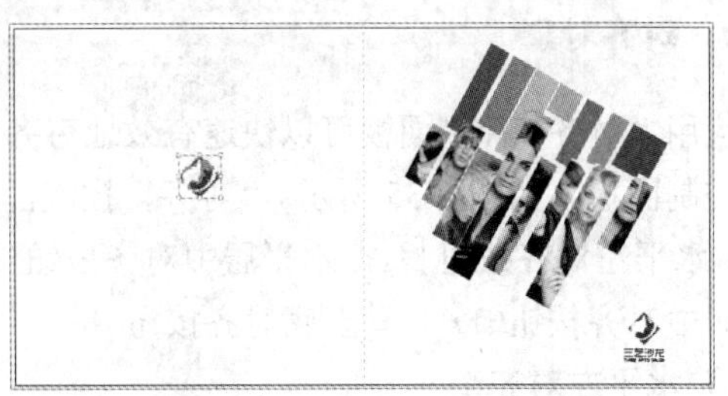

图 8-28

步骤 8 选择“文字”工具T，在页面中分别输入需要的文字。选择“选择”工具，在属性栏中分别选择合适的字体并设置文字大小，效果如图 8-29 所示。选取下方的英文，按 Alt+ → 组合键调整文字的字距，效果如图 8-30 所示。

图 8-29

图 8-30

步骤 9 选择“选择”工具，用圈选的方法将文字和图形同时选取，按 Ctrl+G 组合键将其编组，效果如图 8-31 所示。在“变换”面板中，将“X”选项设为 125mm，如图 8-32 所示。按 Enter 键，效果如图 8-33 所示。

步骤 10 按 Ctrl+R 组合键隐藏标尺，按 Ctrl+; 组合键隐藏参考线。美发画册封面制作完成，效果如图 8-34 所示。

图 8-31

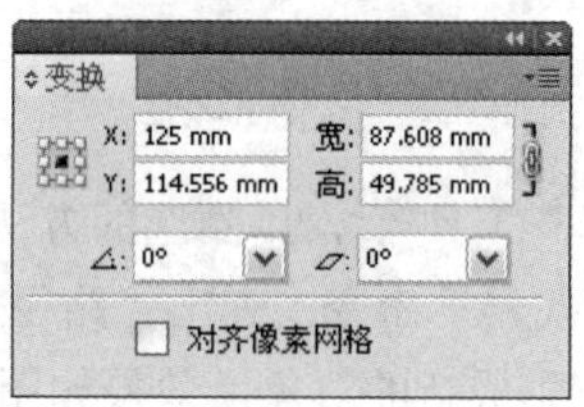

图 8-32

图 8-33

图 8-34

8.1.4 【相关工具】

1. 对齐对象

应用“对齐”控制面板可以快速有效地对齐多个对象。选择“窗口 > 对齐”命令，弹出“对齐”控制面板，如图 8-35 所示。“对齐”控制面板中的“对齐对象”选项组中包括 6 种对齐命令按钮：水平左对齐按钮、水平居中对齐按钮、水平右对齐按钮、垂直顶对齐按钮、垂直居中对齐按钮和垂直底对齐按钮。

◎ 水平左对齐

以最左边对象的左边边线为基准线，选取对象的左边缘都和这条线对齐（最左边对象的位置

不变）。

选取要对齐的对象，如图 8-36 所示。单击“对齐”控制面板中的“水平左对齐”按钮，所有选取的对象将都向左对齐，如图 8-37 所示。

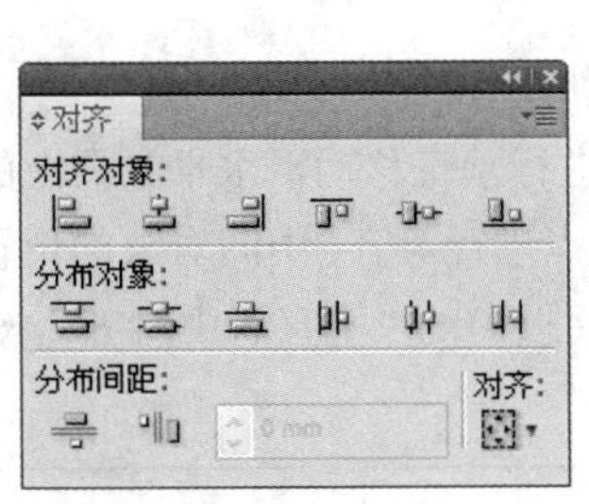

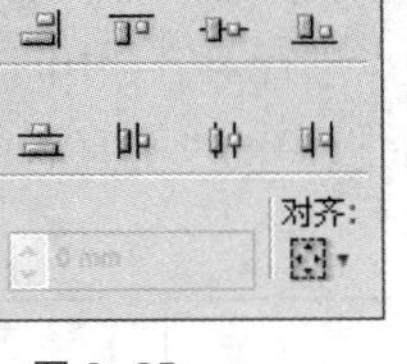

图 8-35

图 8-36

图 8-37

◎ **水平居中对齐**

以选定对象的中点为基准点对齐，所有对象在垂直方向的位置保持不变（多个对象进行水平居中对齐时，以中间对象的中点为基准点进行对齐，中间对象的位置不变）。

选取要对齐的对象，如图 8-38 所示。单击“对齐”控制面板中的“水平居中对齐”按钮，所有选取的对象都将水平居中对齐，如图 8-39 所示。

图 8-38

图 8-39

◎ **水平右对齐**

以最右边对象的右边边线为基准线，选取对象的右边缘都和这条线对齐（最右边对象的位置不变）。

选取要对齐的对象，如图 8-40 所示。单击“对齐”控制面板中的“水平右对齐”按钮，所有选取的对象都将水平向右对齐，如图 8-41 所示。

图 8-40

图 8-41

◎ **垂直顶对齐**

以多个要对齐对象中最上面对象的上边线为基准线，选定对象的上边线都和这条线对齐（最上面对象的位置不变）。

选取要对齐的对象，如图 8-42 所示。单击“对齐”控制面板中的“垂直顶对齐”按钮，所有选取的对象都将向上对齐，如图 8-43 所示。

◎ **垂直居中对齐**

以多个要对齐对象的中点为基准点进行对齐，所有对象进行垂直移动，水平方向上的位置不变（多个对象进行垂直居中对齐时，以中间对象的中点为基准点进行对齐，中间对象的位置不变）。

选取要对齐的对象，如图 8-44 所示。单击“对齐”控制面板中的“垂直居中对齐”按钮，所有选取的对象都将垂直居中对齐，如图 8-45 所示。

图 8-42

图 8-43

图 8-44

图 8-45

◎ **垂直底对齐**

以多个要对齐对象中最下面对象的下边线为基准线，选定对象的下边线都和这条线对齐（最下面对象的位置不变）。

选取要对齐的对象，如图 8-46 所示。单击“对齐”控制面板中的“垂直底对齐”按钮，所有选取的对象都将垂直向底对齐，如图 8-47 所示。

图 8-46

图 8-47

2. 分布对象

单击“对齐”控制面板右上方的图标，在弹出的菜单中选择“显示选项”命令，弹出“分布间距”选项组，如图 8-48 所示。“对齐”控制面板中的“分布对象”选项组包括 6 种分布命令按钮：垂直顶分布按钮、垂直居中分布按钮、垂直底分布按钮、水平左分布按钮、水平居中分布按钮和水平右分布按钮。

◎ **垂直顶分布**

以每个选取对象的上边线为基准线，使对象按相等的间距垂直分布。

选取要分布的对象，如图 8-49 所示。单击“对齐”控制面板中的“垂直顶分布”按钮，所有选取的对象将按各自的上边线，等距离垂直分布，如图 8-50 所示。

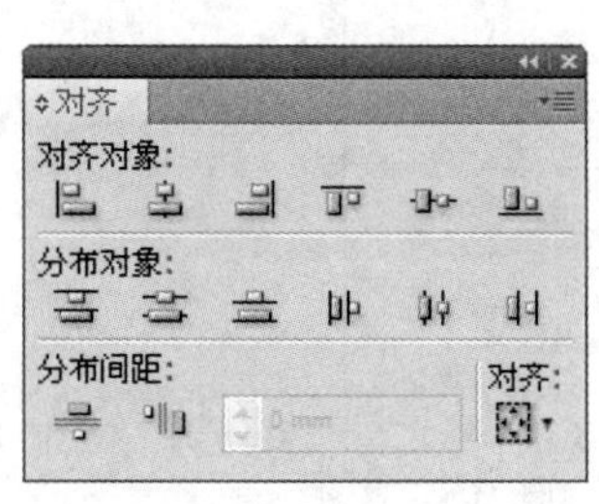

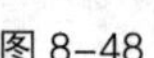

图 8-48

图 8-49

图 8-50

◎ **垂直居中分布**

以每个选取对象的中线为基准线，使对象按相等的间距垂直分布。

选取要分布的对象，如图 8-51 所示。单击“对齐”控制面板中的“垂直居中分布”按钮，所有选取的对象将按各自的中线，等距离垂直分布，如图 8-52 所示。

图 8-51

图 8-52

◎ **垂直底分布**

垂直底分布是指以每个选取对象的下边线为基准线，使对象按相等的间距垂直分布。

选取要分布的对象，如图 8-53 所示。单击“对齐”控制面板中的“垂直底分布”按钮，所有选取的对象将按各自的下边线，等距离垂直分布，如图 8-54 所示。

图 8-53

图 8-54

◎ **水平左分布**

水平左分布是指以每个选取对象的左边线为基准线，使对象按相等的间距水平分布。

选取要分布的对象，如图 8-55 所示。单击“对齐”控制面板中的“水平左分布”按钮 ，所有选取的对象将按各自的左边线，等距离水平分布，如图 8-56 所示。

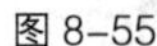
图 8-55

图 8-56

◎ **水平居中分布**

水平居中分布是指以每个选取对象的中线为基准线，使对象按相等的间距水平分布。

选取要分布的对象，如图 8-57 所示。单击“对齐”控制面板中的“水平居中分布”按钮 ，所有选取的对象将按各自的中线，等距离水平分布，如图 8-58 所示。

图 8-57

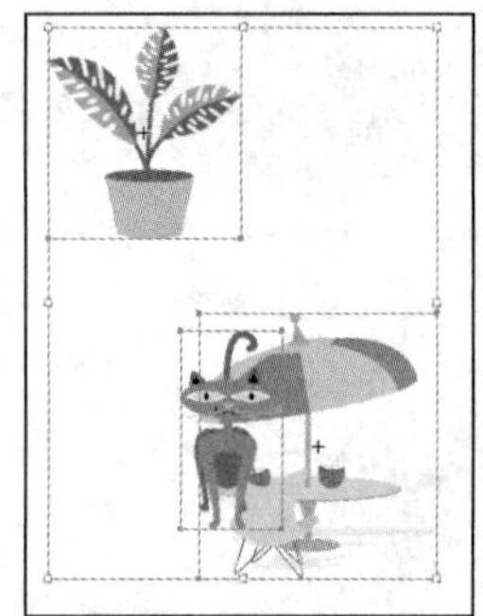
图 8-58

◎ **水平右分布**

水平右分布是指以每个选取对象的右边线为基准线，使对象按相等的间距水平分布。

选取要分布的对象，如图 8-59 所示。单击“对齐”控制面板中的“水平右分布”按钮 ，所有选取的对象将按各自的右边线，等距离水平分布，如图 8-60 所示。

图 8-59

图 8-60

◎ 垂直分布间距

要精确指定对象间的距离，需选择“对齐”控制面板中的“分布间距”选项组，其中包括“垂直分布间距”按钮和“水平分布间距”按钮。

在“对齐”控制面板右下方的数值框中将距离数值设为10mm，如图 8-61 所示。

选取要对齐的多个对象，如图 8-62 所示。再单击被选取对象中的任意一个对象，该对象将作为其他对象进行分布时的参照，如图 8-63 所示，图例中单击中间花朵图像作为参照对象。

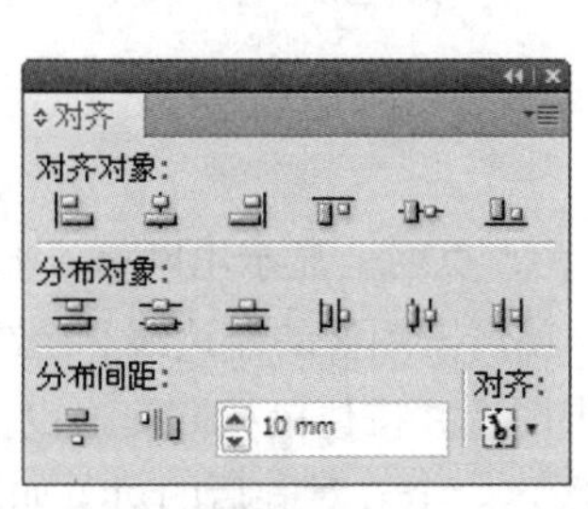

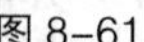

图 8-61

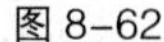

图 8-62

图 8-63

单击“对齐”控制面板中的“垂直分布间距”按钮，如图 8-64 所示。所有被选取的对象将以花朵图像作为参照按设置的数值等距离垂直分布，效果如图 8-65 所示。

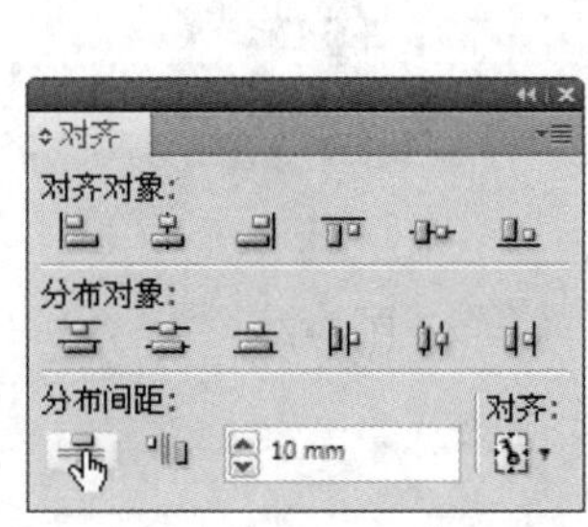

图 8-64

图 8-65

◎ 水平分布间距

在“对齐”控制面板右下方的数值框中将距离数值设为3mm，如图 8-66 所示。

选取要对齐的对象，如图 8-67 所示。再单击被选取对象中的任意一个对象，该对象将作为其他对象进行分布时的参照。如图 8-68 所示，图例中单击下方太阳图像作为参照对象。

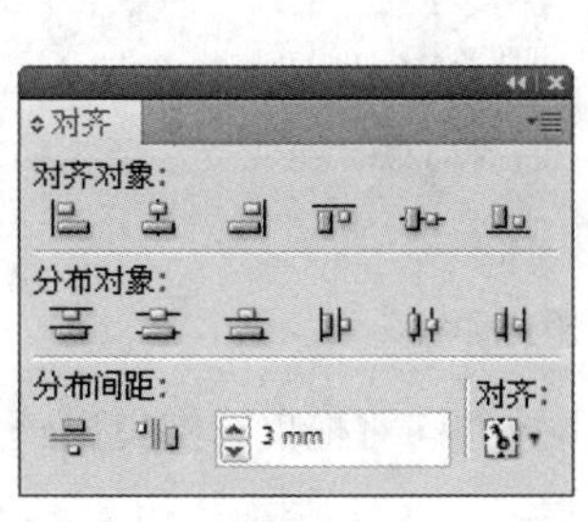

图 8-66

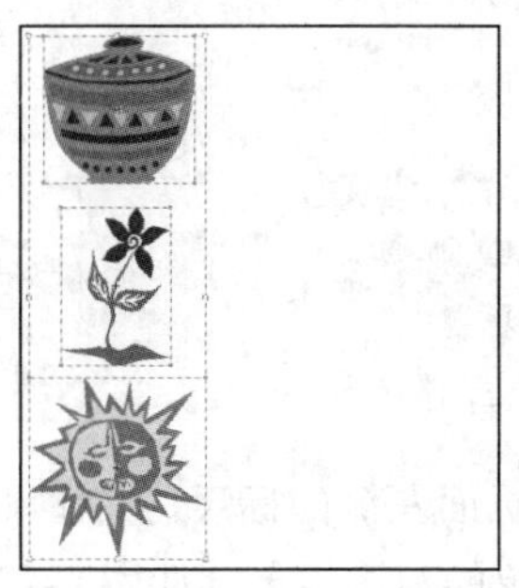

图 8-67

图 8-68

单击“对齐”控制面板中的“水平分布间距”按钮，如图 8-69 所示。所有被选取的对象

将以太阳图像作为参照按设置的数值等距离水平分布，效果如图 8-70 所示。

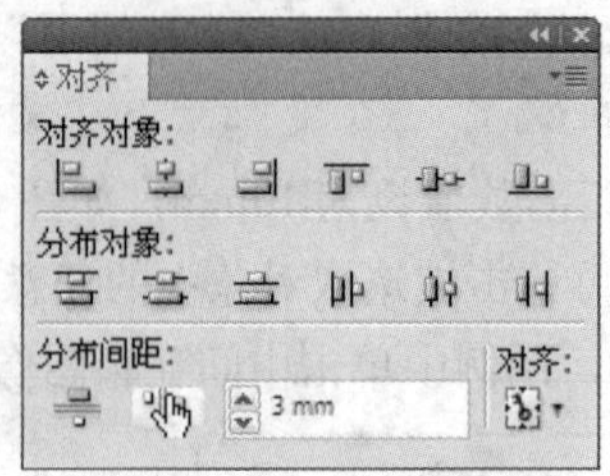

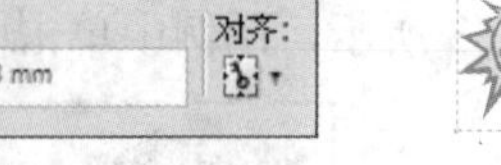

图 8-69

图 8-70

3. 用网格对齐对象

选择“视图 > 显示网格”命令（组合键为 Ctrl + “），页面上显示出网格，如图 8-71 所示。

用鼠标单击中间的河马图像并按住鼠标向右拖曳，使河马图像的左边线和上方榕树图像的左边线垂直对齐，如图 8-72 所示。用鼠标单击下方的小牛图像并按住鼠标向左拖曳，使小牛图像的左边线和上方河马图像的左边线垂直对齐，如图 8-73 所示。全部对齐后的对象如图 8-74 所示。

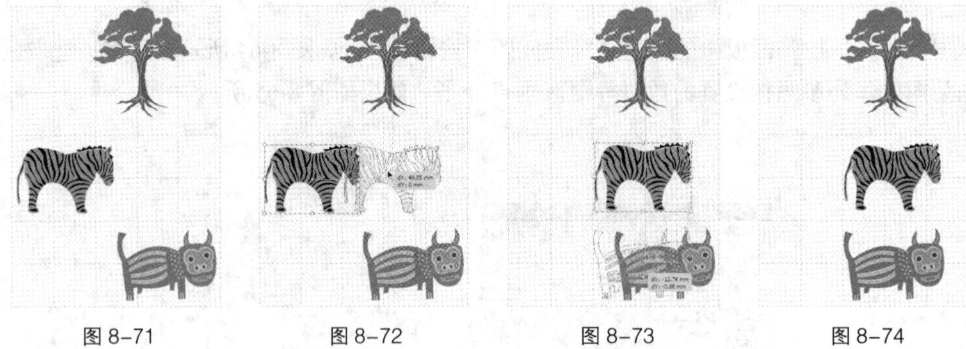

图 8-71　　图 8-72　　图 8-73　　图 8-74

4. 用辅助线对齐对象

选择“视图 > 显示标尺”命令（组合键为 Ctrl+R），如图 8-75 所示。页面上显示出标尺，效果如图 8-76 所示。

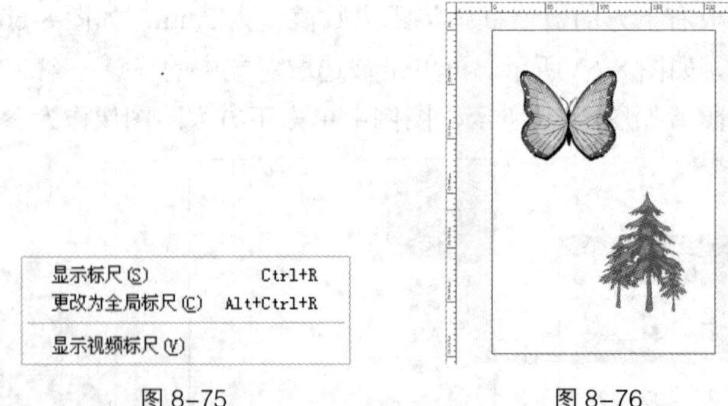

图 8-75　　图 8-76

选择“选择”工具，单击页面左侧的标尺，按住鼠标不放并向右拖曳，拖曳出一条垂直的辅助线，将辅助线放在要对齐对象的左边线上，如图 8-77 所示。

用鼠标单击松树图像并按住鼠标不放向左拖曳，使松树图像的左边线和蝴蝶图像的左边线垂直对齐，如图 8-78 所示。释放鼠标，对齐后的效果如图 8-79 所示。

图 8-77

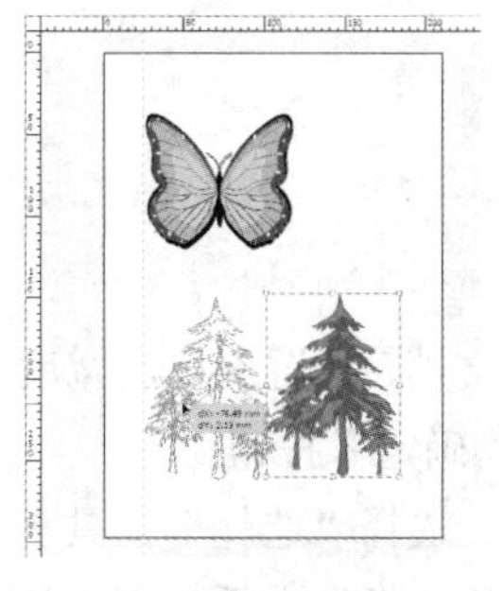

图 8-78

图 8-79

8.1.5 【实战演练】制作房地产宣传册封面

使用矩形工具、旋转工具、色板命令、填充工具和不透明度选项制作宣传册底图；使用矩形工具和路径查找器命令制作楼层缩影；使用文字工具添加标题文字及相关信息。（最终效果参看光盘中的“Ch08 > 效果 > 制作房地产宣传册封面”，见图 8-80。）

图 8-80

8.2 制作环保画册内页

8.2.1 【案例分析】

本案例是为某公司设计的环保画册内页。要求页面简洁大方，具有中国传统特色且符合国人的审美观点，以达到宣传的目的与要求。

8.2.2 【设计理念】

在设计过程中，画册使用灰色背景使画面温和舒适、沉稳大气；图片采用中国的水墨画和墨迹为主要图案，古朴的画面增添了画册的质感和文化内涵；精心设计和编排的图文搭配使画面和谐统一，保留了画面的空间，使读者观看更加舒适。（最终效果参看光盘中的“Ch08 > 效果 > 制作环保画册内页”，见图 8-81。）

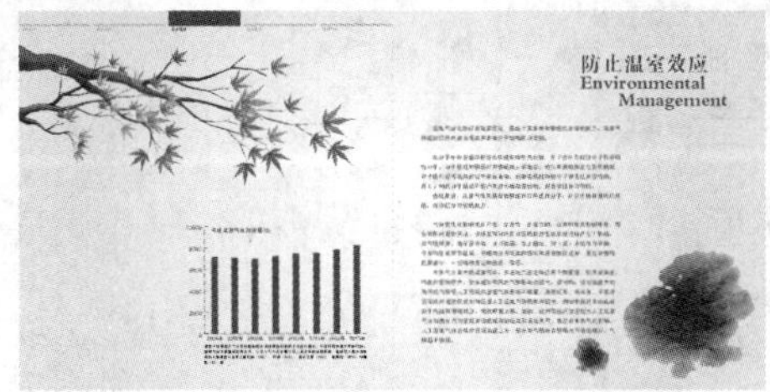

图 8-81

8.2.3 【操作步骤】

1. 制作画册内页底图

步骤 1 按 Ctrl+N 组合键新建一个文档，设置文档的宽度为 500mm，高度为 250mm，取向为横向，颜色模式为 CMYK，单击“确定”按钮。

步骤 2 按 Ctrl+R 组合键显示标尺。选择“选择”工具，在页面中拖曳一条垂直参考线。选择“窗口 > 变换”命令，弹出“变换”面板，将“X”选项设为 250mm，如图 8-82 所示，按 Enter 键确认操作，效果如图 8-83 所示。

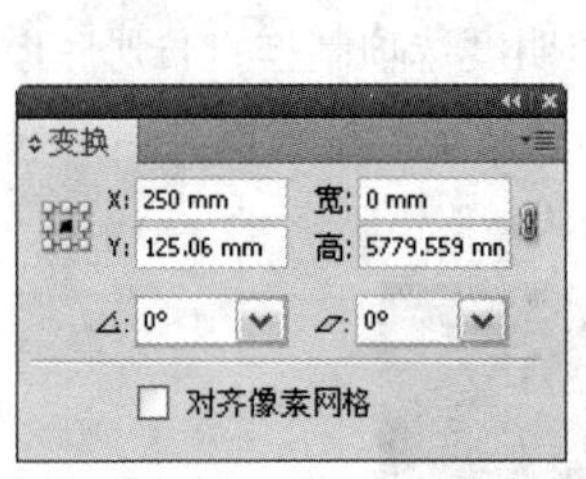

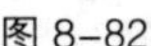
图 8-82

图 8-83

步骤 3 选择“矩形”工具，在页面中单击鼠标左键，弹出“矩形”对话框，选项的设置如图 8-84 所示，单击“确定”按钮，出现一个矩形。选择“选择”工具，拖曳矩形到页面中适当的位置，效果如图 8-85 所示。

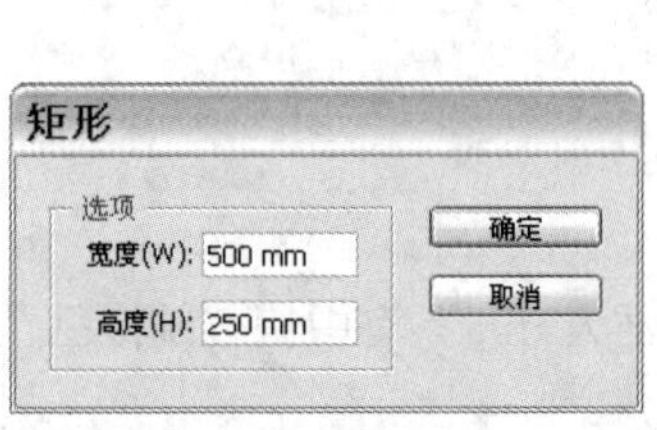

图 8-84

图 8-85

步骤 4 保持图形选取状态，双击“渐变”工具，弹出“渐变”控制面板，将渐变色设为从白色到灰色（其 C、M、Y、K 的值分别为 0、0、0、20），其他选项的设置如图 8-86 所示，图形被填充为渐变色并将描边色设为无，效果如图 8-87 所示。

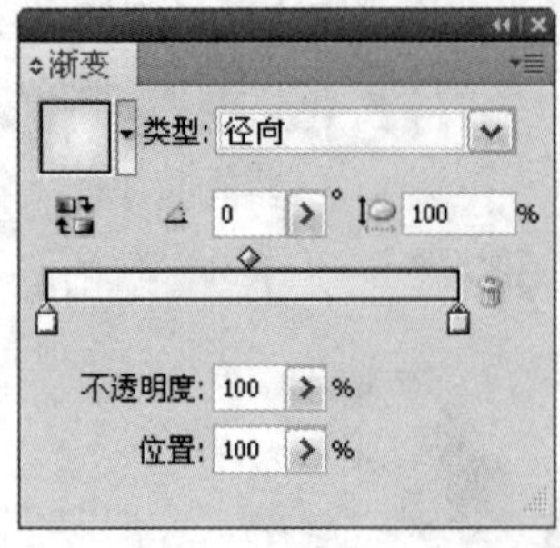

图 8-86

图 8-87

步骤 5 选择“文件 > 置入”命令，弹出“置入”对话框。分别选择光盘中的“Ch08 > 素材 > 制作环保画册内页> 01、02”文件，单击“置入”按钮，将文字图形置入到页面中。选择“选择”工具，分别拖曳图片到适当的位置并调整其大小，效果如图 8-88 所示。

步骤 6 选择“选择”工具选取图片，按住 Alt 键的同时向左拖曳图片到适当的位置，复制图片并将其等比例缩小，效果如图 8-89 所示。

图 8-88　图 8-89

步骤 7 选择“矩形”工具绘制一个矩形，设置图形填充色的 C、M、Y、K 值分别为 40、28、28、0，填充图形并设置描边色为无，效果如图 8-90 所示。

步骤 8 选择“文字”工具，在页面中输入需要的文字。选择“选择”工具，在属性栏中选择合适的字体并设置文字大小。设置文字填充色的 C、M、Y、K 值分别为 40、28、28、0，填充文字，效果如图 8-91 所示。

图 8-90

图 8-91

步骤 9 选择“选择”工具，将矩形和文字同时选取，按住 Alt+Shift 组合键的同时用鼠标水平向右拖曳图形到适当位置，复制图形和文字，如图 8-92 所示。按住 Ctrl 键的同时再连续点按 D 键，按需要再制出多个图形和文字，效果如图 8-93 所示。

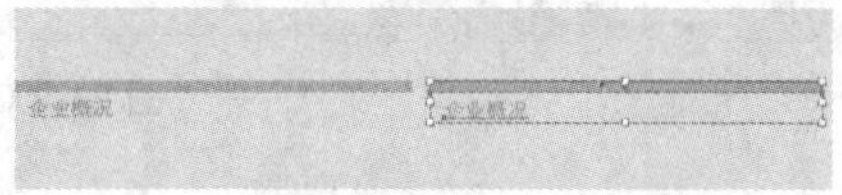

图 8-92

图 8-93

步骤 10 选择“文字”工具，选取需要的文字，如图 8-94 所示。重新输入文字“集团成员”，效果如图 8-95 所示。使用相同的方法更改其他文字，效果如图 8-96 所示。

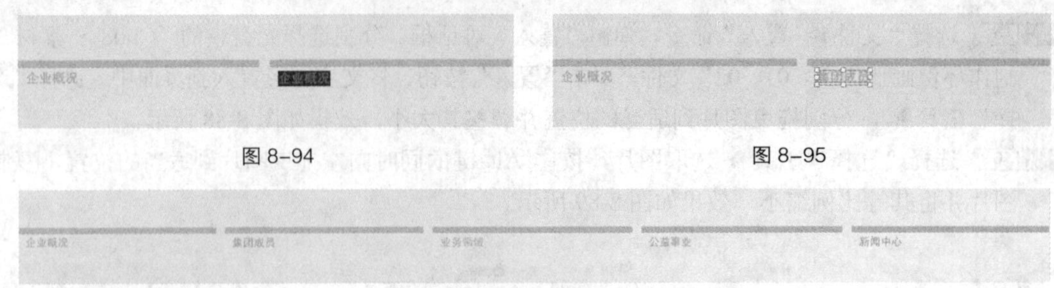

图 8-94　　图 8-95

图 8-96

步骤 11 选择“选择”工具，选择文字“业务领域”上方的矩形，向上拖曳矩形上边中间的控制手柄到适当的位置，调整矩形大小，效果如图 8-97 所示。按住 Shift 键，单击文字将其同时选取，设置填充色的 C、M、Y、K 值分别为 58、100、72、25，填充图形和文字，效果如图 8-98 所示。

图 8-97　　图 8-98

2. 绘制图表

步骤 1 选择“柱形图”工具，在页面中单击，弹出“图表”对话框，选项的设置如图 8-99 所示。单击“确定”按钮，弹出“图表数据”对话框，表格的数值如图 8-100 所示。输入完成后，单击对话框右上角的“应用”按钮✓，建立柱形图表，效果如图 8-101 所示。在属性栏中选择合适的字体并设置文字的大小，效果如图 8-102 所示。

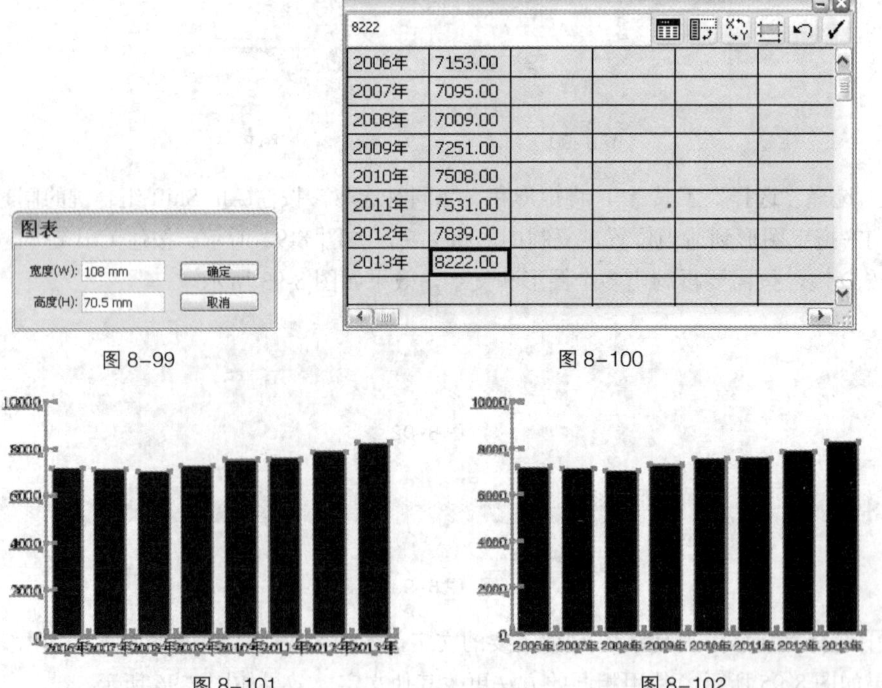

图 8-99　　图 8-100

图 8-101　　图 8-102

步骤 2 双击“柱形图”工具，弹出“图表类型”对话框，选项的设置如图 8-103 所示。单击“确定”按钮，效果如图 8-104 所示。

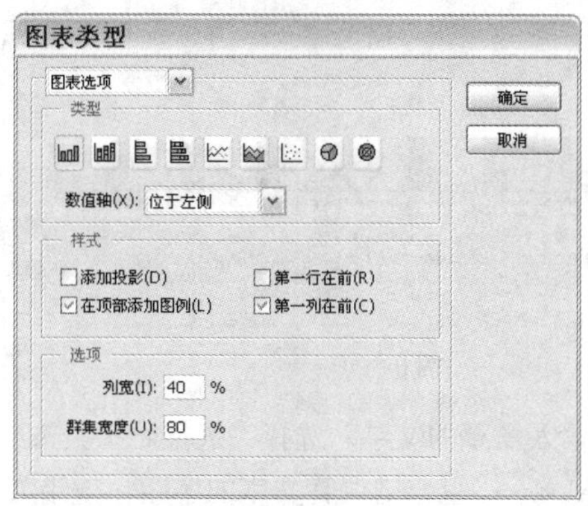

图 8-103

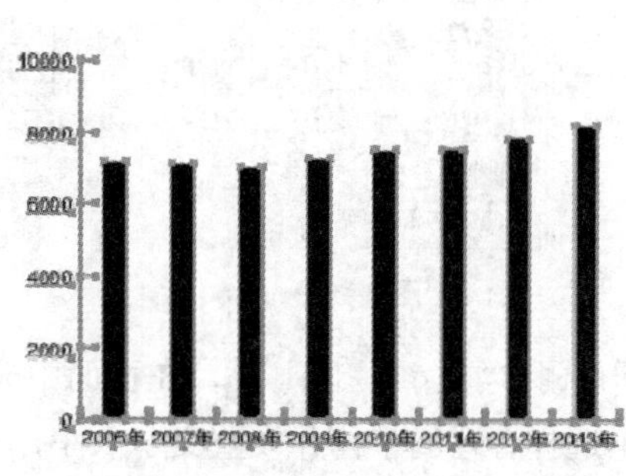

图 8-104

步骤 3 选择“直接选择”工具，按住 Shift 键的同时依次单击选取矩形块，设置图形填充色的 C、M、Y、K 值分别为 58、100、72、25，填充图形，效果如图 8-105 所示。选择“选择”工具，将柱形图拖曳到页面中适当的位置，效果如图 8-106 所示。

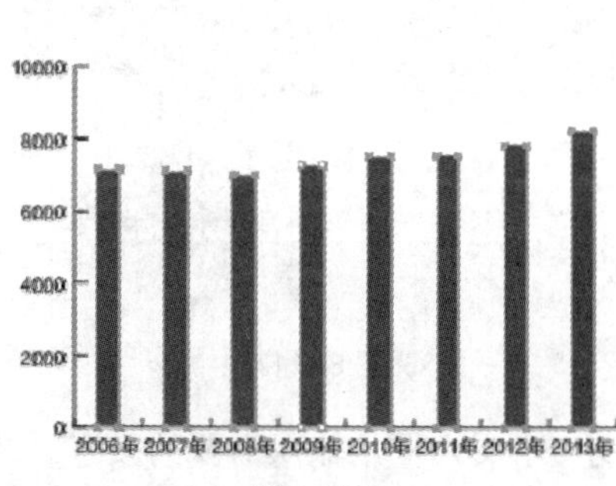

图 8-105

图 8-106

步骤 4 选择“文字”工具，在页面中分别输入需要的文字。选择“选择”工具，在属性栏中选择合适的字体并设置文字大小，按 Alt+ → 组合键调整文字的字距，效果如图 8-107 所示。选取上方的文字，设置文字填充色的 C、M、Y、K 值分别为 58、100、72、25，填充文字，效果如图 8-108 所示。

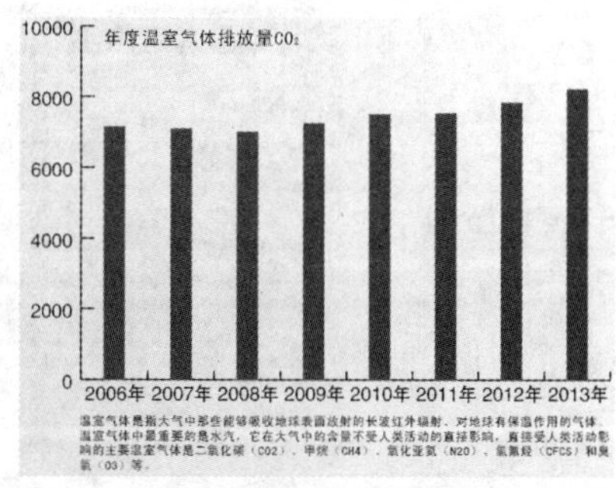

图 8-107

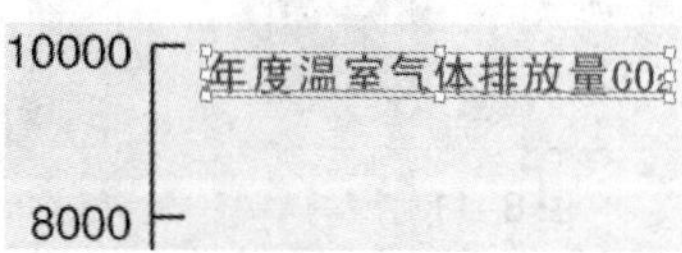

图 8-108

步骤 5 选取下方的文字，按 Ctrl+T 组合键，弹出“字符”控制面板，将“设置行距”选项设置为 10 pt，其他选项的设置如图 8-109 所示。按 Enter 键，效果如图 8-110 所示。

图 8-109

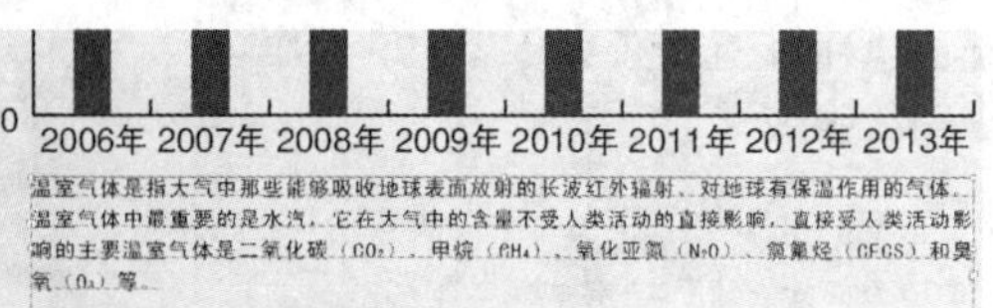

图 8-110

步骤 6 选择“文字”工具，在页面中分别输入需要的文字。选择“选择”工具，在属性栏中选择合适的字体并设置文字大小，按 Alt+ → 组合键调整文字的字距，效果如图 8-111 所示。将输入的文字同时选取，设置文字填充色的 C、M、Y、K 值分别为 58、100、72、25，填充文字，效果如图 8-112 所示。

图 8-111

图 8-112

步骤 7 选择“文字”工具，在页面中拖曳一个文本框，输入需要的文字。选择“选择”工具，在属性栏中选择合适的字体并设置文字大小，效果如图 8-113 所示。选择“字符”控制面板，将“设置所选字符的字距调整”选项设置为 15，其他选项的设置如图 8-114 所示。按 Enter 键，效果如图 8-115 所示。

图 8-113

图 8-114

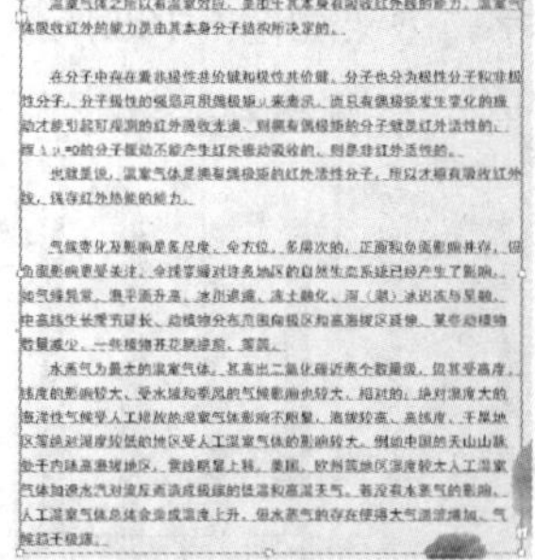

图 8-115

步骤 8 选择“文字”工具，选取需要的文字，设置文字填充色的 C、M、Y、K 值分别为 58、100、72、25，填充文字，效果如图 8-116 所示。环保画册内页制作完成，效果如图 8-117 所示。

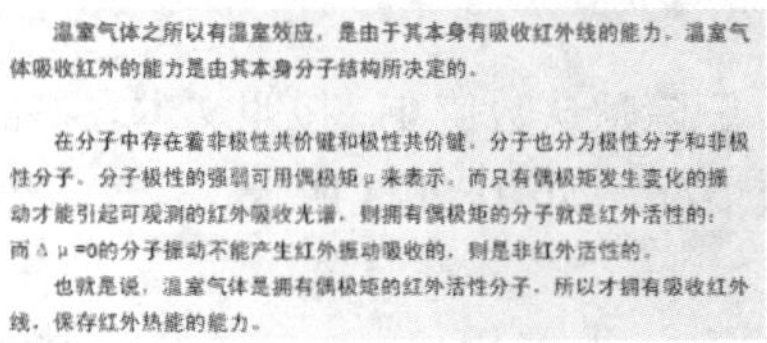

温室气体之所以有温室效应，是由于其本身有吸收红外线的能力。温室气体吸收红外的能力是由其本身分子结构所决定的。

在分子中存在着非极性共价键和极性共价键，分子也分为极性分子和非极性分子。分子极性的强弱可用偶极矩μ来表示，而只有偶极矩发生变化的振动才能引起可观测的红外吸收光谱，则拥有偶极矩的分子就是红外活性的；而Δμ=0的分子振动不能产生红外振动吸收的，则是非红外活性的。

也就是说，温室气体是拥有偶极矩的红外活性分子，所以才拥有吸收红外线，保存红外热能的能力。

图 8-116

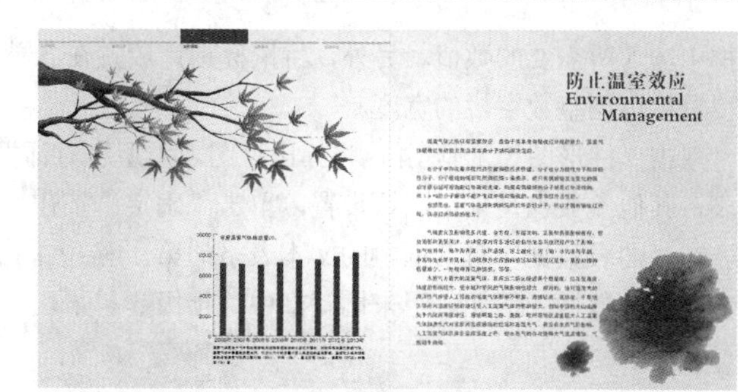

图 8-117

8.2.4 【相关工具】

1. 柱形图

柱形图是较为常用的一种图表类型，它使用一些竖排的、高度可变的矩形柱来表示各种数据，矩形的高度与数据大小成正比。

创建柱形图的具体步骤如下。

选择“柱形图”工具，在页面中拖曳鼠标绘出一个矩形区域来设置图表大小，或在页面上任意位置单击鼠标，将弹出“图表”对话框，如图 8-118 所示。在“宽度”选项和“高度”选项的数值框中输入图表的宽度和高度数值，设定完成后，单击“确定”按钮，将自动在页面中建立图表，如图 8-119 所示，同时弹出“图表数据”对话框，如图 8-120 所示。

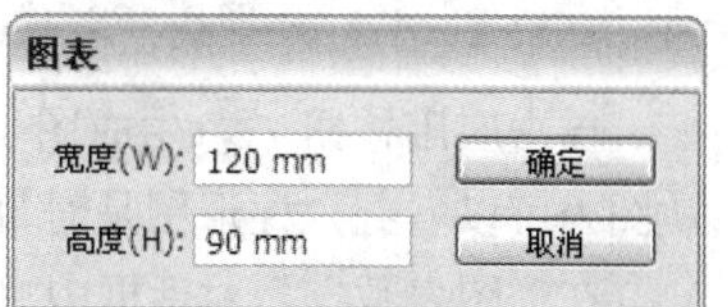

图 8-118

图 8-119

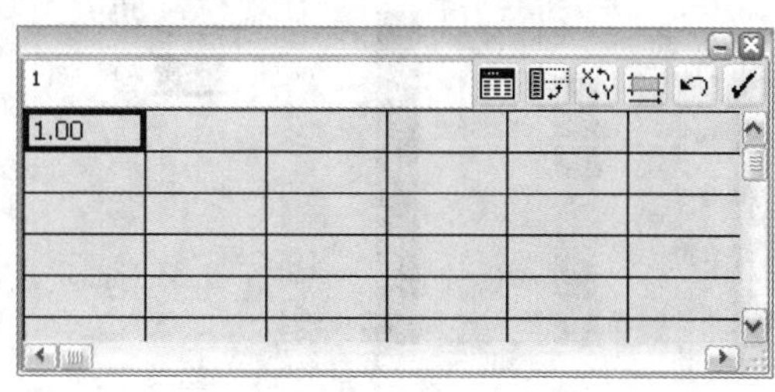

图 8-120

在“图表数据”对话框右上方有一组按钮。单击“输入数据”按钮，可以从外部文件中输入数据信息。单击“换位行与列”按钮，可将横排和竖排的数据相互交换位置。单击“切换 X/Y 轴”按钮，将调换 x 轴和 y 轴的位置。单击“单元格样式”按钮，弹出“单元格样式”对话框，可以设置单元格的样式。单击“恢复”按钮，在没有单击应用按钮以前使文本框中的数据恢复到前一个状态。单击“应用”按钮✓，确认输入的数值并生成图表。

单击“单元格样式”按钮，将弹出“单元格样式”对话框，如图 8-121 所示。该对话框可以设置小数点的位置和数字栏的宽度，可以在“小数位数”和“列宽度”选项的文

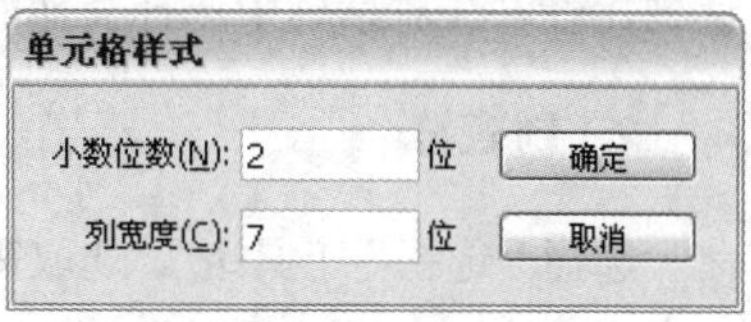

单元格样式

小数位数(N): 2 位 确定

列宽度(C): 7 位 取消

图 8-121

本框中输入所需要的数值。另外，将鼠标指针放置在各单元格相交处时，将会变成䷀形状，这时拖曳鼠标可调整数字栏的宽度。

双击“柱形图”工具，将弹出“图表类型”对话框，如图 8-122 所示。柱形图表是默认的图表，其他参数也是采用默认设置，单击“确定”按钮。

在“图表数据”对话框中的文本表格的第 1 格中单击，删除默认数值 1。按照文本表格的组织方式输入数据。例如，用来比较高中二年级 3 科平均分数情况，如图 8-123 所示。

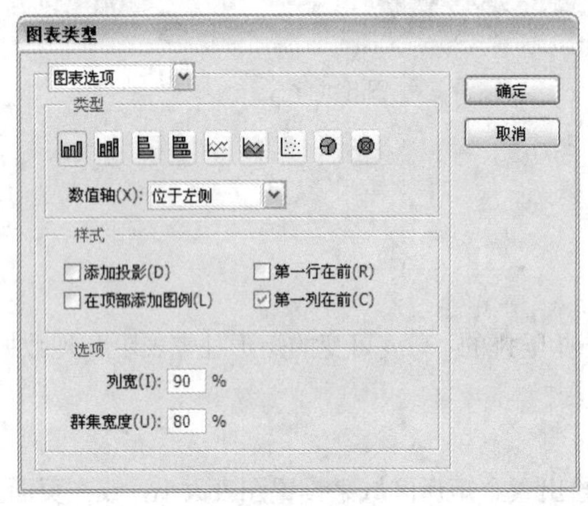

图 8-122

	地理	历史	政治
第一組	72.00	69.00	75.00
第二組	65.00	84.00	76.00
第三組	81.00	73.00	63.00

图 8-123

单击应用按钮✓，生成图表，所输入的数据被应用到图表上，柱形图效果如图 8-124 所示。从图中可以看到，柱形图是对每一行中的数据进行比较。

在“图表数据”对话框中单击换位行与列按钮，互换行、列数据得到新的柱形图，效果如图 8-125 所示。在“图表数据”对话框中单击关闭按钮将对话框关闭。

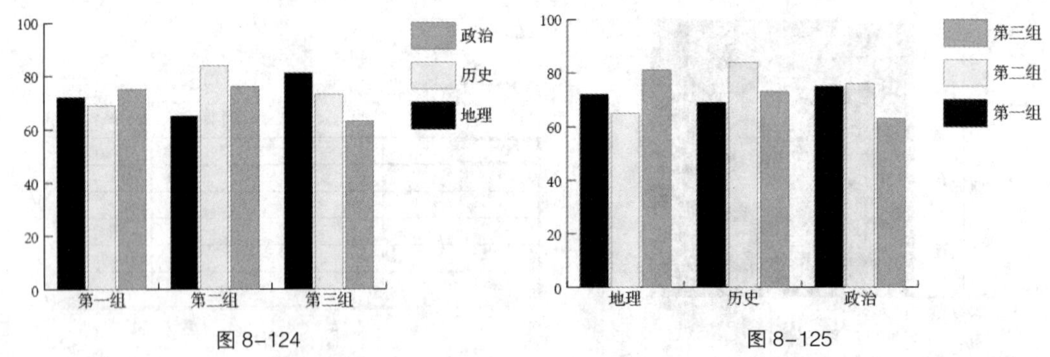

图 8-124　　图 8-125

当需要对柱形图中的数据进行修改时，先选中要修改的图表，再选择“对象 > 图表 > 数据”命令，弹出“图表数据”对话框。在对话框中可以修改数据，修改完成后，单击应用按钮✓，修改后的数据将被应用到选定的图表中。

选中图表，用鼠标右键单击页面，在弹出的菜单中选择“类型”命令，弹出“图表类型”对话框，可以在对话框中选择其他的图表类型。

2. 制表符

选择“选择”工具，选取需要的文本框，如图 8-126 所示。选择“窗口 > 文字 > 制表符”命令，或按 Ctrl+Shift+T 组合键，弹出“制表符”面板，如图 8-127 所示。

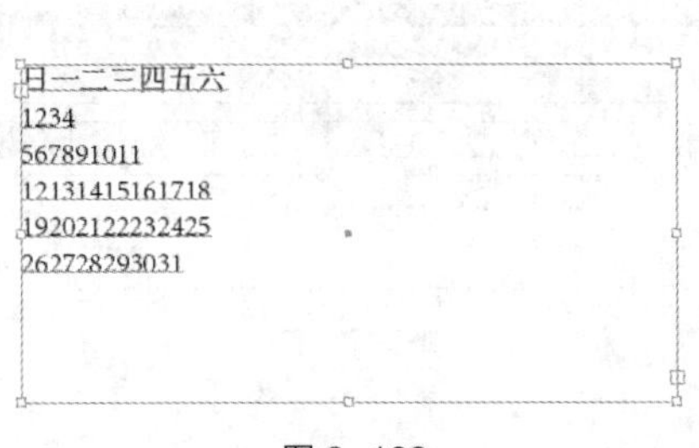

图 8-126

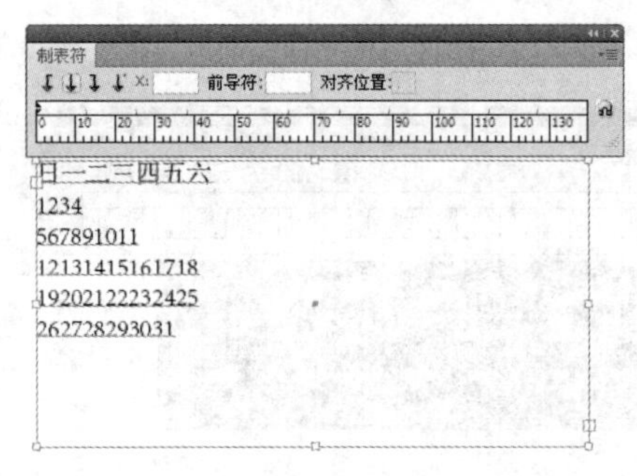

图 8-127

◎ **设置制表符**

在“制表符”面板的上方有 4 个制表符，分别是“左对齐制表符”按钮、“居中对齐制作符”按钮、“右对齐制表符”按钮和“小数点对齐制表符”按钮，单击需要的按钮，再在标尺上单击，可添加需要的制作符。

单击“居中对齐制作符”按钮，在标尺上每隔 10mm 单击一次，如图 8-128 所示，可以在上方的“X”文本框中精确设置距离。将光标插入文本中，按 Tab 键，调整文本的位置，效果如图 8-129 所示。

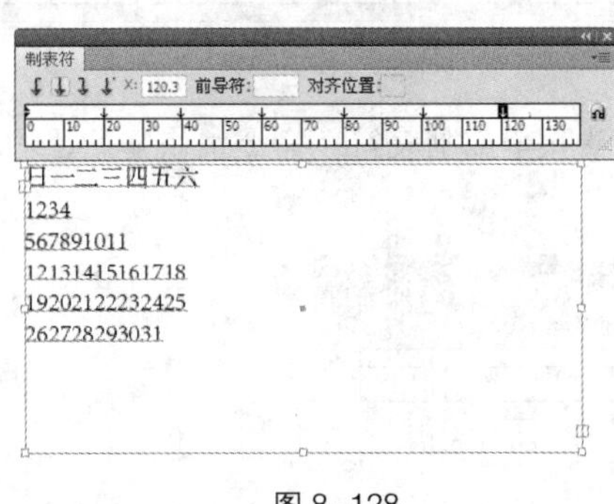

图 8-128

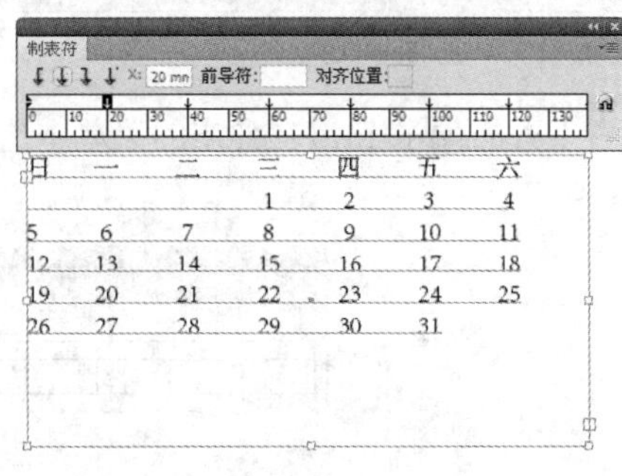

图 8-129

◎ **添加前导符**

选择“选择”工具，选取需要的文本框。按 Ctrl+Shift+T 组合键，弹出“制表符”面板，如图 8-130 所示。在标尺上添加左对齐定位符，并在“前导符”文本框中输入前导符，在段落文本中按 Tab 键，调整文本的位置，效果如图 8-131 所示。

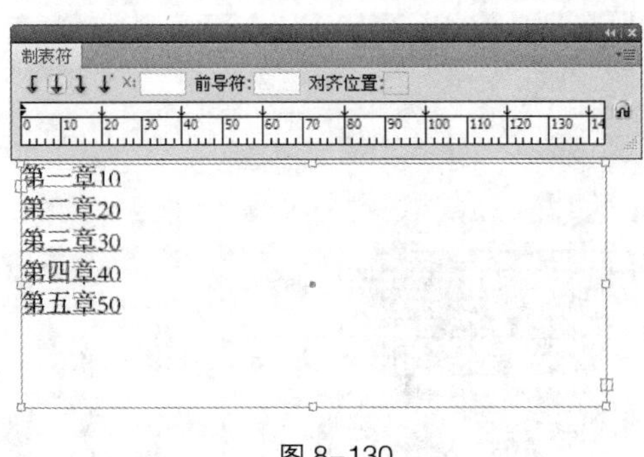

图 8-130

图 8-131

◎ **更改制表符**

将段落文本同时选取，在标尺上选取已有的制表符，如图 8-132 所示。单击标尺上方的需要的制表符（这里单击右对齐制作符），更改制表符的对齐方式，如图 8-133 所示。

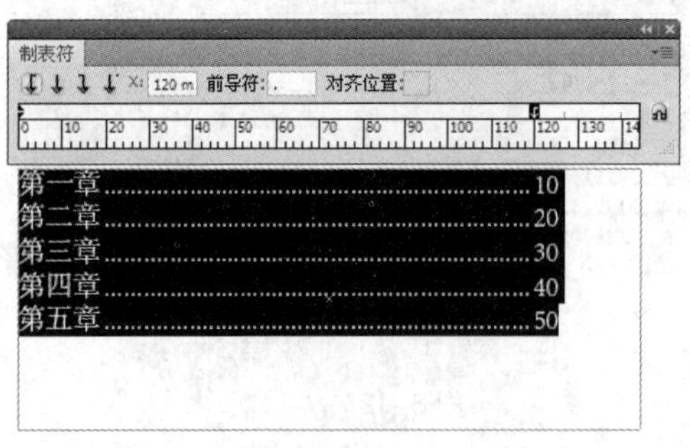

图 8-132

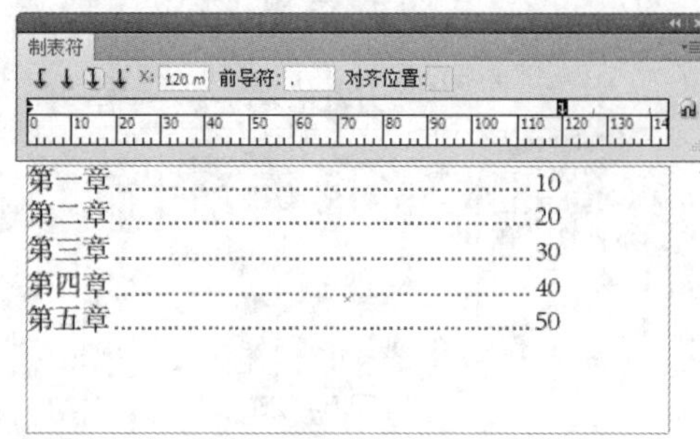

图 8-133

◎ **删除制表符**

在标尺上单击选取一个已有的制表符，如图 8-134 所示。直接拖离定位标尺或单击右上方的▾☰按钮，在弹出的菜单中选择“删除制表符”命令，删除选取的制表符，如图 8-135 所示。

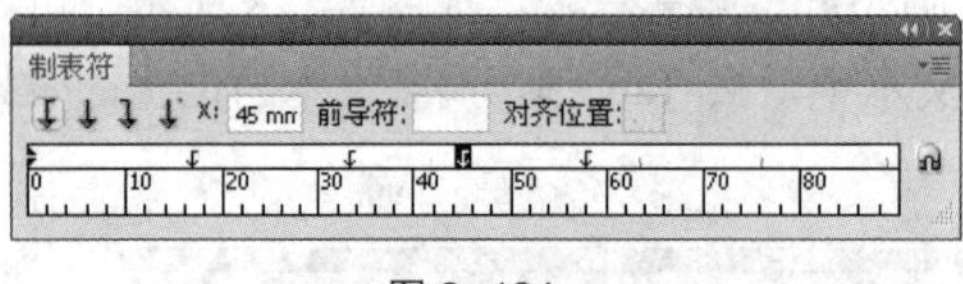

图 8-134

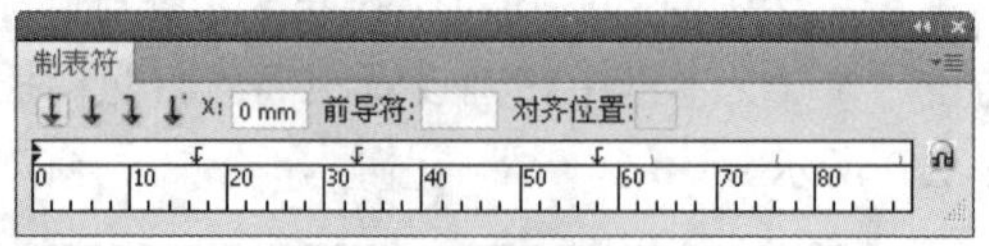

图 8-135

单击右上方的▾☰按钮，在弹出的菜单中选择“清除全部制表符”命令，恢复默认的制表符，如图 8-136 所示。

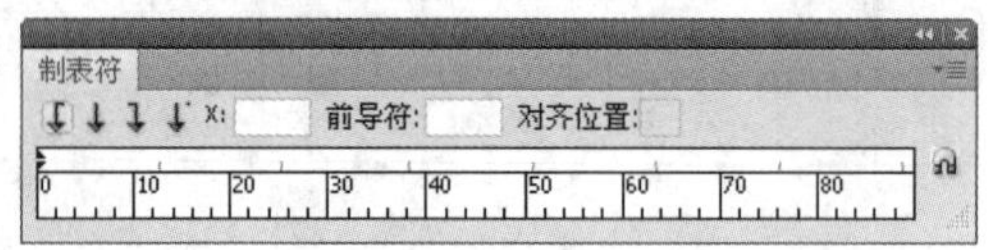

图 8-136

8.2.5 【实战演练】制作生命科学画册内页

使用置入命令置入图片；使用文字工具和渐变工具编辑标题文字；使用字符面板调整文字行距和字距；使用饼图工具绘制图表。（最终效果参看光盘中的“Ch08 > 效果 > 制作生命科学画册内页”，见图 8-137。）

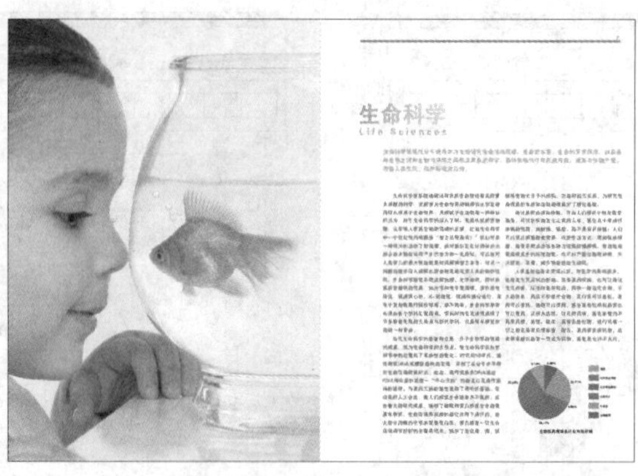

图 8-137

8.3 综合演练——制作古琴唱片封面

8.3.1 【案例分析】

琴是中国古代文化地位最崇高的乐器，位列四艺“琴棋书画”之首，被文人视为高雅的代表，亦为文人吟唱时的伴奏乐器，自古以来一直是许多文人必备的知识和必修的科目。本案例是为古琴唱片制作的唱片封面，设计要求体现出古琴丰富悠久的文化内涵。

8.3.2 【设计理念】

在设计过程中，唱片的背景使用低调朴素的浅灰色增添了画面的古朴感；封面上的古琴竖立在画面中，没有其他的装饰和点缀，充分展现画面的主体信息；使用中国的毛笔书法字展现唱片信息，古色古香、与画面搭配相和谐；背面使用一大幅优美的古琴照片来加深人们对唱片的印象。整个包装简洁细腻、精巧大气。

8.3.3 【知识要点】

使用置入命令、文字工具和填充工具添加标题及相关信息；使用插入字形命令插入需要的字形；使用符号面板添加眼睛和立方图形；使用矩形工具、直接选择工具和创建剪切蒙版命令制作符号图形的剪切蒙版。（最终效果参看光盘中的“Ch08 > 效果 > 制作古琴唱片封面”，见图8-138。）

图 8-138

8.4 综合演练——制作城市商业指数统计表

8.4.1 【案例分析】

本案例是制作城市商业指数统计表。设计要求简洁明确，观看直观方便，体现精确的数据，能够让人一目了然。

8.4.2 【设计理念】

在设计过程中，以插画图形作为背景，形象生动且具有商业气息，与主题相呼应；红、蓝相间的数据表对比强烈，让人一目了然。整个画面干净清爽，主题明确，使人能够快速接受相关信息。

8.4.3 【知识要点】

使用置入命令置入图片；使用条形图工具绘制图表。（最终效果参看光盘中的“Ch08 > 效果 > 制作城市商业指数统计表”，见图 8-139。）

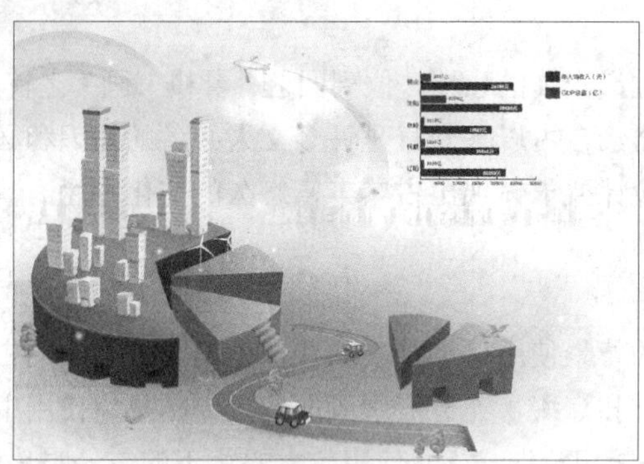

图 8-139

第9章 包装设计

包装代表着一个商品的品牌形象。好的包装设计可以让商品在同类产品中脱颖而出，吸引消费者的注意力并引发其购买形为。好的包装设计也可以起到美化商品及传达商品信息的作用，更可以极大地提高商品地价值。本章以多个类别的商品包装为例，讲解包装的设计方法和制作技巧。

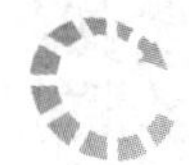

课堂学习目标

- 掌握包装的设计思路和过程
- 掌握包装的制作方法和技巧

9.1 制作咖啡豆包装

9.1.1 【案例分析】

咖啡是许多人喜爱的必备饮品。本案例是为某食品公司制作的产品包装。要求除了体现出咖啡的口味特色外，还要达到推销产品和刺激消费者购买的目的。

9.1.2 【设计理念】

在设计过程中，包装设计采用卡通插画的形式来表现，一个大大的咖啡豆前面是一杯热气腾腾的咖啡，体现休闲舒适的氛围；上面的包装使用深灰色，与亮黄色的品牌标志形成对比，让人眼前一亮，视觉性强；使用可爱的卡通形象和通过艺术处理的文字表现食品名称和风格特色，形象生动。整体设计简单大方，颜色清爽明快，易使人产生购买欲望。（最终效果参看光盘中的“Ch09 > 效果 > 制作咖啡豆包装”，见图 9-1。）

图 9–1

9.1.3 【操作步骤】

1. 绘制包装袋

步骤 1 按 Ctrl+N 组合键新建一个文档，设置文档的宽度为 210mm，高度为 297mm，取向为竖向，颜色模式为 CMYK，单击“确定”按钮。

步骤 2 选择“钢笔”工具，在页面适当的位置绘制图形，如图 9-2 所示。双击“渐变”工具，弹出“渐变”控制面板，在色带上设置 2 个渐变滑块，分别将渐变滑块的位置设为 0、

100，并设置 C、M、Y、K 的值分别为 0（0、0、0、8）、100（0、0、0、34），其他选项的设置如图 9-3 所示。图形被填充为渐变色，并设置描边色为无，效果如图 9-4 所示。

图 9–2

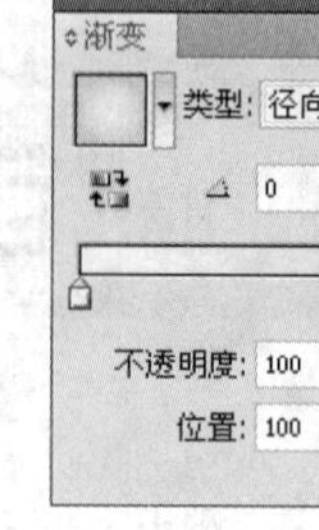

图 9–3

图 9–4

步骤 3 选择“钢笔”工具，在适当的位置绘制图形，如图 9-5 所示。双击“渐变”工具，弹出“渐变”控制面板，在色带上设置 3 个渐变滑块，分别将渐变滑块的位置设为 0、59、100，并设置 C、M、Y、K 的值分别为 0（0、0、0、33）、59（0、0、0、22）、100（0、0、0、28），其他选项的设置如图 9-6 所示。图形被填充为渐变色，并设置描边色为无，效果如图 9-7 所示。

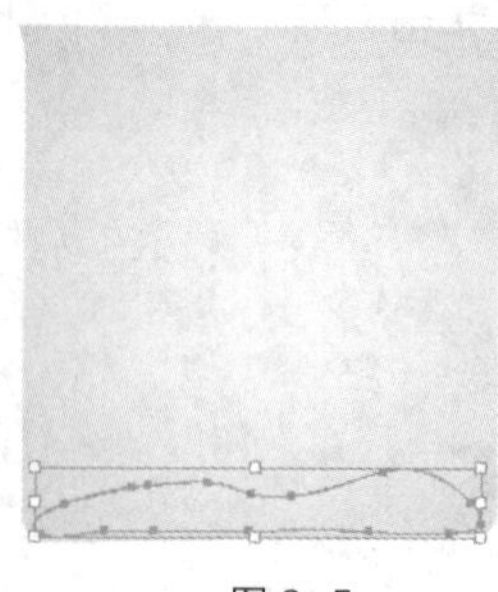
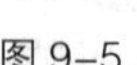
图 9–5

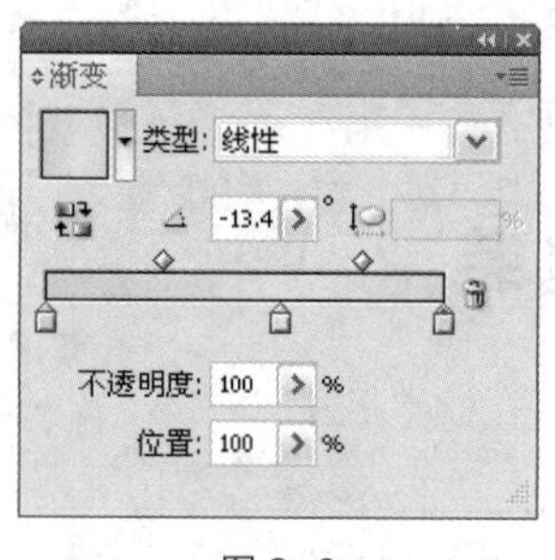

图 9–6

图 9–7

步骤 4 选择“钢笔”工具，在页面适当的位置绘制图形，如图 9-8 所示。设置图形填充色的 C、M、Y、K 值分别为 0、0、0、16，填充图形并设置描边色为无，效果如图 9-9 所示。使用相同方法分别绘制其他图形并填充适当的颜色，效果如图 9-10 所示。

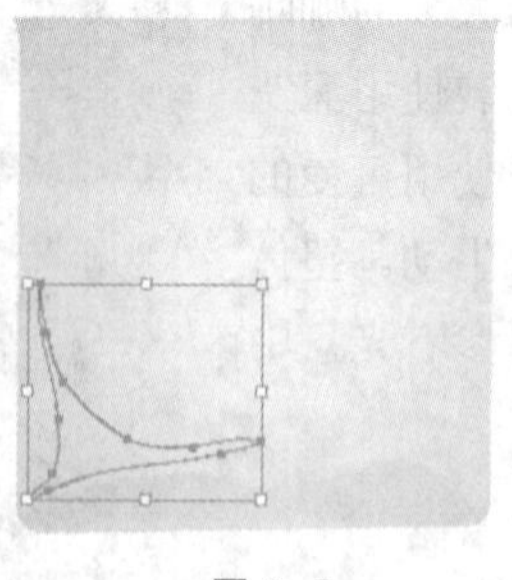
图 9–8

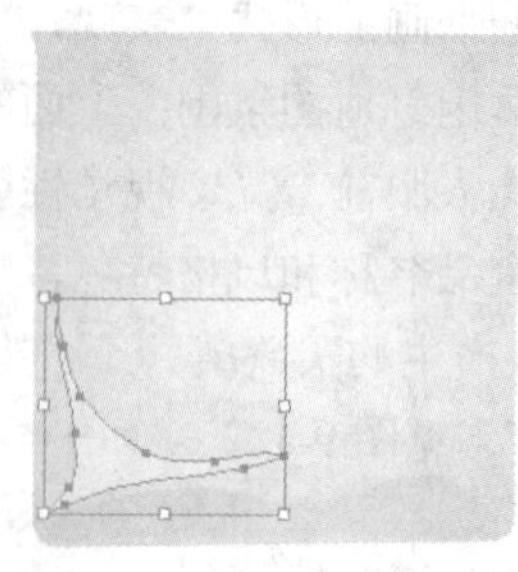
图 9–9

图 9–10

步骤 5 选择“圆角矩形”工具，在页面中单击鼠标，弹出“圆角矩形”对话框，选项的设置如图 9-11 所示，单击“确定”按钮，得到一个圆角矩形。设置图形填充色的 C、M、Y、K 值分别为 0、0、0、97，填充图形并设置描边色为无。选择“选择”工具，拖曳图形到页面中适当的位置，效果如图 9-12 所示。按 Ctrl+C 组合键复制图形。按 Ctrl+Shift+[组合键将图形置于底层，效果如图 9-13 所示。

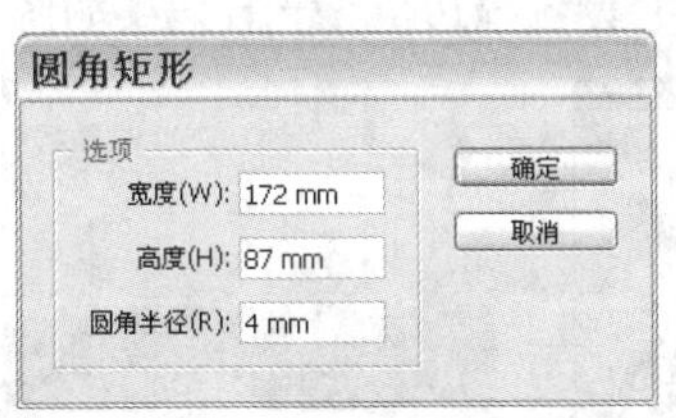

图 9-11

图 9-12

图 9-13

步骤 6 按 Ctrl+F 组合键将复制的图形粘贴在前面。双击“渐变”工具，弹出“渐变”控制面板，在色带上设置 5 个渐变滑块，分别将渐变滑块的位置设为 0、29、73、89、100，并设置 C、M、Y、K 的值分别为 0（0、0、0、92）、29（0、0、0、79）、73（0、0、0、85）、89（0、0、0、89）、100（0、0、0、92），其他选项的设置如图 9-14 所示。图形被填充为渐变色，效果如图 9-15 所示。

图 9-14

图 9-15

步骤 7 选择“圆角矩形”工具，在适当的位置绘制一个圆角矩形，如图 9-16 所示。选择“椭圆”工具，按住 Shift 键的同时在适当的位置绘制一个圆形，如图 9-17 所示。

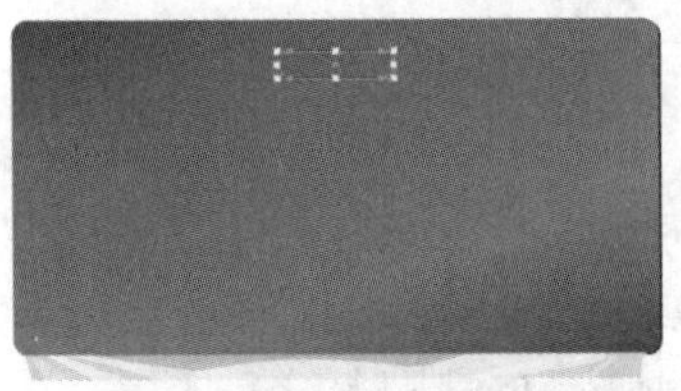

图 9-16

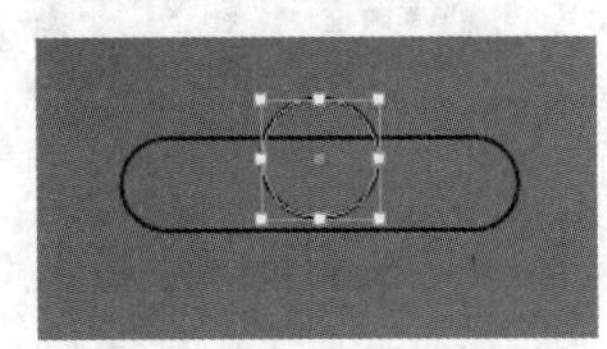

图 9-17

步骤 8 选择“选择”工具，按住 Shift 键的同时单击圆角矩形将其同时选取。选择“窗口 > 路径查找器”命令，弹出“路径查找器”面板，单击“联集”按钮，如图 9-18 所示，生成新对象，效果如图 9-19 所示。选择“钢笔”工具，在页面适当的位置分别绘制图形，填充图形为黑色并设置描边色为无，效果如图 9-20 所示。

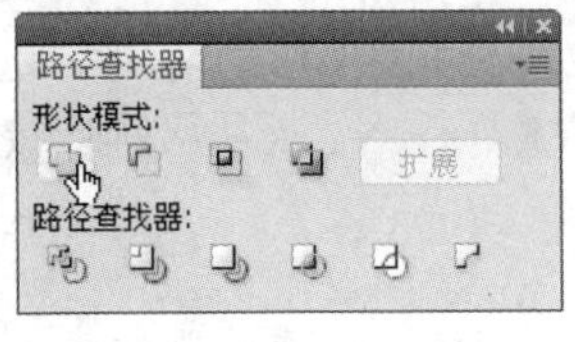

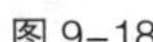

图 9-18

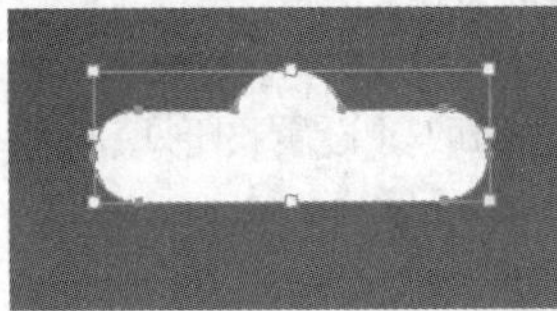

图 9-19

图 9-20

步骤 9 选择“椭圆”工具，按住 Shift 键的同时在页面适当的位置绘制一个圆形，如图 9-21 所示。双击“渐变”工具，弹出“渐变”控制面板，将渐变色设为从白色到黑色，其他选项的设置如图 9-22 所示。图形被填充为渐变色，并设置描边色为无，效果如图 9-23 所示。

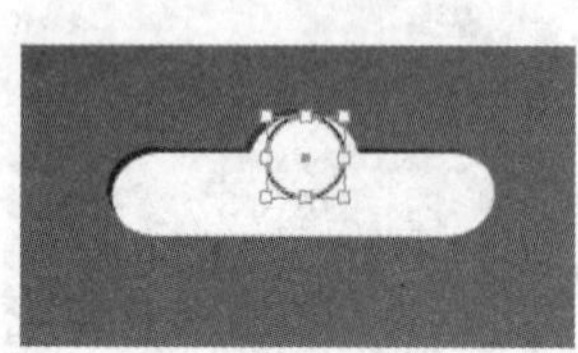

图 9-21

图 9-22

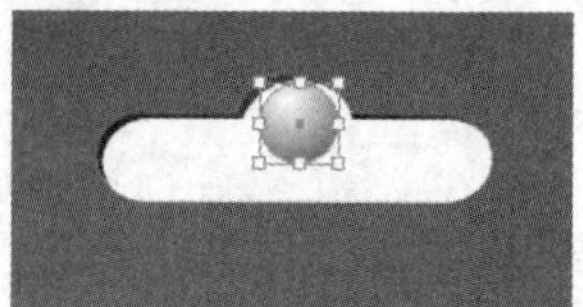

图 9-23

步骤 10 选择“椭圆”工具，按住 Shift 键的同时在适当的位置绘制一个圆形，如图 9-24 所示。在属性栏中将“描边粗细”选项设为 2.5pt，设置图形描边色的 C、M、Y、K 值分别为 0、11、92、0，填充描边，效果如图 9-25 所示。

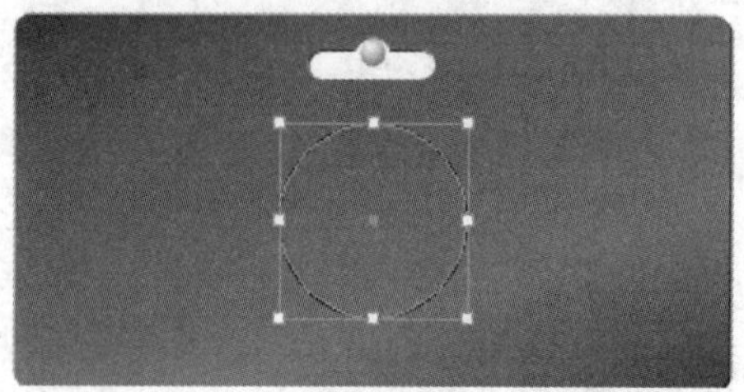

图 9-24

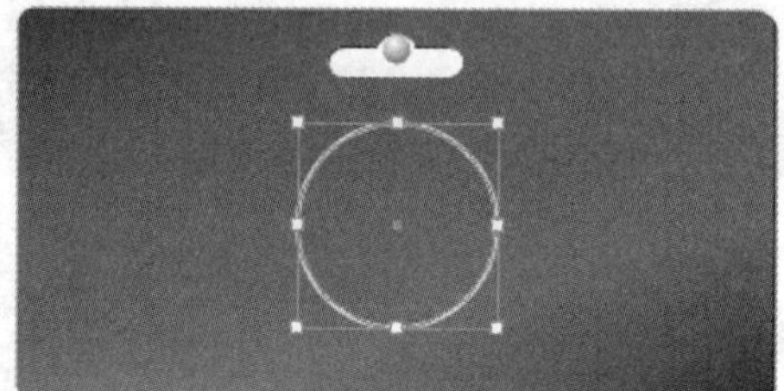

图 9-25

步骤 11 选择“窗口 > 描边”命令，在弹出的“描边”控制面板中单击“圆头端点”按钮，其他选项的设置如图 9-26 所示，图形效果如图 9-27 所示。

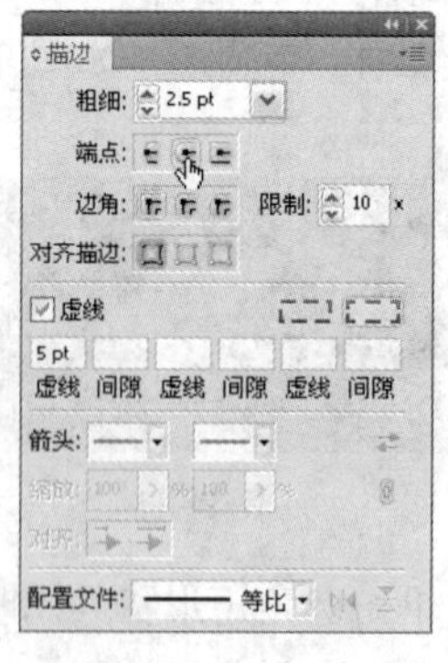

图 9-26

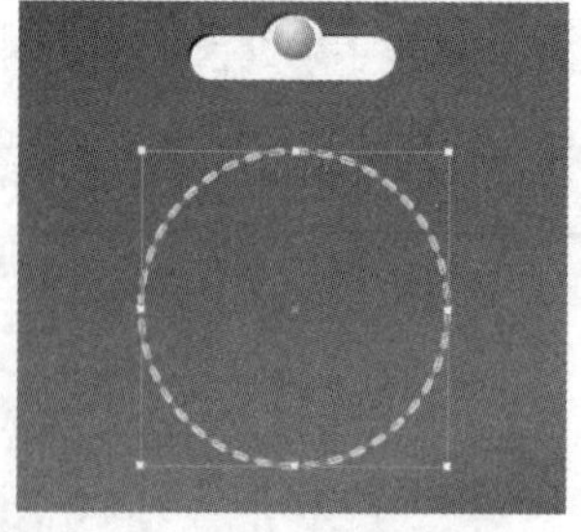

图 9-27

步骤 12 选择“剪刀”工具，分别在路径上单击，路径从单击的地方被剪切为几条路径。选择“选择”工具，选取不需要的路径，按 Delete 键将其删除，效果如图 9-28 所示。

步骤 13 选择“星形”工具，按住 Shift 键的同时在适当的位置分别绘制多个星形。选择“选择”工具，将绘制的星形同时选取，设置图形填充色的 C、M、Y、K 值分别为 0、11、92、0，填充图形并设置描边色为无，效果如图 9-29 所示。

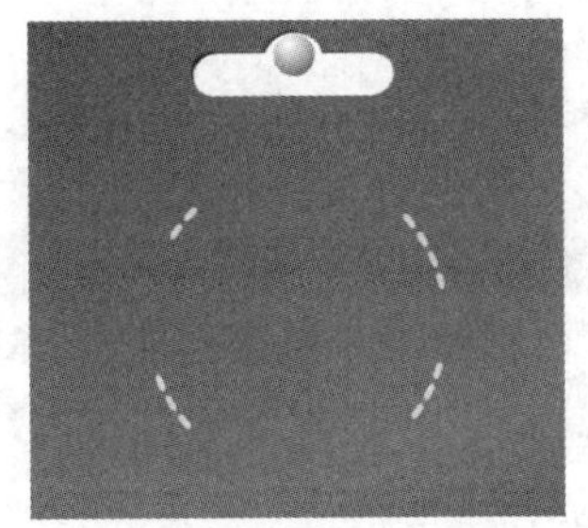

图 9-28

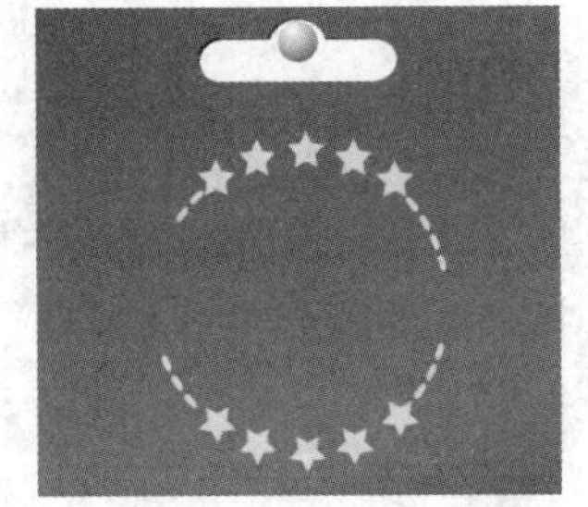

图 9-29

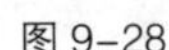

步骤 14 选择“文字”工具，在适当的位置输入需要的文字。选择“选择”工具，在属性栏中选择合适的字体并设置文字大小，效果如图 9-30 所示。设置文字填充色的 C、M、Y、K 值分别为 0、11、92、0，填充文字，效果如图 9-31 所示。

图 9-30

图 9-31

2. 绘制咖啡杯

步骤 1 选择“钢笔”工具，在适当的位置绘制一个图形，如图 9-32 所示。设置图形填充色的 C、M、Y、K 值分别为 1、39、89、0，填充图形并设置描边色为无，效果如图 9-33 所示。使用相同方法绘制其他图形，并填充适当的颜色，效果如图 9-34 所示。

图 9-32

图 9-33

图 9-34

步骤 2 选择“椭圆”工具，在适当的位置绘制一个椭圆形，如图 9-35 所示。设置图形填充色的 C、M、Y、K 值分别为 23、34、44、0，填充图形并设置描边色为无，效果如图 9-36 所示。

步骤 3 选择“选择”工具选中图形，按 Ctrl+C 组合键复制图形，按 Ctrl+F 组合键将复制的图形粘贴在前面，等比例缩小图形并旋转到适当的角度，设置图形填充色的 C、M、Y、K 值分别为 41、50、59、0，填充图形，效果如图 9-37 所示。

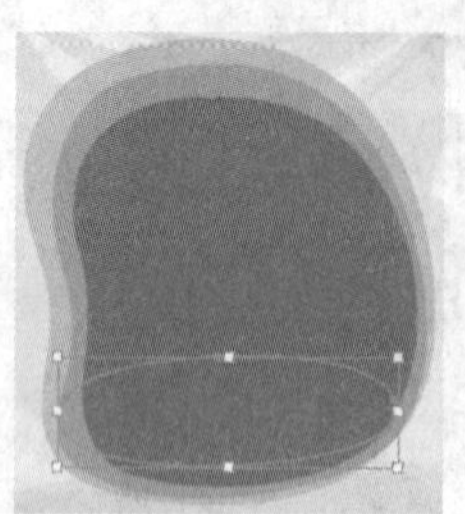
图 9-35

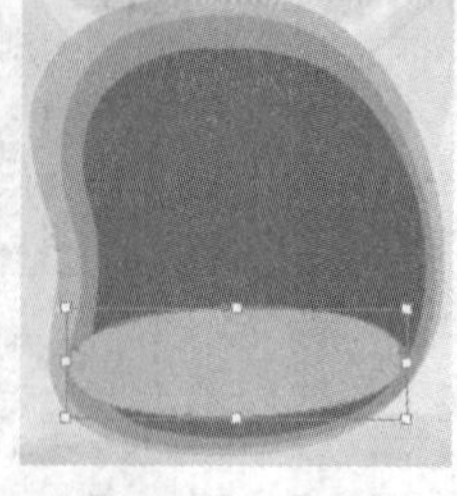
图 9-36

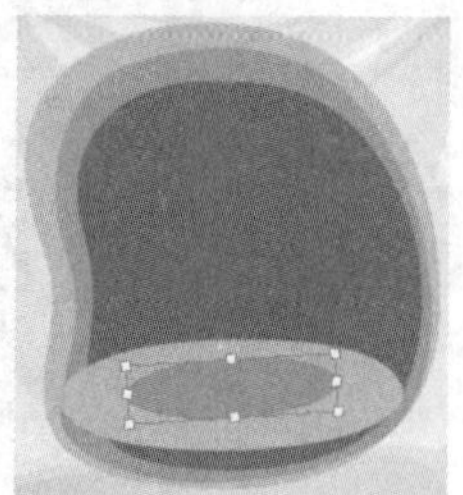
图 9-37

步骤 4 选择“钢笔”工具，在适当的位置绘制一个图形，如图 9-38 所示。设置图形填充色的 C、M、Y、K 值分别为 11、23、36、0，填充图形并设置描边色为无，效果如图 9-39 所示。使用相同方法绘制其他图形，并填充适当的颜色，效果如图 9-40 所示。

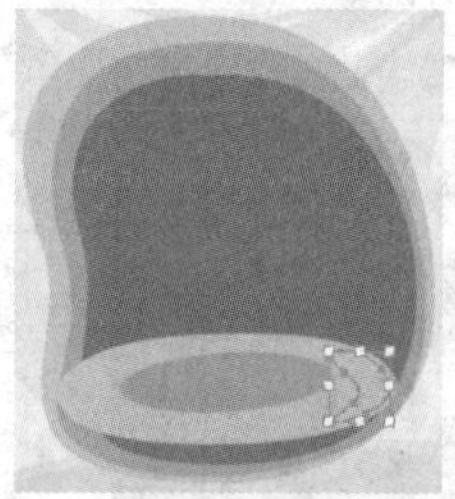
图 9-38

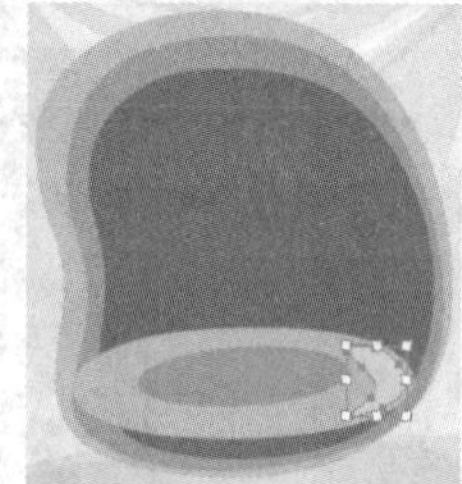
图 9-39

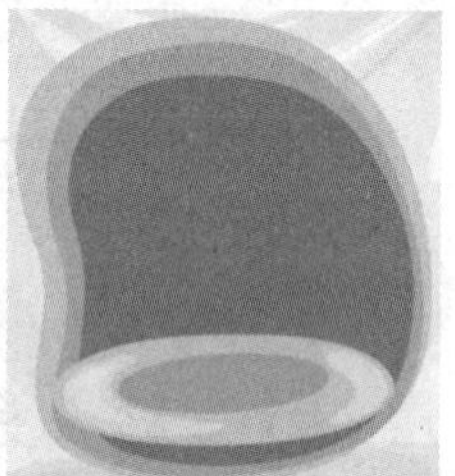
图 9-40

步骤 5 选择“钢笔”工具，分别绘制图形，如图 9-41 所示。选择“选择”工具，将绘制的图形同时选取，按 Ctrl+8 组合键建立复合路径，如图 9-42 所示。设置图形填充色的 C、M、Y、K 值分别为 11、23、36、0，填充图形并设置描边色为无，效果如图 9-43 所示。

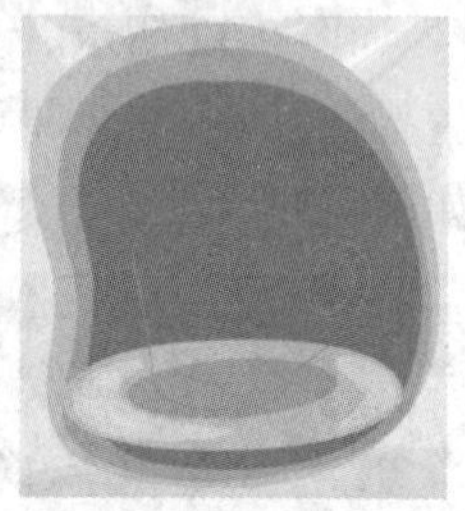
图 9-41

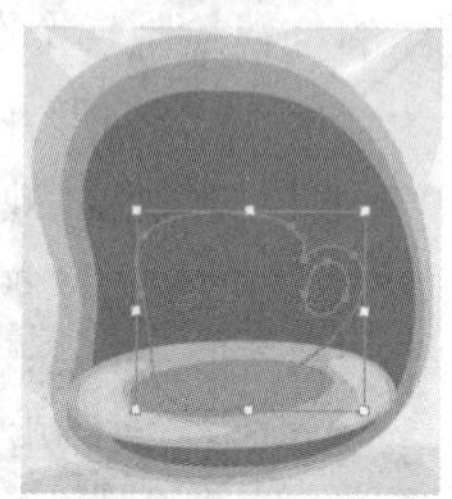
图 9-42

图 9-43

步骤 6 选择“椭圆”工具，在适当的位置绘制一个椭圆形，设置图形填充色的 C、M、Y、K 值分别为 63、98、100、62，填充图形并设置描边色为无，效果如图 9-44 所示。选择“钢笔”工具，在适当的位置绘制一个图形，如图 9-45 所示。设置图形填充色的 C、M、Y、K 值分别为 7、21、33、0，填充图形并设置描边色为无，效果如图 9-46 所示。

图 9-44

图 9-45

图 9-46

步骤 7 使用相同方法绘制其他图形，并填充图形为白色，效果如图 9-47 所示。选择“钢笔”工具，在适当的位置绘制一个图形，如图 9-48 所示。设置图形填充色的 C、M、Y、K 值分别为 49、95、100、25，填充图形并设置描边色为无，效果如图 9-49 所示。连续按 Ctrl+ [组合键将图形向后移动到适当的位置，效果如图 9-50 所示。

图 9-47

图 9-48

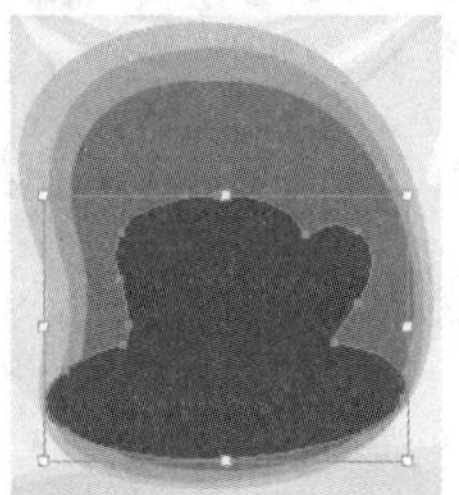
图 9-49

图 9-50

步骤 8 选择“钢笔”工具，在页面适当的位置绘制一个图形，如图 9-51 所示。设置图形填充色的 C、M、Y、K 值分别为 5、26、31、0，填充图形并设置描边色为无，效果如图 9-52 所示。

步骤 9 按 Ctrl+O 组合键，打开光盘中的“Ch09 > 素材 > 制作咖啡豆包装 > 01”文件。按 Ctrl+A 组合键将所有图形同时选取，按 Ctrl+C 组合键复制图形。选择正在编辑的页面，按 Ctrl+V 组合键，将复制的图形粘贴到页面中，并拖曳到适当的位置，效果如图 9-53 所示。

图 9-51

图 9-52

图 9-53

步骤 10 选择“钢笔”工具，在适当的位置绘制一个图形，填充图形为白色并设置描边色为无，效果如图 9-54 所示。在属性栏中将“不透明度”选项设为 18%，效果如图 9-55 所示。

图 9-54

图 9-55

步骤 11 选择“钢笔”工具，在页面中绘制一个图形，填充图形为白色并设置描边色为无，效果如图 9-56 所示。

步骤 12 选择“选择”工具选取图形，按 Ctrl+C 组合键复制图形，按 Ctrl+F 组合键将复制的图形原位粘贴，填充图形为黑色，按住 Shift+Alt 组合键，等比例缩小图形，效果如图 9-57 所示。

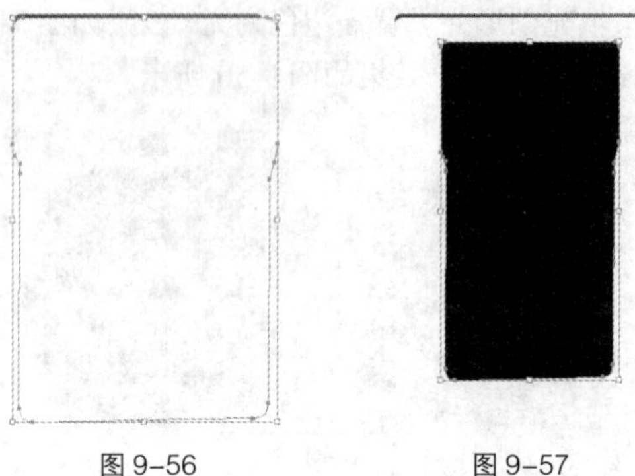

图 9-56　　图 9-57

步骤 13 选择“选择”工具，按住 Shift 键的同时单击白色图形将其同时选取，按 Ctrl+Alt+B 组合键建立图形混合，效果如图 9-58 所示。按 Ctrl+Shift+[组合键将图形置于底层，效果如图 9-59 所示。咖啡豆包装制作完成。

图 9-58　　图 9-59

9.1.4 【相关工具】

1. 使用膨胀工具

选择“膨胀”工具，将鼠标指针放到对象中适当的位置，如图 9-60 所示，在对象上拖曳鼠标，如图 9-61 所示，就可以进行膨胀变形操作，效果如图 9-62 所示。

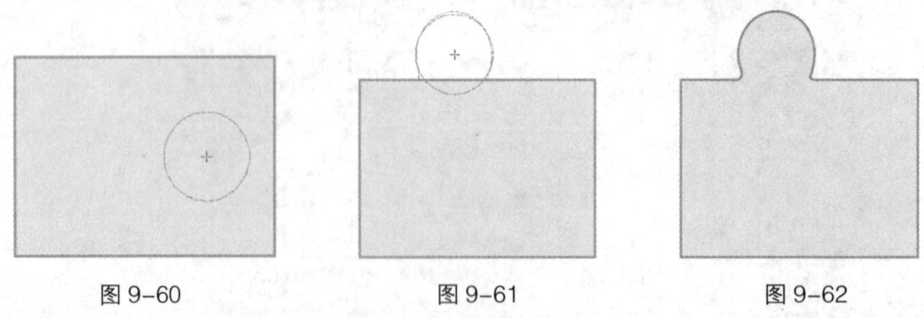

图 9-60　　图 9-61　　图 9-62

双击“膨胀”工具，弹出“膨胀工具选项”对话框，如图 9-63 所示。在“膨胀选项”选项组中，勾选“细节”复选框可以控制变形的细节程度，勾选“简化”复选框可以控制变形的简化程度。对话框中其他选项的功能与“变形工具选项”对话框中的选项功能相同。

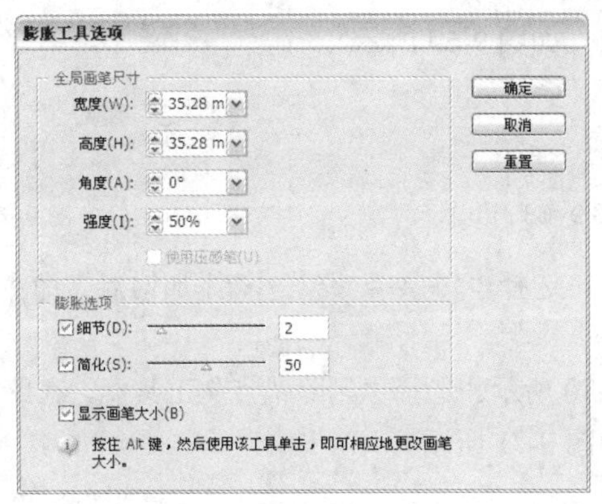

图 9–63

2. 使用旋转扭曲工具

选择“旋转扭曲”工具，将鼠标指针放到对象中适当的位置，如图 9-64 所示，在对象上拖曳鼠标，如图 9-65 所示，就可以进行扭转变形操作，效果如图 9-66 所示。

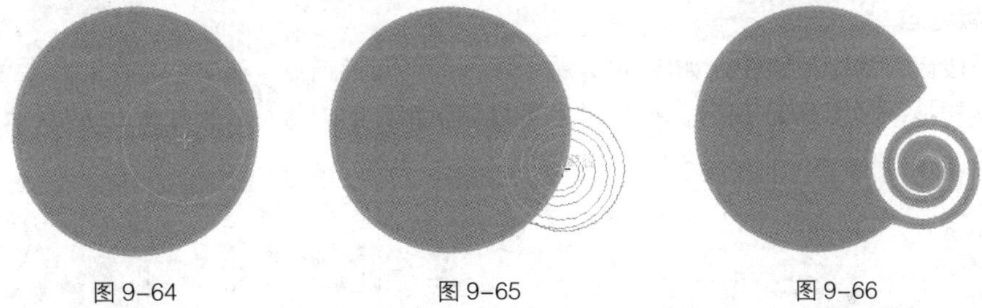

图 9–64　　图 9–65　　图 9–66

双击“旋转扭曲”工具，弹出“旋转扭曲工具选项”对话框，如图 9-67 所示。在“旋转扭曲选项”选项组中，“旋转扭曲速率”选项可以控制扭转变形的比例。对话框中其他选项的功能与“变形工具选项”对话框中的选项功能相同。

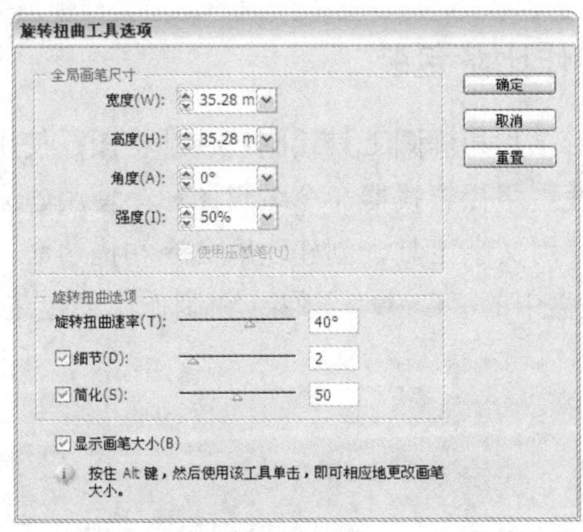

图 9–67

3. 编辑锚点

◎ 添加锚点

绘制一段路径，如图 9-68 所示。选择“添加锚点”工具，在路径上面的任意位置单击，路

径上就会增加一个新的锚点，如图 9-69 所示。

图 9-68　　图 9-69

选中要添加锚点的对象，选择“对象 > 路径 > 添加锚点”命令，也可以为路径添加锚点。

◎ **删除锚点**

绘制一段路径，如图 9-70 所示。选择“删除锚点”工具，在路径上面的任意一个锚点上单击，该锚点就会被删除，如图 9-71 所示。

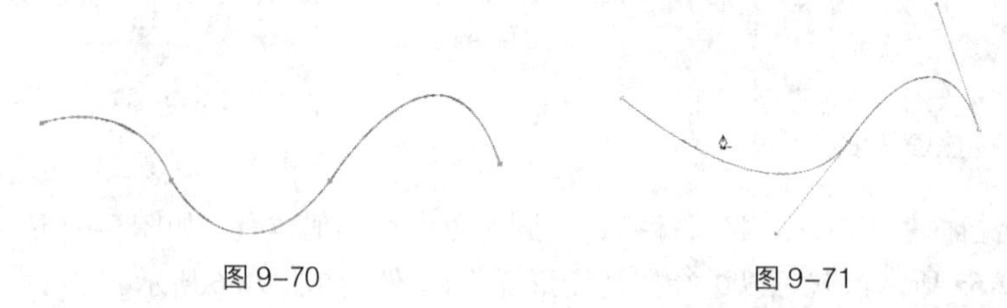

图 9-70　　图 9-71

◎ **转换锚点**

绘制一段闭合的矩形路径，如图 9-72 所示。选择“转换锚点”工具，单击路径上的锚点，锚点就会被转换，如图 9-73 所示。拖曳锚点可以编辑路径的形状，效果如图 9-74 所示。

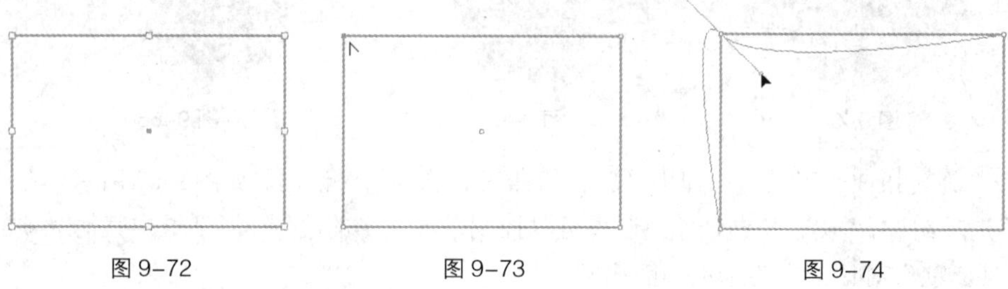

图 9-72　　图 9-73　　图 9-74

9.1.5 【实战演练】制作比萨包装

使用矩形工具、圆角矩形工具和椭圆工具绘制包装结构图；使用直接选择工具编辑需要的节点；使用路径查找器命令编辑图形；使用建立剪切蒙版命令制作包装平面图；使用文字工具、创建轮廓命令和描边命令制作标题文字。（最终效果参看光盘中的“Ch09 > 效果 > 制作比萨包装”，见图 9-75。）

图 9-75

9.2 制作饮料包装

9.2.1 【案例分析】

饮料是指以水为基本原料，由不同的配方和制造工艺生产出来，供人们直接饮用的液体食品。

饮料的品种多样，口味丰富。本案例是为食品公司制作的饮料包装设计，要求品牌名称突出，画面醒目直观，能显示最新的饮料口味。

9.2.2 【设计理念】

在设计过程中，饮料采用纸杯的包装形式；绿色的杯盖醒目突出，与包装上的苹果图案相呼应，直接表明饮料的成分及口味。整个画面清爽干净，设计简洁明快、主题突出，给人清新爽口的感觉。（最终效果参看光盘中的“Ch09 > 效果 > 制作饮料包装”，见图 9-76。）

图 9-76

9.2.3 【操作步骤】

1. 制作背景图

步骤 1 按 Ctrl+N 组合键新建一个文档，设置文档的宽度为 210mm，高度为 204mm，取向为竖向，颜色模式为 CMYK，单击“确定”按钮。

步骤 2 选择“矩形”工具，在页面中单击鼠标左键，弹出“矩形”对话框，选项的设置如图 9-77 所示，单击“确定”按钮，出现一个矩形。选择“选择”工具，拖曳矩形到页面中适当的位置，如图 9-78 所示。设置图形填充色的 C、M、Y、K 值分别为 100、98、53、0，填充图形并设置描边色为无，效果如图 9-79 所示。

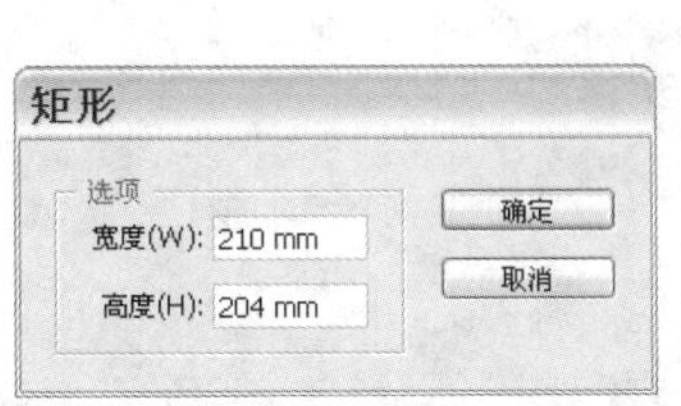

图 9-77

图 9-78

图 9-79

步骤 3 选择“文字”工具，在页面适当的位置输入需要的文字。选择“选择”工具，在属性栏中选择合适的字体并设置适当的文字大小，效果如图 9-80 所示。设置文字填充色的 C、M、Y、K 值分别为 100、76、0、0，填充文字，效果如图 9-81 所示。

图 9-80

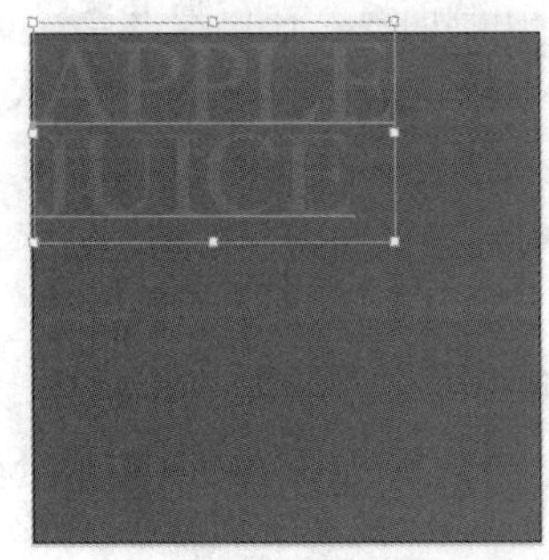

图 9-81

步骤 4 选择“选择”工具，按住 Alt+Shift 组合键的同时，水平向下拖曳文字到适当的位置，复制文字，在属性栏中设置适当的文字大小，效果如图 9-82 所示。设置文字填充色的 C、M、Y、K 值分别为 100、100、10、0，填充文字，效果如图 9-83 所示。拖曳文字右上角的控制手柄将文字旋转到适当的角度，效果如图 9-84 所示。

图 9-82

图 9-83

图 9-84

2. 绘制饮料杯

步骤 1 选择“钢笔”工具，在页面外绘制一个不规则闭合图形，如图 9-85 所示。双击“渐变”工具，弹出“渐变”控制面板，在色带上设置 3 个渐变滑块，分别将渐变滑块的位置设为 0、52、100，并设置 C、M、Y、K 的值分别为 0（0、9、23、30）、52（0、0、0、0）、100（0、9、23、30），其他选项的设置如图 9-86 所示。图形被填充为渐变色，并设置描边色为无，效果如图 9-87 所示。

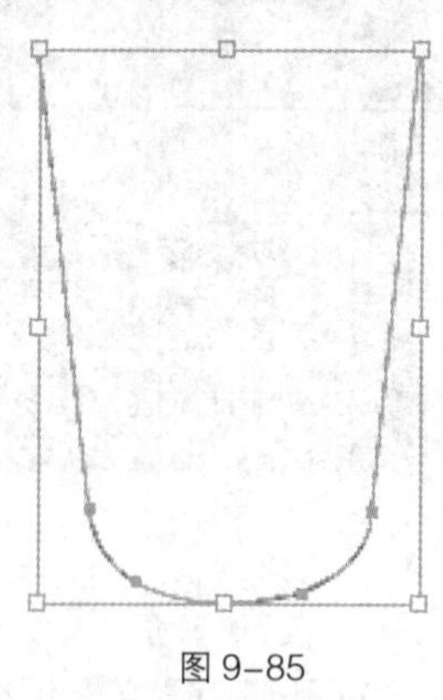

图 9-85

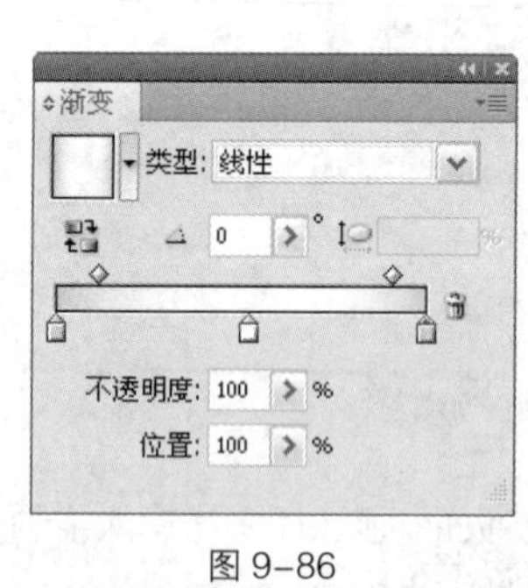

图 9-86

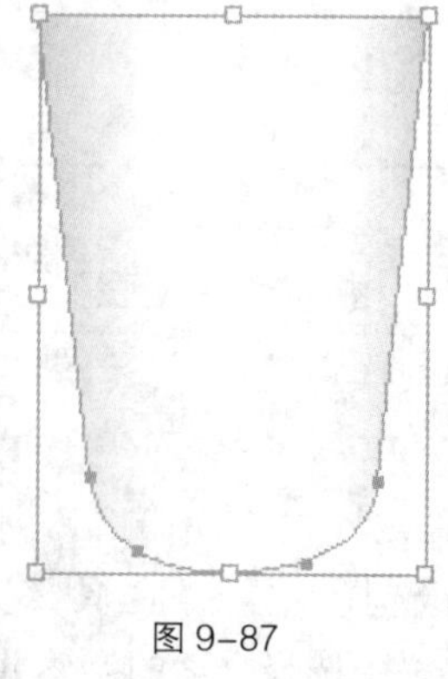

图 9-87

步骤 2 选择“钢笔”工具，在适当的位置绘制图形，如图 9-88 所示。双击“渐变”工具，弹出“渐变”控制面板，在色带上设置 6 个渐变滑块，分别将渐变滑块的位置设为 0、18、43、65、85、100，并设置 C、M、Y、K 的值分别为 0（77、0、85、24）、18（100、0、84、57）、43（77、0、86、24）、65（100、0、84、57）、85（77、0、82、24）、100（88、0、86、24），其他选项的设置如图 9-89 所示。图形被填充为渐变色，并设置描边色为无，效果如图 9-90 所示。

步骤 3 选择“椭圆”工具，在渐变图形上绘制一个椭圆形，如图 9-91 所示。设置图形填充色的 C、M、Y、K 值分别为 93、0、84、0，填充图形并设置描边色为无，效果如图 9-92 所示。

步骤 4 选择“椭圆”工具，在适当的位置再绘制一个椭圆形，设置图形填充色的 C、M、Y、

K 值分别为 93、0、90、63，填充图形，并设置描边色为无，效果如图 9-93 所示。

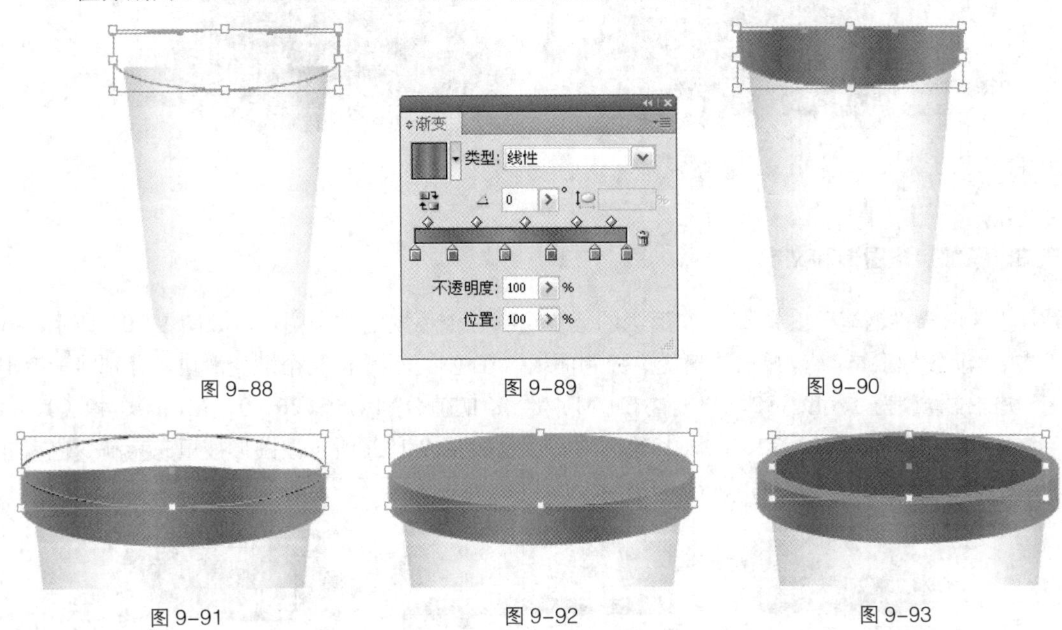

图 9-88 图 9-89 图 9-90

图 9-91 图 9-92 图 9-93

步骤 5 选择“钢笔”工具，在适当的位置绘制图形，如图 9-94 所示。选择“吸管”工具，在渐变图形上单击吸取对象的颜色，如图 9-95 所示，图形效果如图 9-96 所示。

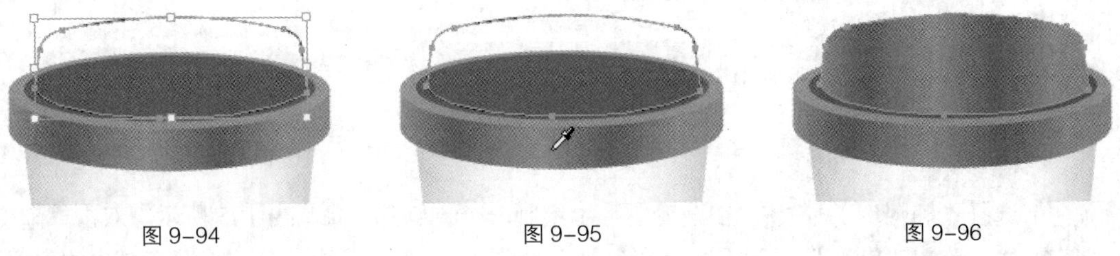

图 9-94 图 9-95 图 9-96

步骤 6 选择“椭圆”工具，在渐变图形上绘制一个椭圆形，如图 9-97 所示。设置图形填充色的 C、M、Y、K 值分别为 93、0、84、0，填充图形并设置描边色为无，效果如图 9-98 所示。

步骤 7 选择“椭圆”工具，在适当的位置再绘制一个椭圆形，设置图形填充色的 C、M、Y、K 值分别为 93、0、90、28，填充图形并设置描边色为无，效果如图 9-99 所示。

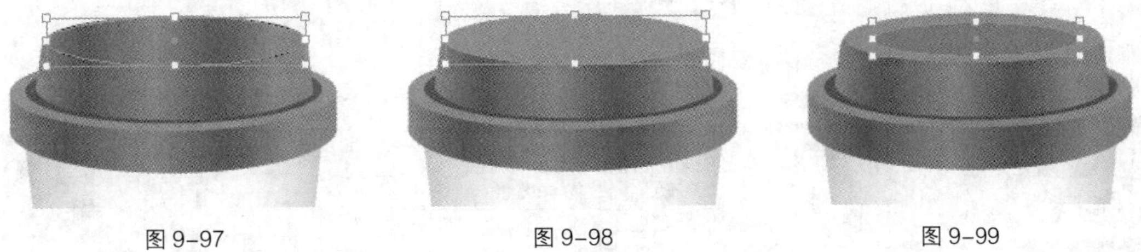

图 9-97 图 9-98 图 9-99

步骤 8 选择“钢笔”工具，在适当的位置绘制图形，设置图形填充色的 C、M、Y、K 值分别为 93、0、90、45，填充图形并设置描边色为无，效果如图 9-100 所示。使用相同方法再绘制其他图形并填充适当的颜色，效果如图 9-101 所示。

图 9-100

图 9-101

3. 添加装饰图形和文字

步骤 1 选择“钢笔”工具，在适当的位置绘制一个不规则闭合图形，如图 9-102 所示。双击“渐变”工具，弹出“渐变”控制面板，在色带上设置 3 个渐变滑块，分别将渐变滑块的位置设为 0、49、92，并设置 C、M、Y、K 的值分别为 0（26、0、72、0）、49（0、1、58、0）、92（26、0、72、0），其他选项的设置如图 9-103 所示。图形被填充为渐变色，并设置描边色为无，效果如图 9-104 所示。

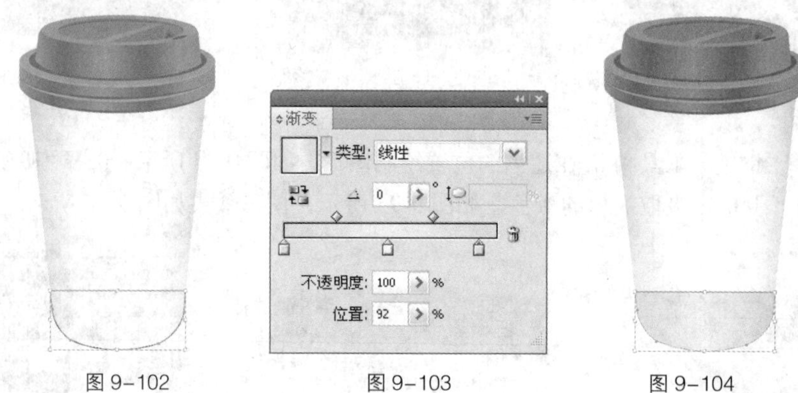

图 9-102 图 9-103 图 9-104

步骤 2 选择“椭圆”工具，在渐变图形上绘制一个椭圆形，如图 9-105 所示。双击“渐变”工具，弹出“渐变”控制面板，在色带上设置 3 个渐变滑块，分别将渐变滑块的位置设为 0、68、90，并设置 C、M、Y、K 的值分别为 0（21、0、74、0）、68（37、0、74、0）、90（21、0、70、0），其他选项的设置如图 9-106 所示。图形被填充为渐变色，并设置描边色为无，效果如图 9-107 所示。

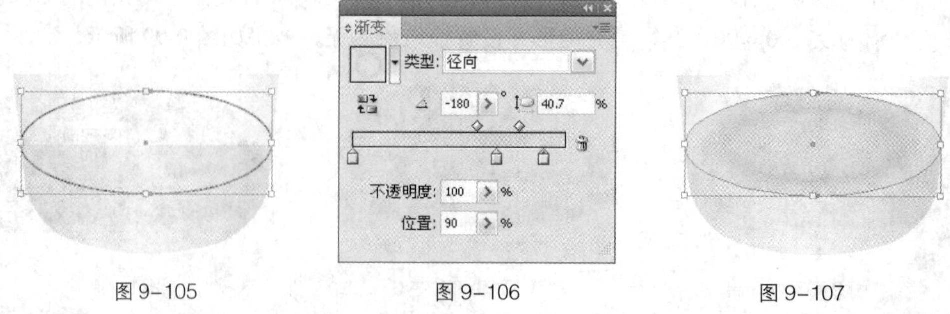

图 9-105 图 9-106 图 9-107

步骤 3 选择“选择”工具选中图形，按 Ctrl+C 组合键复制图形，按 Ctrl+F 组合键将复制的图形粘贴在前面，等比例缩小图形并拖曳到适当的位置，效果如图 9-108 所示。选择“钢笔”工具，在适当的位置绘制图形，设置图形填充色的 C、M、Y、K 值分别为 21、0、70、0，填充图形并设置描边色为无，效果如图 9-109 所示。

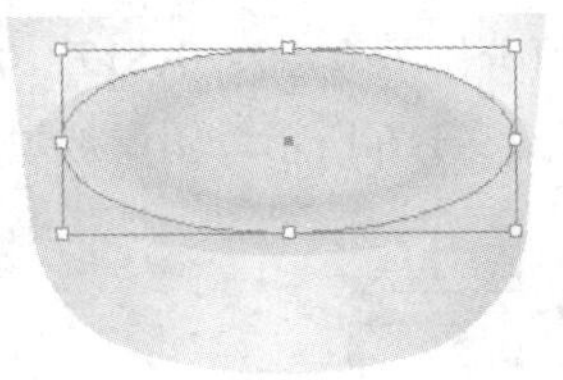

图 9-108

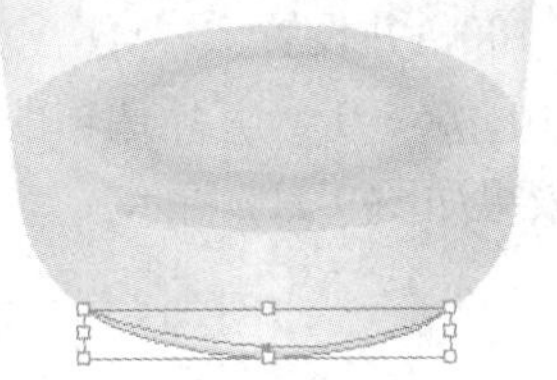

图 9-109

步骤 4 按 Ctrl+O 组合键，打开光盘中的“Ch09 > 素材 > 制作饮料包装 > 01”文件。按 Ctrl+A 组合键，将所有图形同时选取，按 Ctrl+C 组合键复制图形。选择正在编辑的页面，按 Ctrl+V 组合键将复制的图形粘贴到页面中，并拖曳到适当的位置，效果如图 9-110 所示。

步骤 5 选择“文字”工具T，在适当的位置输入需要的文字。选择“选择”工具，在属性栏中选择合适的字体并设置适当的文字大小，按 Alt+↑组合键适当调整文字行距，效果如图 9-111 所示。

图 9-110

图 9-111

步骤 6 按 Ctrl+Shift+O 组合键将文字转换为轮廓。设置文字描边色为白色并设置填充色的 C、M、Y、K 值分别为 73、2、83、0，填充文字，效果如图 9-112 所示。选择“窗口 > 描边”命令，在弹出的“描边”控制面板中，单击“使描边外侧对齐”按钮，其他选项的设置如图 9-113 所示，文字效果如图 9-114 所示。

图 9-112

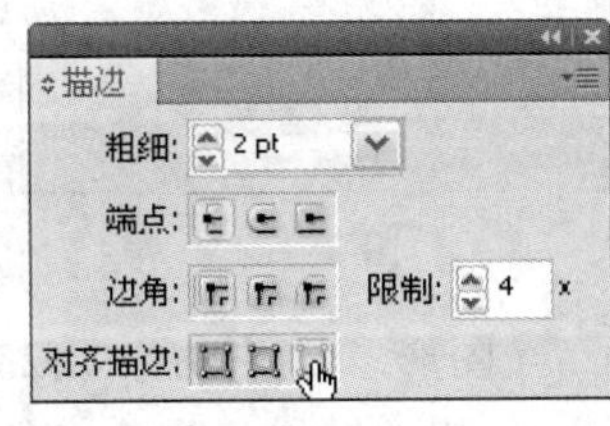

图 9-113

图 9-114

步骤 7 选择“钢笔”工具，在页面外绘制一个不规则闭合图形，如图 9-115 所示。双击“渐变”工具，弹出“渐变”控制面板，在色带上设置 3 个渐变滑块，分别将渐变滑块的位置设为 0、77、100，并设置 C、M、Y、K 的值分别为 0（5、0、17、0）、77（74、0、57、0）、100（74、10、66、0），其他选项的设置如图 9-116 所示。图形被填充为渐变色，并设置描边色为无，效果如图 9-117 所示。

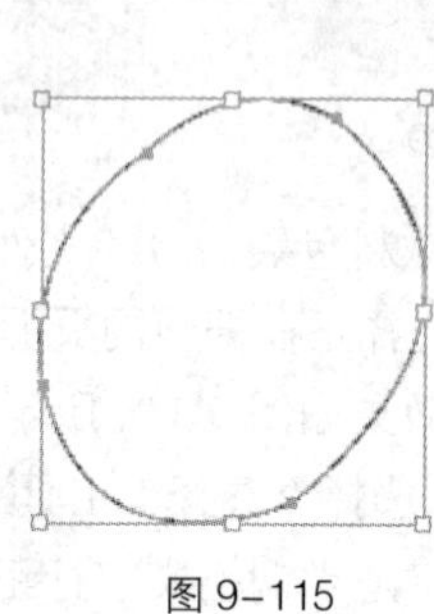
图 9-115

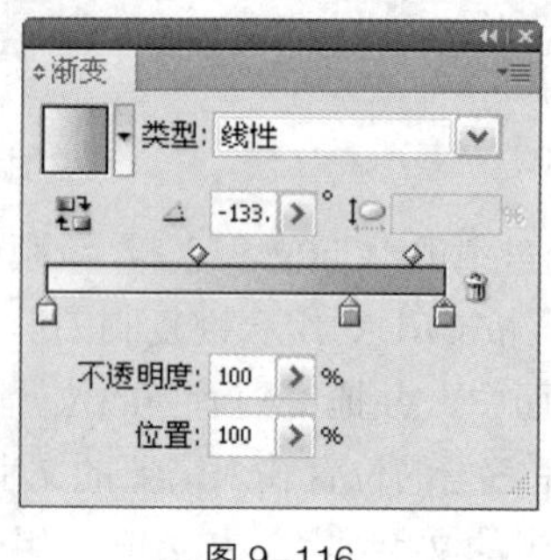

图 9-116

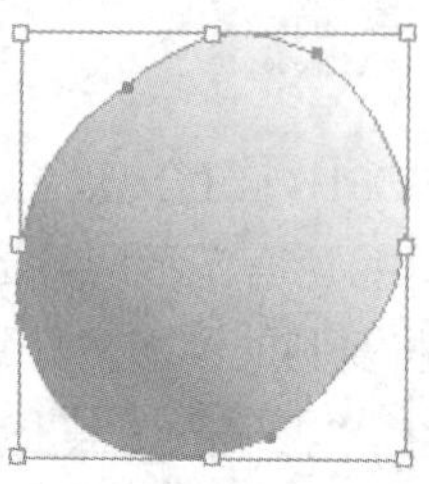
图 9-117

步骤 8 选择“钢笔”工具，在适当的位置绘制一个图形，如图 9-118 所示。设置图形填充色的 C、M、Y、K 值分别为 100、17、100、7，填充图形并设置描边色为无，效果如图 9-119 所示。

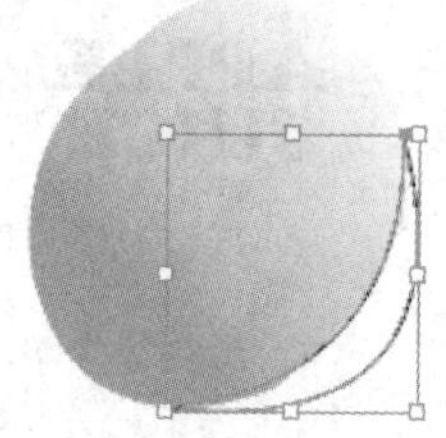
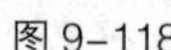
图 9-118

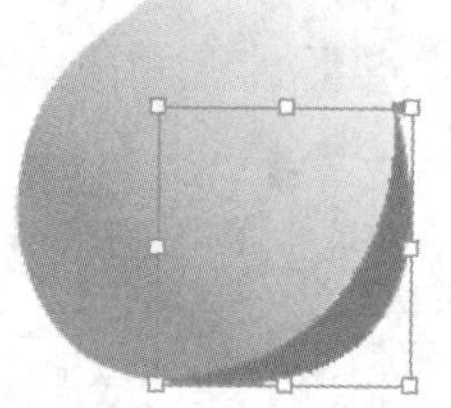
图 9-119

步骤 9 选择“钢笔”工具，在适当的位置绘制一个图形，如图 9-120 所示。双击“渐变”工具，弹出“渐变”控制面板，在色带上设置 3 个渐变滑块，分别将渐变滑块的位置设为 0、50、100，并设置 C、M、Y、K 的值分别为 0（53、0、45、0）、50（0、0、0、0）、100（53、0、45、0），其他选项的设置如图 9-121 所示。图形被填充为渐变色，并设置描边色为无，效果如图 9-122 所示。

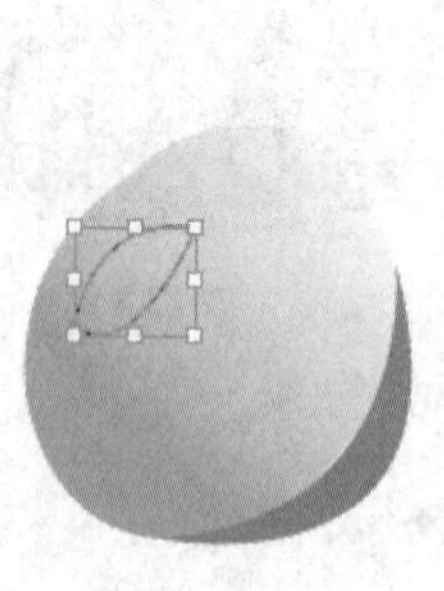
图 9-120

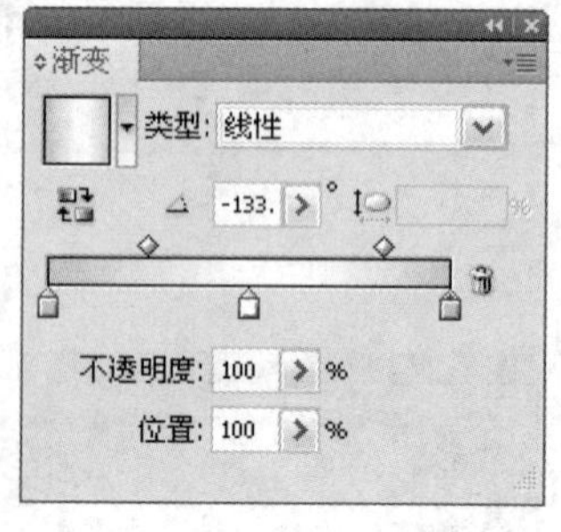

图 9-121

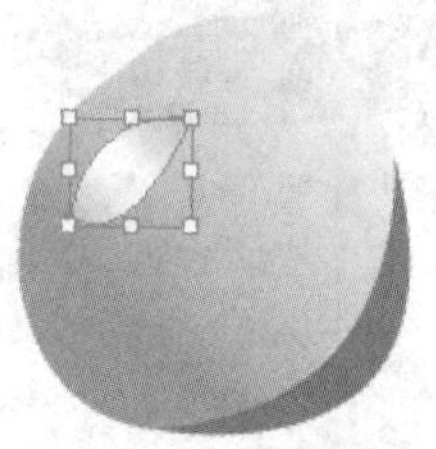
图 9-122

步骤 10 使用相同的方法绘制其他高光图形，效果如图 9-123 所示。选择“选择”工具，将刚绘制的图形同时选取，按 Ctrl+G 组合键将其编组。拖曳编组图形到饮料图形中适当的位置，调整其大小和角度，效果如图 9-124 所示。复制多个编组图形并调整其大小和角度，效果如图 9-125 所示。

图 9-123　　图 9-124　　图 9-125

步骤 11 按 Ctrl+O 组合键，打开光盘中的“Ch09 > 素材 > 制作饮料包装 > 02”文件。按 Ctrl+A 组合键将所有图形同时选取，按 Ctrl+C 组合键复制图形。选择正在编辑的页面，按 Ctrl+V 组合键将复制的图形粘贴到页面中，并拖曳到适当的位置，效果如图 9-126 所示。

步骤 12 选择“选择”工具，使用圈选的方法将饮料图形和吸管同时选取，并拖曳到页面中适当的位置，效果如图 9-127 所示。

图 9-126

图 9-127

步骤 13 选择“选择”工具，按住 Shift 键的同时依次单击选取需要的图形，如图 9-128 所示，按 Alt+Shift 组合键同时水平向右拖曳图形到适当的位置，复制图形。分别调整图形和文字的位置和大小，效果如图 9-129 所示。饮料包装制作完成。

图 9-128

图 9-129

9.2.4 【相关工具】

1. 封套效果的使用

Illustrator CS5 中提供了不同形状的封套类型，利用不同的封套类型可以改变选定对象的形状。封套不仅可以应用到选定的图形中，还可以应用于路径、复合路径、文本对象、网格、混合或导入的位图当中。

当对一个对象使用封套时，对象就像被放入到一个特定的容器中，封套使对象的本身发生相应的变化。同时，对于应用了封套的对象，还可以对其进行一定的编辑，如修改、删除等操作。

◎ **从应用程序预设的形状创建封套**

选中对象，选择“对象 > 封套扭曲 > 用变形建立”命令（组合键为 Alt+Shift+Ctrl+W），弹出“变形选项”对话框，如图 9-130 所示。

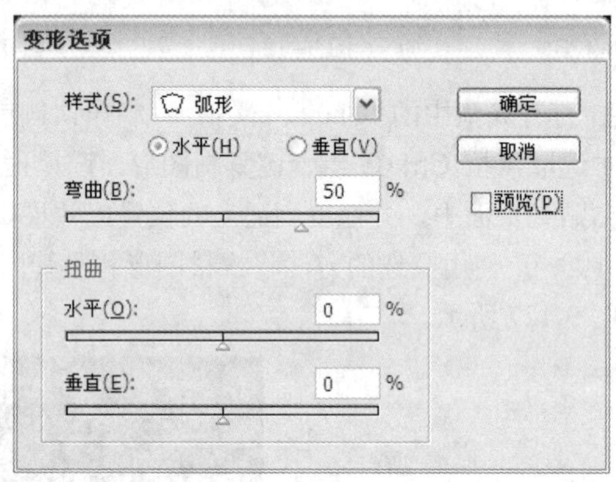

图 9-130

在“样式”选项的下拉列表中提供了 15 种封套类型，可根据需要选择其类型，如图 9-131 所示。

“水平”选项和“垂直”选项用来设置指定封套类型的放置位置。选定一个选项，在“弯曲”选项中设置对象的弯曲程度，可以设置应用封套类型在水平或垂直方向上的比例。勾选“预览”复选框，预览设置的封套效果，单击“确定”按钮，将设置好的封套应用到选定的对象中，图形应用封套前后的对比效果如图 9-132 所示。

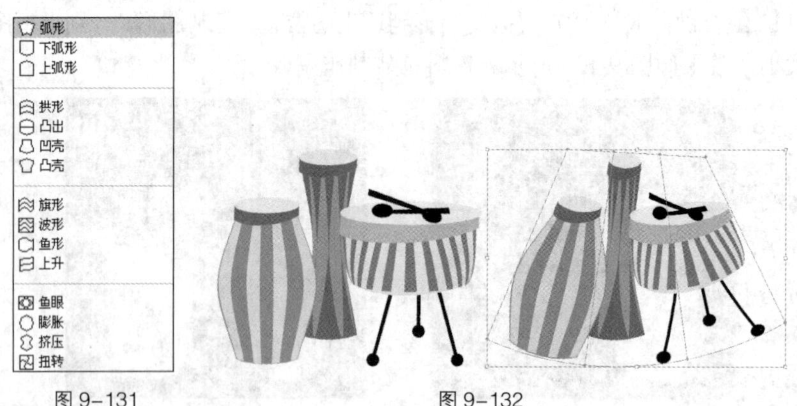

图 9-131　　图 9-132

◎ **使用网格建立封套**

选中对象，选择“对象 > 封套扭曲 > 用网格建立”命令（组合键为 Alt+Ctrl+M），弹出“封套网格”对话框。

在“行数”选项和“列数”选项的数值框中，可以根据需要输入网格的行数和列数，如图 9-133 所示。单击“确定”按钮，设置完成的网格封套将应用到选定的对象中，如图 9-134 所示。

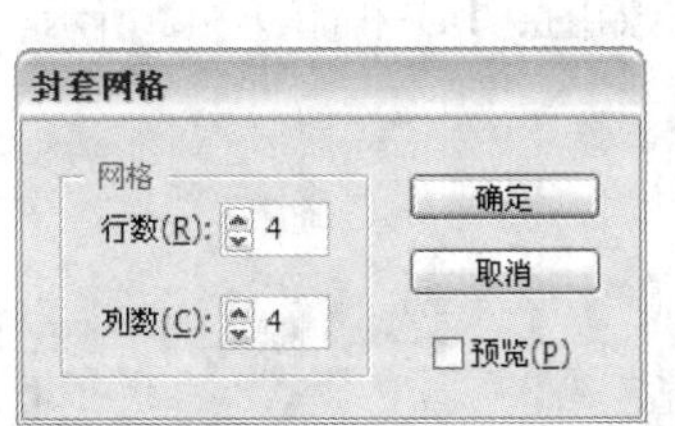

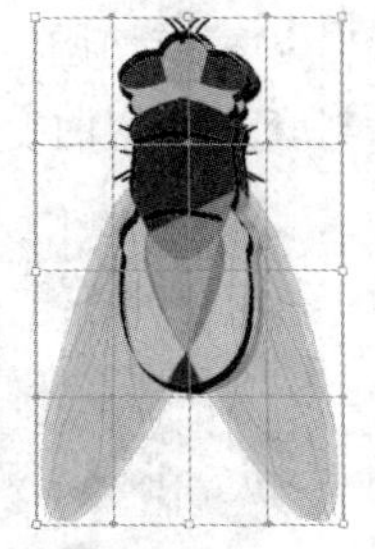

图 9-133　　图 9-134

设置完成的网格封套还可以通过“网格”工具进行编辑。选择“网格”工具，单击网格封套对象，即可增加对象上的网格数，如图 9-135 所示。按住 Alt 键的同时，单击对象上的网格点和网格线，可以减少网格封套的行数和列数。用“网格”工具拖曳网格点可以改变对象的形状，如图 9-136 所示。

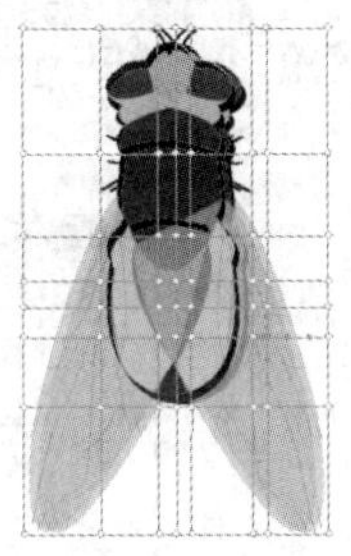

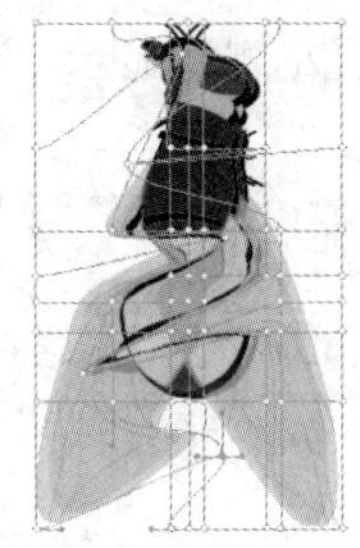

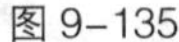

图 9-135　　图 9-136

◎ **使用路径建立封套**

同时选中对象和想要用来作为封套的路径（这时封套路径必须处于所有对象的最上层），如图 9-137 所示。选择“对象 > 封套扭曲 > 用顶层对象建立”命令（组合键为 Alt+Ctrl+C），使用路径创建的封套效果如图 9-138 所示。

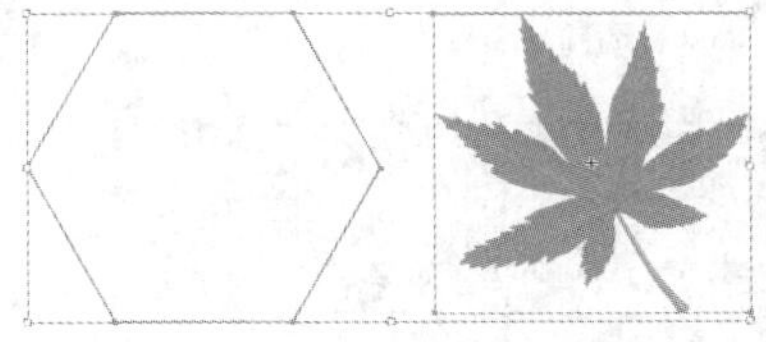

图 9-137　　图 9-138

◎ **编辑封套形状**

选择“选择”工具，选取一个含有对象的封套。选择“对象 > 封套扭曲 > 用变形重置”命令或“用网格重置”命令，弹出“变形选项”对话框或“重置封套网格选项”对话框，这时，可以根据需要重新设置封套类型，效果如图 9-139 和图 9-140 所示。

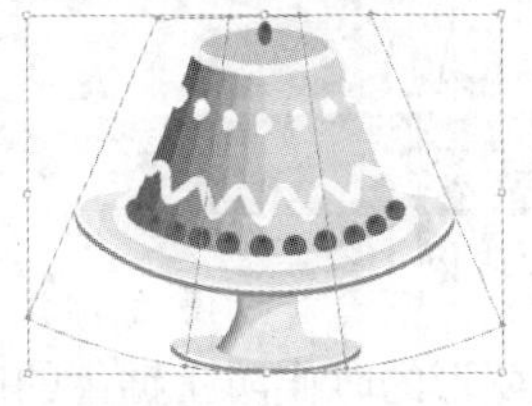

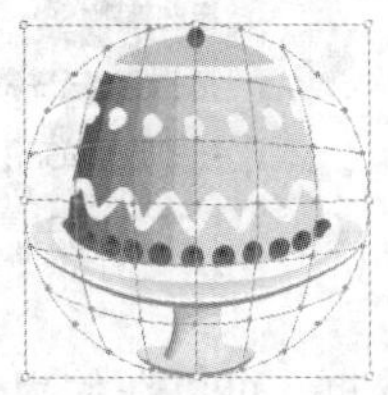

图 9-139　　图 9-140

选择“直接选择”工具或使用“网格”工具可以拖动封套上的锚点进行编辑。还可以使用“变形”工具对封套进行扭曲变形，如图 9-141 和图 9-142 所示。

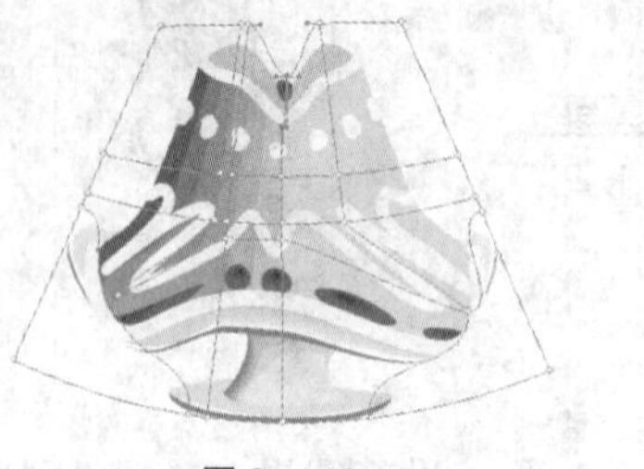

图 9–141

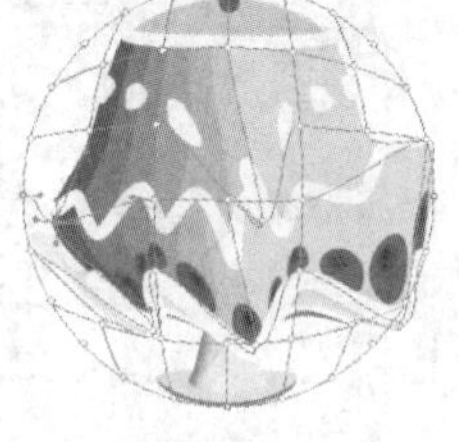

图 9–142

◎ **编辑封套内的对象**

选择“选择”工具，选取含有封套的对象，如图 9-143 所示。选择“对象 > 封套扭曲 > 编辑内容”命令（组合键为 Shift +Ctrl+ V），对象将会显示原来的选择框，如图 9-144 所示。这时在“图层”控制面板中的封套图层左侧将显示一个小三角形，这表示可以修改封套中的内容，如图 9-145 所示。

图 9–143

图 9–144

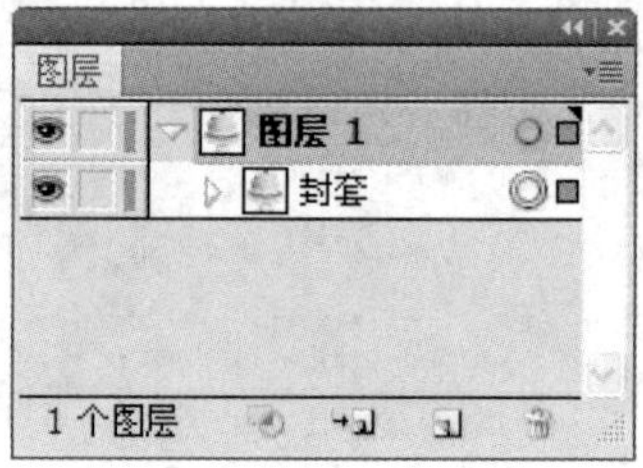

图 9–145

◎ **设置封套属性**

可以对封套进行设置，使封套更好地符合图形绘制的要求。

选择一个封套对象，选择“对象 > 封套扭曲 > 封套选项”命令，弹出“封套选项”对话框，如图 9-146 所示。

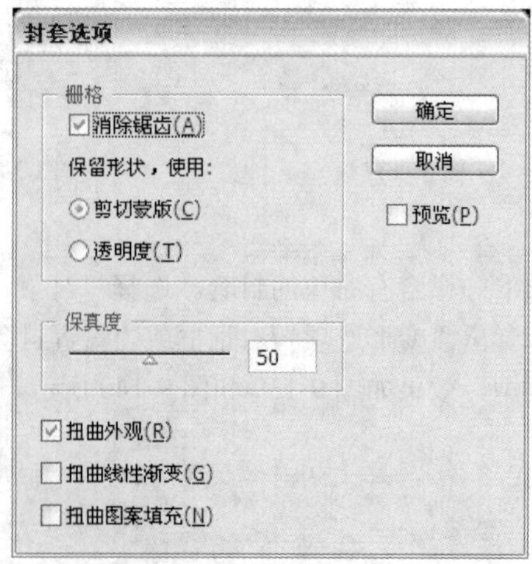

图 9–146

勾选“消除锯齿”复选框，可以在使用封套变形的时候防止锯齿的产生，保持图形的清晰度。在编辑非直角封套时，可以选择“剪切蒙版”和“透明度”两种方式保护图形。“保真度”选项用

于设置对象适合封套的保真度。当勾选"扭曲外观"复选框后，下方的两个选项将被激活。它可使对象具有外观属性，如应用了特殊效果，对象也随着发生扭曲变形。"扭曲线性渐变"和"扭曲图案填充"复选框，分别用于扭曲对象的直线渐变填充和图案填充。

2. 高斯模糊命令

效果中的高斯模糊命令可以使图像变得柔和，效果模糊，可以用来制作倒影或投影。

选中图像，如图 9-147 所示。选择"效果 > 模糊 > 高斯模糊"命令，在弹出的"高斯模糊"对话框中进行设置，如图 9-148 所示。单击"确定"按钮，图像效果如图 9-149 所示。

图 9-147

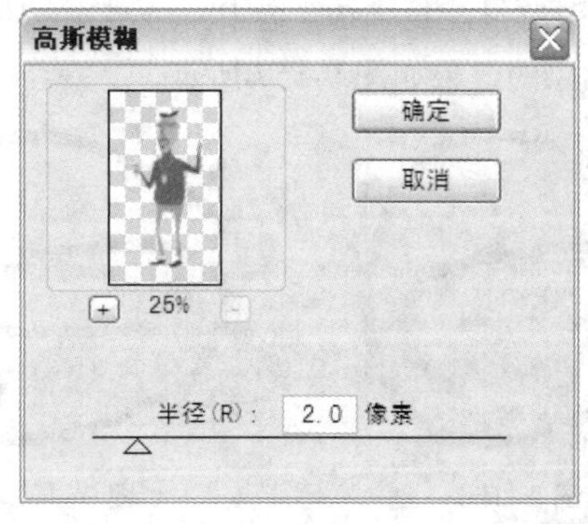

图 9-148

图 9-149

3. 路径效果

"路径"效果组可以用于改变路径的轮廓，其中包括 3 个命令，如图 9-150 所示。

图 9-150

◎ "位移路径"命令

选择"位移路径"命令可以位移选中的路径。选中要位移的对象，如图 9-151 所示，选择"效果 > 路径 > 位移路径"命令，在弹出的"位移路径"对话框中设置数值，如图 9-152 所示，单击"确定"按钮，对象的效果如图 9-153 所示。

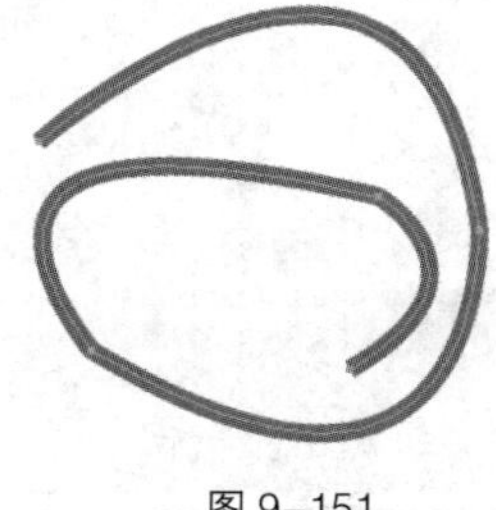

图 9-151

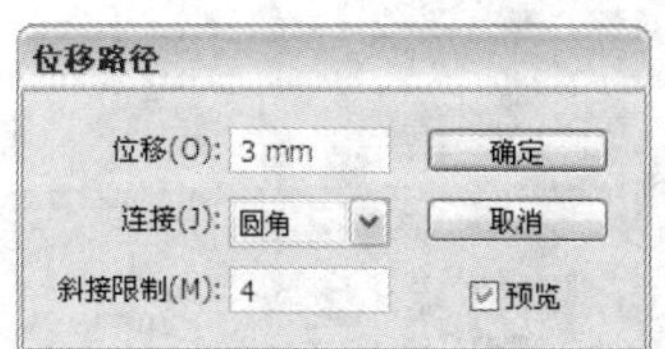

图 9-152

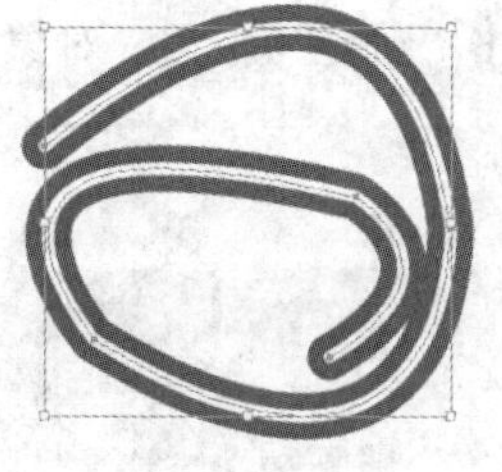

图 9-153

◎ "轮廓化对象"命令

选择"轮廓化对象"命令可以让用户使用一个相对简化的轮廓进行工作。选中一个对象，如图 9-154 所示，选择"效果 > 路径 > 轮廓化对象"命令，对象的效果如图 9-155 所示。

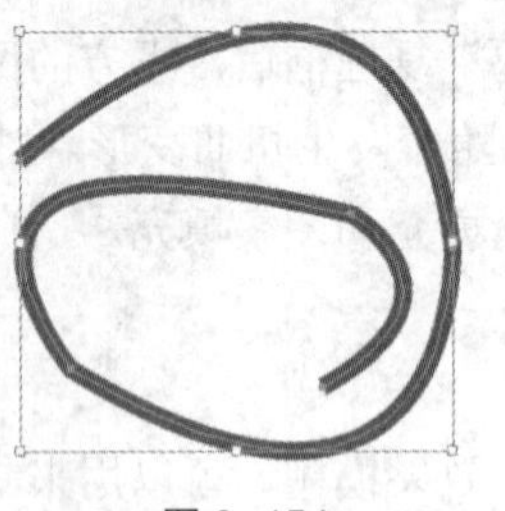
图 9-154

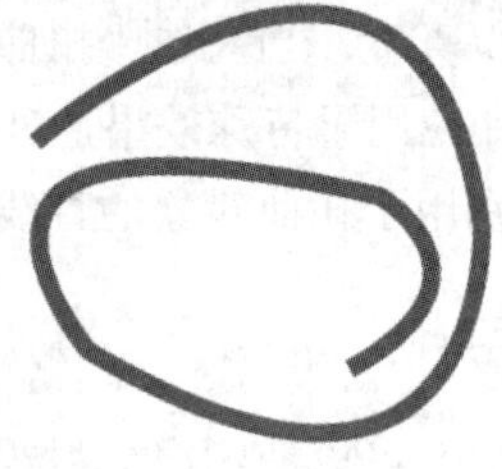
图 9-155

◎ **“轮廓化描边”命令**

“轮廓化描边”命令应用的对象只能是描边。选中一个对象，如图 9-156 所示，选择 “效果 > 路径 > 轮廓化描边”命令，对象的效果如图 9-157 所示。

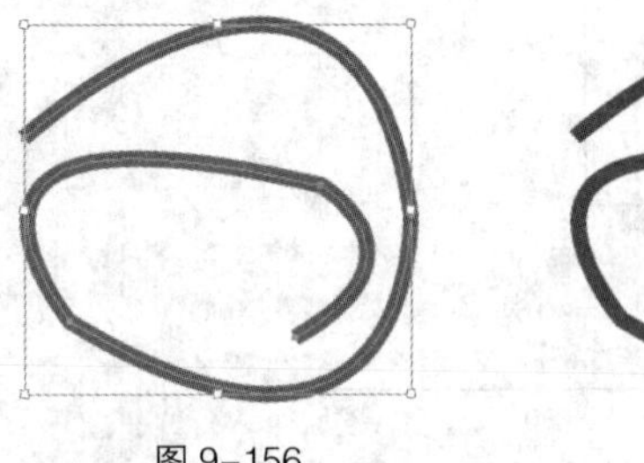
图 9-156　　图 9-157

4. “风格化”滤镜

“风格化”滤镜组用于快速地向图像添加具有风格化的效果，如图 9-158 所示。

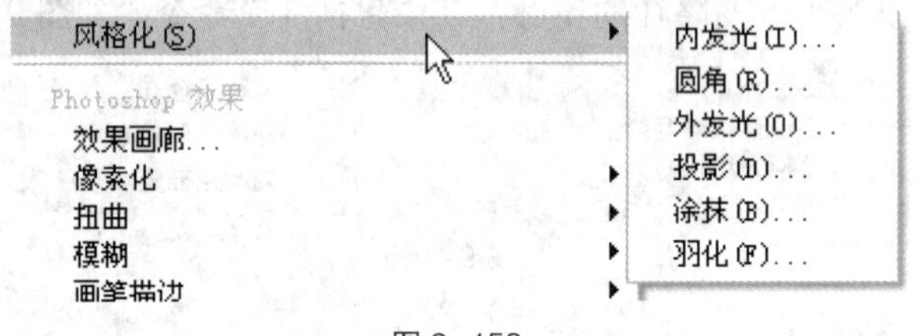

图 9-158

◎ **“内发光”命令**

可以在对象的内部创建发光的外观效果。选中要添加内发光效果的对象，如图 9-159 所示，选择“效果 > 风格化 > 内发光”命令，在弹出的“内发光”对话框中设置数值，如图 9-160 所示，单击“确定”按钮，对象的内发光效果如图 9-161 所示。

图 9-159

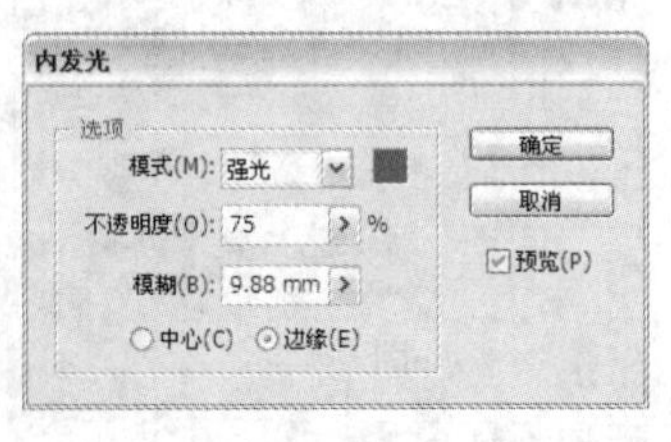

图 9-160

图 9-161

◎ **“圆角”命令**

可以为对象添加圆角效果。选中要添加圆角效果的对象，如图 9-162 所示，选择“效果 > 风

格化 > 圆角”命令，在弹出的“圆角”对话框中设置数值，如图 9-163 所示。单击“确定”按钮，对象的效果如图 9-164 所示。

图 9-162

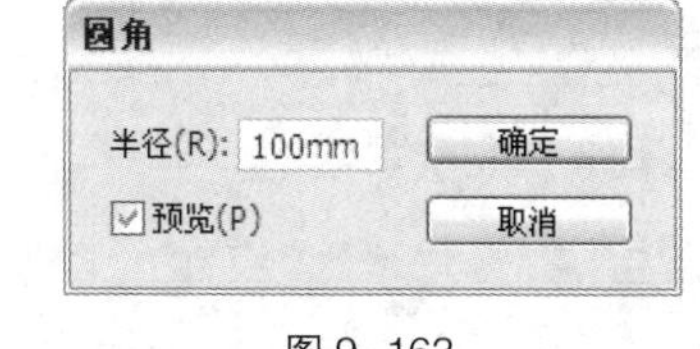

图 9-163

图 9-164

◎ **“外发光”滤镜**

可以在对象的外部创建发光的外观效果。选中要添加外发光效果的对象，如图 9-165 所示，选择“效果 > 风格化 > 外发光”命令，在弹出的“外发光”对话框中设置数值，如图 9-166 所示，单击“确定”按钮，对象的外发光效果如图 9-167 所示。

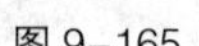
图 9-165

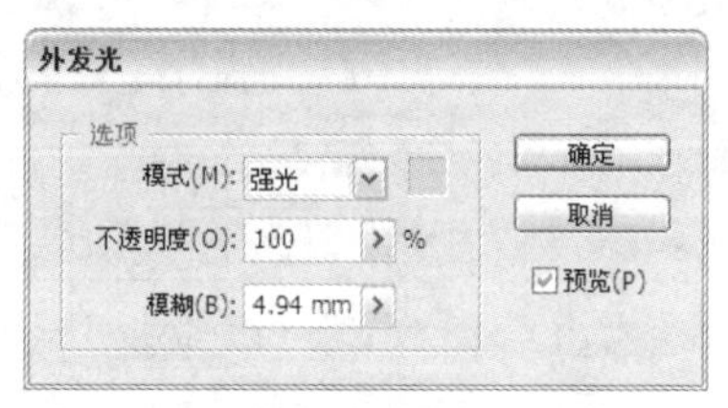

图 9-166

图 9-167

◎ **“投影”滤镜**

可以为对象添加投影。选中要添加阴影的对象，如图 9-168 所示，选择“效果 > 风格化 > 投影”命令，在弹出的“投影”对话框中设置数值，如图 9-169 所示。单击“确定”按钮，对象的投影效果如图 9-170 所示。

图 9-168

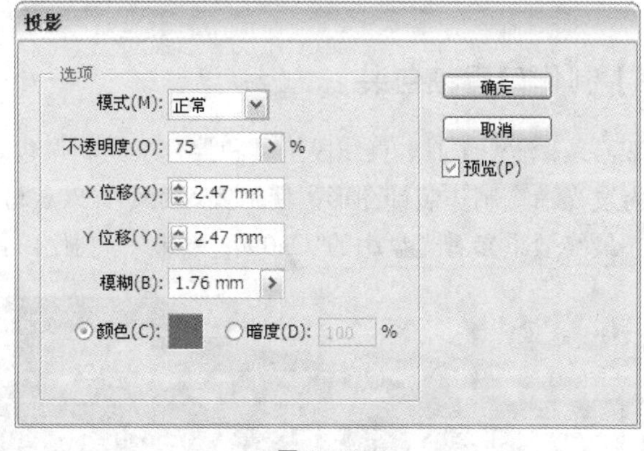

图 9-169

图 9-170

◎ **“涂抹”滤镜**

选中要添加涂写效果的对象，如图 9-171 所示，选择“效果 > 风格化 > 涂抹”命令，在弹出的“涂抹选项”对话框中设置数值，如图 9-172 所示。单击“确定”按钮，对象的效果如图 9-173 所示。

图 9-171

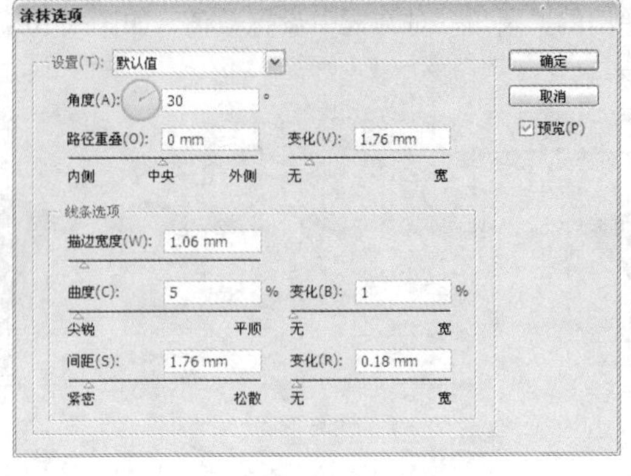

图 9-172

图 9-173

◎ **"羽化"滤镜**

可以将对象的边缘从实心颜色逐渐过渡为无色。选中要羽化的对象，如图 9-174 所示，选择"效果 > 风格化 > 羽化"命令，在弹出的"羽化"对话框中设置数值，如图 9-175 所示，单击"确定"按钮，对象的效果如图 9-176 所示。

图 9-174

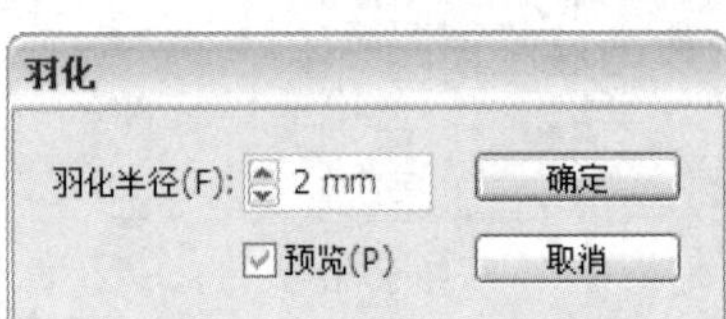

图 9-175

图 9-176

提 示 "添加箭头"命令只能为开放路径添加箭头，不能用于闭合路径。当选定多个路径时，每个路径都会添加上箭头。箭头的大小和路径的宽度有关。

9.2.5 【实战演练】制作口香糖包装

使用钢笔工具、矩形工具、渐变工具、直线段工具和混合工具制作包装底图；使用椭圆工具、钢笔工具、羽化命令和内发光命令制作装饰图形；使用置入命令置入素材图片；使用文字工具添加产品名称及相关信息。（最终效果参看光盘中的"Ch09 > 效果 > 制作口香糖包装"，见图 9-177。）

图 9-177

9.3 综合演练——制作月饼包装

9.3.1 【案例分析】

月饼是汉族人民喜爱的传统节日特色食品，月圆饼也圆，又是合家分吃，象征着团圆和睦，在中秋节这一天是必食之品。本案例是为某食品公司制作的月饼包装，设计要求体现出欢乐的节日感觉。

9.3.2 【设计理念】

在设计过程中，包装采用红黄为主，体现出具有中国传统特色的特点，给人吉祥、快乐的印象；传统图案和花纹的添加与宣传的主题相呼应，增添了喜庆的氛围；文字的设计与图形融为一体，增添了设计感和创造性。整体设计简洁华丽，宣传性强。

9.3.3 【知识要点】

使用矩形工具、圆角矩形工具和钢笔工具绘制包装结构图；使用直接选择工具编辑需要的节点；使用路径查找器命令编辑图形；使用置入命令和建立剪切蒙版命令制作包装正面图；使用投影命令为矩形添加投影效果；使用椭圆工具和剪刀工具制作圆形；使用文字工具添加并编辑标题文字。（最终效果参看光盘中的“Ch09 > 效果 > 制作月饼包装”，见图 9-178。）

图 9-178

9.4 综合演练——制作环保手提袋

9.4.1 【案例分析】

环保手提袋是一种绿色产品，坚韧耐用、造型美观、透气性好，可重复使用、可洗涤，可丝印广告，使用期长，适宜任何公司、任何行业作为广告宣传、赠品之用。本案例是设计制作环保手提袋，要求造型美观，并且能够体现环保的特色。

9.4.2 【设计理念】

在设计过程中，手提袋使用艺术插花的形式进行表现，右侧的大树在琳琅满目的装饰图形的衬托下给人温馨的感觉，同时体现出环保的宣传主题，与左上角的宣传文字一起，起到平衡画面的作用。整体设计简洁美观，表现了环保手提袋宣传的主题和作用。

9.4.3 【知识要点】

使用矩形工具、路径查找器命令和直接选择工具制作手提袋；使用建立剪切蒙版命令创建图形剪切效果；使用文字工具、创建轮廓命和描边命令制作文字描边效果；使用投影命令为文字添加投影效果；使用钢笔工具和描边命令制作装饰心形。（最终效果参看光盘中的“Ch09 > 效果 > 制作环保手提袋”，见图 9-179。）

图 9-179

第10章 综合设计实训

本章的综合设计实训案例，是根据商业设计项目真实情境来训练学生如何利用所学知识完成商业设计项目。通过多个商业设计项目案例的演练，使学生进一步牢固掌握 Illustrator CS5 的强大操作功能和使用技巧，并应用好所学技能制作出专业的商业设计作品。

案例类别

- 卡片设计
- 书籍装帧设计
- 宣传单设计
- 广告设计
- 包装设计

10.1 卡片设计——制作邀请函贺卡

10.1.1 【项目背景及要求】

1. 客户名称

安 e 家责任有限公司。

2. 客户需求

安 e 家责任有限公司是一家经营房地产开发、物业管理、城市商品住宅、商业用房、土地开发、商品房销售等业务的全方位房地产公司，为答谢商界朋友的支持，要求制作邀请函，邀请大家共同来参加产业园的开幕仪式。制作要求能够体现公司的诚意，以及公司的品质。

3. 设计要求

（1）设计风格要求时尚大方，淡雅简洁。

（2）体现出务实、典雅的公司形象，以此吸引客户来参加开幕仪式。

（3）要求设计能够展现公司理念，具有现代感，内容详尽，使人一目了然。

（4）能够体现公司的诚意与热情，使受邀者心情愉悦舒适。

（5）设计规格均为 260mm（宽）× 320mm（高），分辨率为 300 dpi。

10.1.2 【项目创意及制作】

1. 设计素材

图片素材所在位置：光盘中的“Ch10 > 素材 > 制作邀请函贺卡 > 01~02”。
文字素材所在位置：光盘中的“Ch10 > 素材 > 制作邀请函贺卡 > 文字文档”。

2. 设计作品

设计作品效果所在位置：光盘中的“Ch10 > 效果 > 制作邀请函贺卡”，如图 10-1 所示。

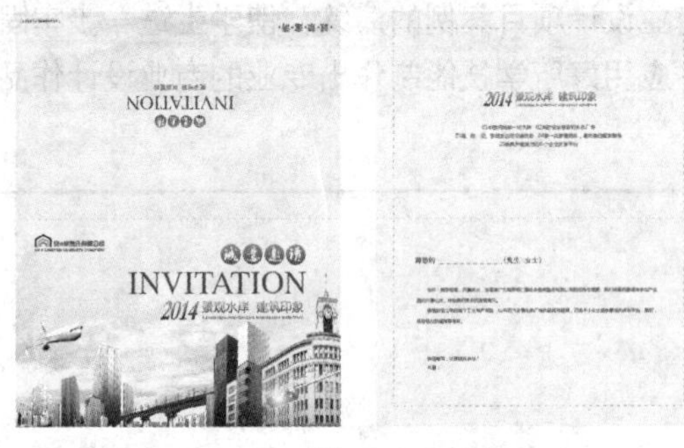

图 10–1

3. 步骤提示

步骤 1 按 Ctrl+N 组合键新建一个文档，设置文档的宽度为 260mm，高度为 320mm，颜色模式为 CMYK，单击“确定”按钮。按 Ctrl+R 组合键显示标尺。选择“选择”工具，在页面中拖曳一条水平参考线。选择“窗口 > 变换”命令，弹出“变换”面板，将“Y”选项设为 160mm，如图 10-2 所示，按 Enter 键确认操作。

步骤 2 选择“文件 > 置入”命令，弹出“置入”对话框。选择光盘中的“Ch10 > 素材 > 制作邀请函贺卡 > 01”文件，单击“置入”按钮，将图片置入到页面中，单击属性栏中的“嵌入”按钮嵌入图片。选择“选择”工具，拖曳图片到适当的位置，效果如图 10-3 所示。

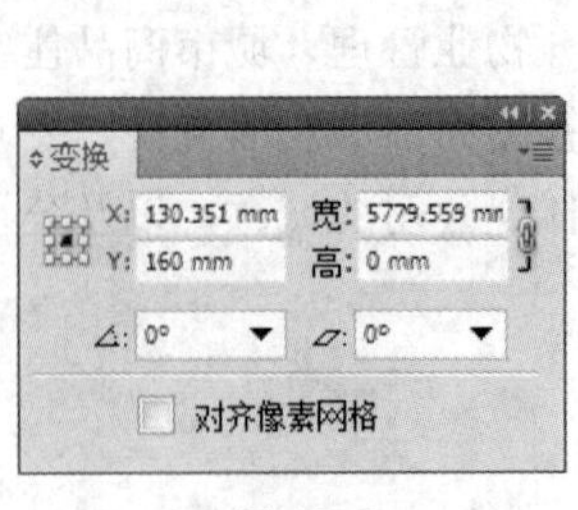

图 10–2

图 10–3

步骤 3 选择“椭圆”工具，按住 Shift 键的同时在页面适当的位置绘制一个圆形，如图 10-4 所示。双击“渐变”工具，弹出“渐变”控制面板，在色带上设置 2 个渐变滑块，分别将渐变滑块的位置设为 0、100，并设置 C、M、Y、K 的值分别为 0（7、68、97、0）、100（61、91、100、57），其他选项的设置如图 10-5 所示。图形被填充为渐变色，并设置描边色

为无，效果如图 10-6 所示。

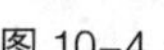

图 10-4

图 10-5

图 10-6

步骤 4 选择“选择”工具，按住 Alt+Shift 键的同时水平向右拖曳图形到适当的位置，复制图形，如图 10-7 所示。连续按 Ctrl+D 组合键再复制出多个图形，效果如图 10-8 所示。

图 10-7

图 10-8

步骤 5 选择“文字”工具，在页面中适当的位置输入需要的文字。选择“选择”工具，在属性栏中选择合适的字体并设置文字大小，按 Alt+→组合键适当调整文字字距，效果如图 10-9 所示。设置文字填充色的 C、M、Y、K 值分别为 4、4、21、0，填充文字，效果如图 10-10 所示。使用相同方法制作其他图形和文字，效果如图 10-11 所示。

图 10-9

图 10-10

图 10-11

步骤 6 选择“窗口 > 图层”命令，弹出“图层”控制面板，如图 10-12 所示。单击“图层”控制面板下方的“创建新图层”按钮新建一个图层，单击“图层 1”左边的眼睛图标隐藏该图层，如图 10-13 所示。

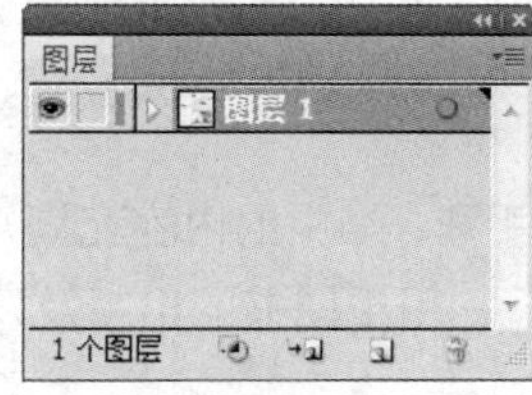

图 10-12

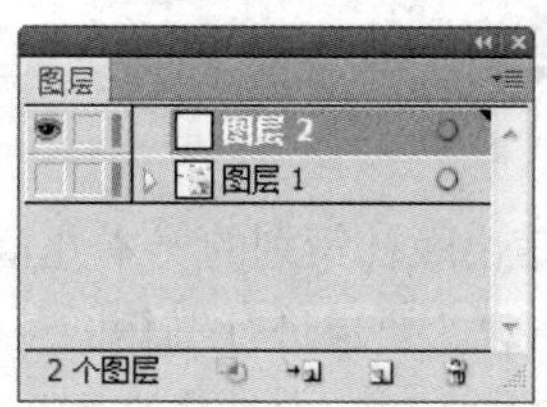

图 10-13

步骤 7 选择“矩形”工具，在页面中绘制一个与页面大小相等的矩形，设置图形填充色的 C、M、Y、K 值分别为 4、4、21、0，填充图形并设置描边色为无，效果如图 10-14 所示。

步骤 8 选择“选择”工具选中图形，按 Ctrl+C 组合键复制图形，按 Ctrl+F 组合键将复制的图形粘贴在前面，等比例缩小图形。设置图形填充色设为无并设置描边色的 C、M、Y、K 值分别为 56、83、100、40，填充描边，效果如图 10-15 所示。

图 10-14

图 10-15

步骤 9 选择“窗口 > 描边”命令，弹出“描边”面板，将“粗细”选项设为 0.5pt，其他选项的设置如图 10-16 所示，按 Enter 键，效果如图 10-17 所示。使用“文字”工具 T，分别输入文字并填充适当的颜色，效果如图 10-18 所示。邀请函贺卡制作完成。

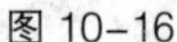
图 10-16

图 10-17

图 10-18

10.2 书籍装帧设计——制作少儿读物书籍封面

10.2.1 【项目背景及要求】

1. 客户名称

和信出版社。

2. 客户需求

《点亮星空》是和信出版社策划的一本儿童成长手册，书中的内容充满知识性和趣味性，使孩子在乐趣中体会人生道理。要求进行书籍的封面设计，用于图书的出版及发售，设计要符合儿童的喜好，避免出现成人化现象，保持童真和乐趣。

3. 设计要求

（1）书籍封面的设计要以儿童喜欢的元素为主导。

（2）设计要求使用儿童插画的形式来诠释书籍内容，表现书籍特色。

（3）画面色彩要符合童真，使用大胆而丰富的色彩，丰富画面效果。

（4）设计风格具有特色，能够引起儿童的好奇，以及阅读兴趣。

（5）设计规格均为 150mm（宽）× 210mm（高），分辨率为 300 dpi。

10.2.2 【项目创意及制作】

1. 设计素材

图片素材所在位置：光盘中的“Ch10 > 素材 > 制作少儿读物书籍封面 > 01~03”。

文字素材所在位置：光盘中的“Ch10 > 素材 > 制作少儿读物书籍封面 > 文字文档”。

2. 设计作品

设计作品效果所在位置：光盘中的“Ch10 > 效果 > 制作少儿读物书籍封面”，如图 10-19 所示。

图 10-19

3. 步骤提示

步骤 1 按 Ctrl+N 组合键新建一个文档，设置文档的宽度为 310mm，高度为 210mm，颜色模式为 CMYK，单击“确定”按钮。新建参考线，置入图片并绘制图形，效果如图 10-20 所示。

步骤 2 选择“文字”工具 T，在页面外输入需要的文字。选择“选择”工具，在属性栏中选择合适的字体并设置文字大小，效果如图 10-21 所示。

图 10-20

图 10-21

步骤 3 双击“倾斜”工具，弹出“倾斜”对话框，选项的设置如图 10-22 所示。单击“确定”按钮，效果如图 10-23 所示。

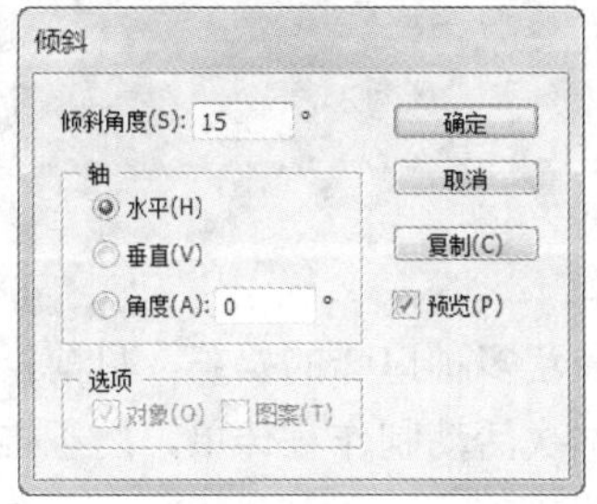

图 10-22

图 10-23

步骤 4 按 Ctrl+Shift+O 组合键将文字转换为轮廓，效果如图 10-24 所示，按 Ctrl+Shift+G 组合键取消图形编组。选择“矩形”工具，在文字适当的位置绘制一个矩形，填充图形为白色并设置描边色为无，效果如图 10-25 所示。

图 10-24 　　图 10-25

步骤 5 选择“选择”工具，按 Shift 键的同时单击文字“点”，将其同时选取。选择“窗口 > 路径查找器”命令，弹出“路径查找器”面板，单击“减去顶层”按钮，生成新的对象，效果如图 10-26 所示。使用相同方法制作其他文字，效果如图 10-27 所示。

图 10-26　　图 10-27

步骤 6 选择“选择”工具，拖曳文字图形到页面中适当的位置，设置文字填充色的 C、M、Y、K 值分别为 0、0、100、0，填充文字，效果如图 10-28 所示。使用相同方法制作其他文字和图形，效果如图 10-29 所示。少儿读物书籍封面制作完成。

图 10-28

图 10-29

10.3 宣传单设计——制作奶茶宣传单

10.3.1 【项目背景及要求】

1. 客户名称

洛品奇奶茶店。

2. 客户需求

洛品奇奶茶店是一家正宗台湾风味的奶茶店，经营多种口味的奶茶，目前推出新款草莓布丁奶茶，特举办促销活动，回馈广大顾客。需要针对本次活动制作宣传单，用于推广宣传本次优惠活动，要求以本次活动为主题，重点宣传最新口味的奶茶。

3. 设计要求

（1）宣传单要求色彩丰富艳丽，在视觉上吸引消费者的注意。

（2）将产品放置在画面中心位置，制作一些效果衬托奶茶，画面色彩丰富。

（3）文字要在画面中突出明确，使消费者快速了解本店促销信息。

（4）整体设计要求青春时尚，具有年轻活力的感觉。

（5）设计规格均为 210mm（宽）× 285mm（高），分辨率为 300 dpi。

10.3.2 【项目创意及制作】

1. 设计素材

图片素材所在位置：光盘中的“Ch10 > 素材 > 制作奶茶宣传单 > 01”。

文字素材所在位置：光盘中的“Ch10 > 素材 > 制作奶茶宣传单 > 文字文档”。

2. 设计作品

设计作品效果所在位置：光盘中的“Ch10 > 效果 > 制作奶茶宣传单”，如图 10-30 所示。

图 10-30

3. 步骤提示

步骤 1 按 Ctrl+N 组合键新建一个文档，设置文档的宽度为 210mm，高度为 285mm，颜色模式为 CMYK，单击“确定”按钮。

步骤 2 选择“文件 > 置入”命令，弹出“置入”对话框。选择光盘中的“Ch10 > 素材 > 制作奶茶宣传单 > 01”文件，单击“置入”按钮，将图片置入到页面中，单击属性栏中的“嵌入”按钮嵌入图片。选择“选择”工具，拖曳图片到适当的位置，效果如图 10-31 所示。

步骤 3 选择“文字”工具T，在页面适当的位置输入需要的文字。选择“选择”工具，在属性栏中选择合适的字体并设置文字大小，按 Alt+→组合键适当调整文字字距，效果如图 10-32 所示。按 Ctrl+Shift+O 组合键将文字转换为轮廓，设置文字填充色为无并设置文字描边色的 C、M、Y、K 值分别为 30、100、90、30，填充描边，效果如图 10-33 所示。

图 10-31

图 10-32

图 10-33

步骤 4 选择“窗口 > 描边”命令，弹出“描边”控制面板，单击“使描边外侧对齐”按钮，其他选项的设置如图 10-34 所示，文字效果如图 10-35 所示。按 Ctrl+C 组合键复制文字，按 Ctrl+F 组合键将复制的图形粘贴在前面，填充文字描边为白色，在属性栏中将“描边粗细”选项设置为 5 pt，效果如图 10-36 所示。

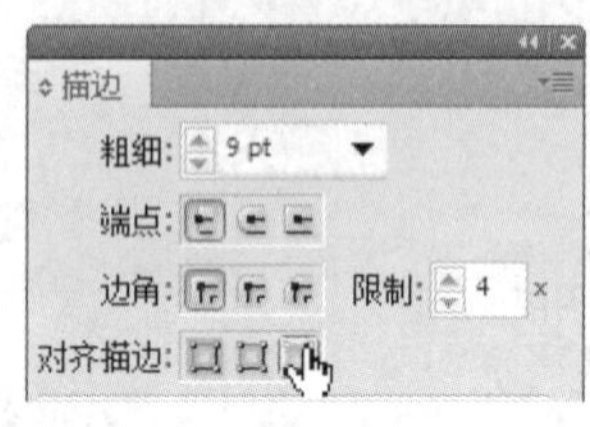

图 10-34

图 10-35

图 10-36

步骤 5 双击“渐变”工具，弹出“渐变”控制面板，在色带上设置 4 个渐变滑块，分别将渐变滑块的位置设为 0、16、64、100，并设置 C、M、Y、K 的值分别为 0（0、90、85、0）、16（0、35、85、0）、64（0、80、95、0）、100（0、90、85、0），其他选项的设置如图 10-37 所示。文字被填充为渐变色，效果如图 10-38 所示。使用相同方法制作其他文字和图形，效果如图 10-39 所示。

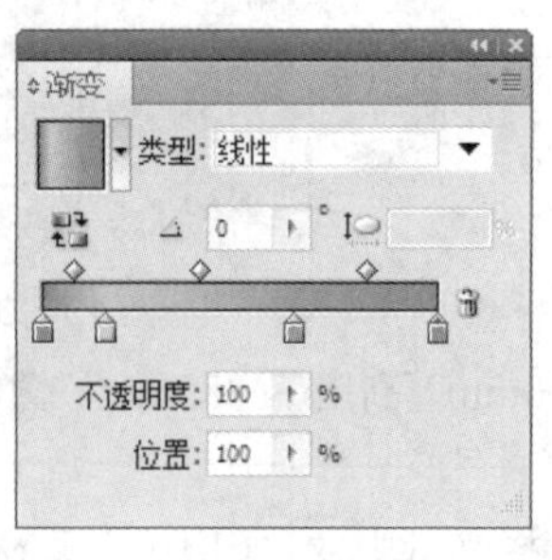

图 10-37

图 10-38

图 10-39

10.4 广告设计——制作化妆品广告

10.4.1 【项目背景及要求】

1. 客户名称

绿叶香化妆品有限公司。

2. 客户需求

绿叶香化妆品是一家专门经营高档女性化妆品的公司，公司近期推出一款护肤套装，是针对少女肤质研发而成，现进行促销活动，需要制作一幅针对此次优惠活动的促销广告，要求符合公司形象，并且要迎合少女的喜好。

3. 设计要求

（1）广告背景要求制作出梦幻，甜美的视觉效果。

（2）多使用粉色等符合少女形象的色彩，画面要求干净清爽。

（3）设计要求使用插画的形式为画面进行点缀搭配，丰富画面效果，与背景搭配和谐舒适。

（4）广告设计能够吸引少女的注意力，突出对产品及促销内容的介绍。

（5）设计规格均为 600mm（宽）× 800mm（高），分辨率为 300 dpi。

10.4.2 【项目创意及制作】

1. 设计素材

图片素材所在位置：光盘中的“Ch10 > 素材 > 制作化妆品广告 > 01~04”。

文字素材所在位置：光盘中的“Ch10 > 素材 > 制作化妆品广告 > 文字文档”。

2. 设计作品

设计作品效果所在位置：光盘中的“Ch10 > 效果 > 制作化妆品广告”，如图 10-40 所示。

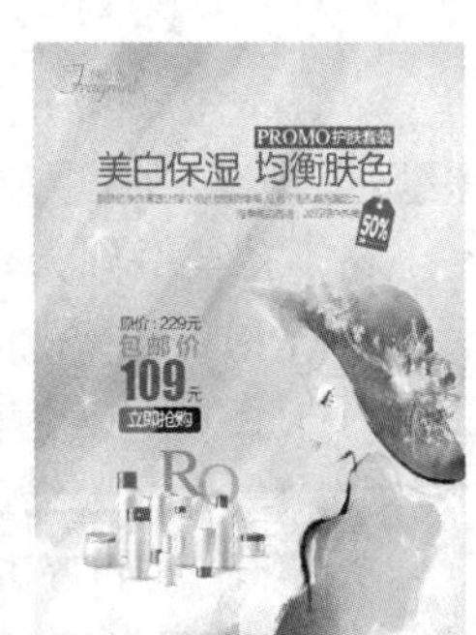

图 10-40

3. 步骤提示

步骤 1 按 Ctrl+N 组合键新建一个文档，设置文档的宽度为 600mm，高度为 800mm，颜色模式为 CMYK，单击“确定”按钮。

步骤 2 选择“文件 > 置入”命令，弹出“置入”对话框。分别选择光盘中的“Ch10 > 素材 > 制作化妆品广告 > 01、02、06”文件，单击“置入”按钮，将图片置入到页面中，单击属性栏中的“嵌入”按钮嵌入图片。选择“选择”工具，分拖曳图片到适当的位置，效果如图 10-41 所示。

步骤 3 选择“窗口 > 透明度”命令，弹出“透明度”控制面板，将“混合模式”选项设置为“柔光”，如图 10-42 所示，图片效果如图 10-43 所示。

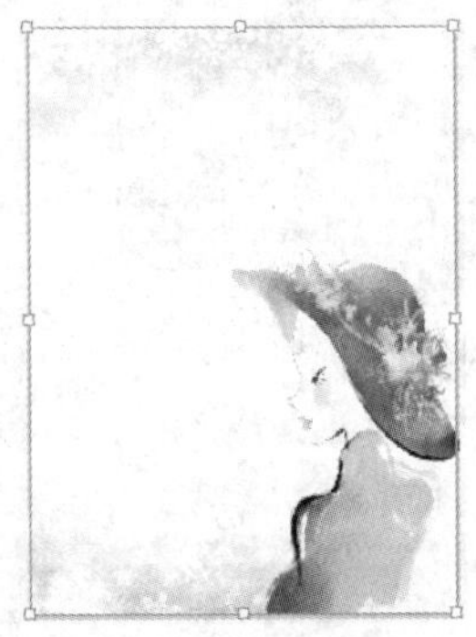

图 10-41

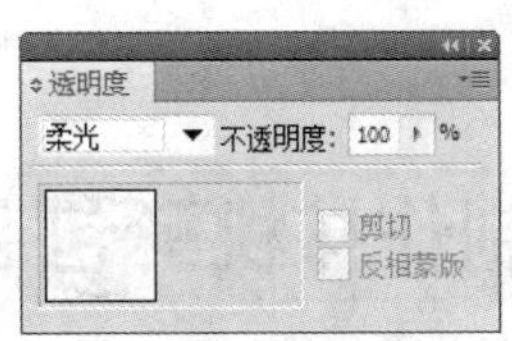

图 10-42

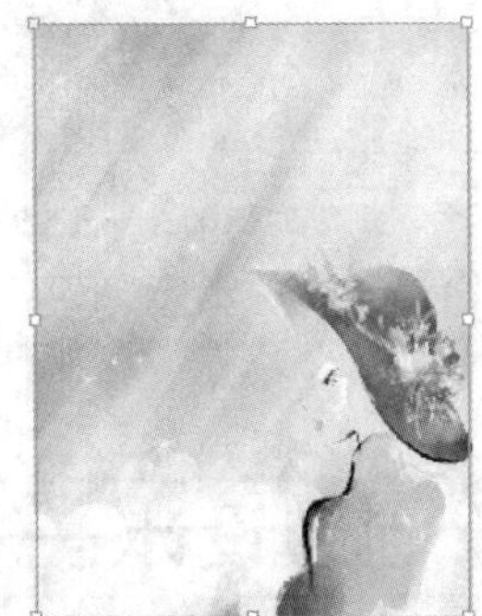

图 10-43

步骤 4 选择“文字”工具，在页面适当的位置分别输入需要的文字。选择“选择”工具，在属性栏中分别选择合适的字体并设置文字大小，适当调整文字字距，效果如图 10-44 所示。分别选取需要的文字，设置文字填充色为红色（其 C、M、Y、K 值分别为 0、100、50、0）和白色，填充文字，效果如图 10-45 所示。

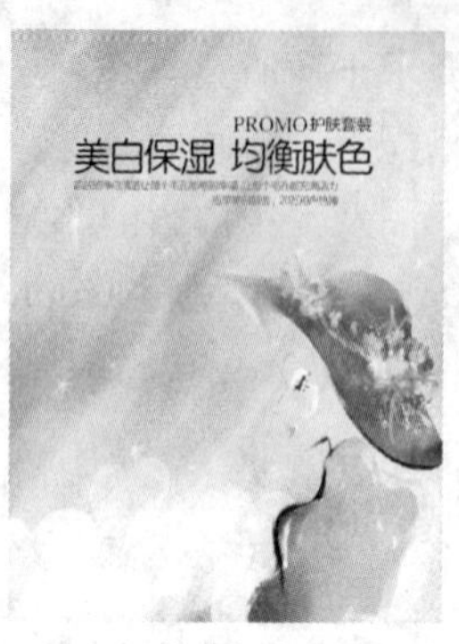

图 10-44

图 10-45

步骤 5 选择“矩形”工具，在文字适当的位置绘制一个矩形，设置图形填充色的 C、M、Y、K 值分别为 0、100、50、0，填充图形并设置描边色为无，效果如图 10-46 所示。连续按 Ctrl+[组合键将图片向后移动到适当的位置，效果如图 10-47 所示。

图 10-46

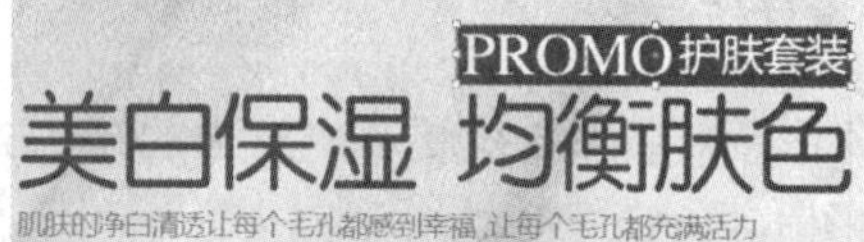

图 10-47

步骤 6 按 Ctrl+O 组合键，打开光盘中的“Ch10 > 素材 > 制作化妆品广告 > 04”文件。按 Ctrl+A 组合键将所有图形同时选取，按 Ctrl+C 组合键复制图形。选择正在编辑的页面，按 Ctrl+V 组合键将复制的图形粘贴到页面中，并拖曳到适当的位置，效果如图 10-48 所示。使用相同方法制作其他图形和文字，效果如图 10-49 所示。化妆品广告制作完成。

图 10-48

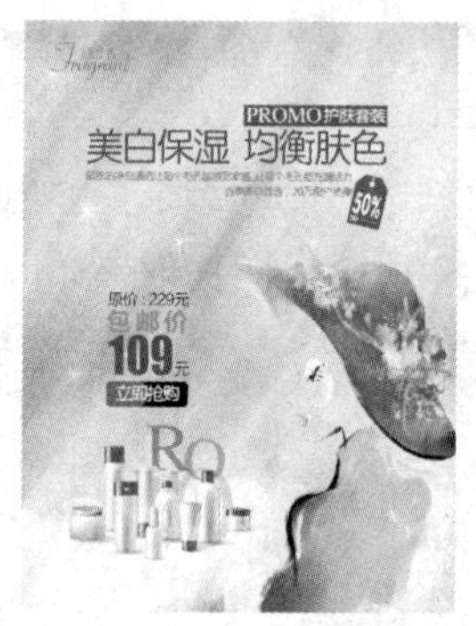

图 10-49

10.5 包装设计——制作核桃酥包装

10.5.1 【项目背景及要求】

1. 客户名称

谷饼香食品有限公司。

2. 客户需求

谷饼香食品有限公司是一家经营糕点甜品为主的食品公司，要求制作一款针对最新推出的核桃酥的外包装设计。核桃酥是中国南北皆宜的传统点心，本公司制作的新口味的核桃酥要求既要符合传统工艺，又要具有创新。

3. 设计要求

（1）包装风格要求使用具有中国特色的红色，体现传统特色。

（2）字体要求使用书法字体，配合整体的包装风格，使包装更具文化气息。

（3）设计要求简洁大气，图文搭配编排合理，视觉效果强烈。

（4）以真实简洁的方式向观者传达信息内容。

（5）设计规格均为 1294mm（宽）× 632mm（高），分辨率为 300 dpi。

10.5.2 【项目创意及制作】

1. 设计素材

图片素材所在位置：光盘中的“Ch10 > 素材 > 制作核桃酥包装 > 01~05”。

文字素材所在位置：光盘中的“Ch10 > 素材 > 制作核桃酥包装 > 文字文档”。

2. 设计作品

设计作品效果所在位置：光盘中的“Ch10 > 效果 > 制作核桃酥包装”，如图 10-50 所示。

图 10-50

3. 步骤提示

步骤 1 按 Ctrl+N 组合键新建一个文档，设置文档的宽度为 1294mm，高度为 632mm，颜色模式为 CMYK，单击“确定”按钮。

步骤 2 按 Ctrl+R 组合键显示标尺。选择“选择”工具，在页面中拖曳一条垂直参考线，选择“窗口 > 变换”命令，弹出“变换”面板，将“X”选项设为 97mm，如图 10-51 所示，按 Enter 键确认操作，新建一条参考线。使用相同方法在页面中新建其他参考线，如图 10-52 所示。

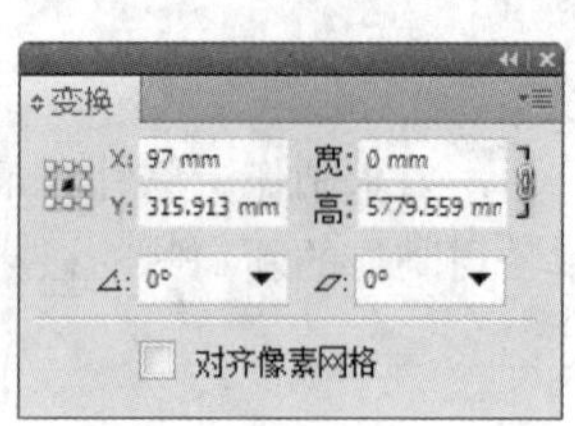

图 10-51

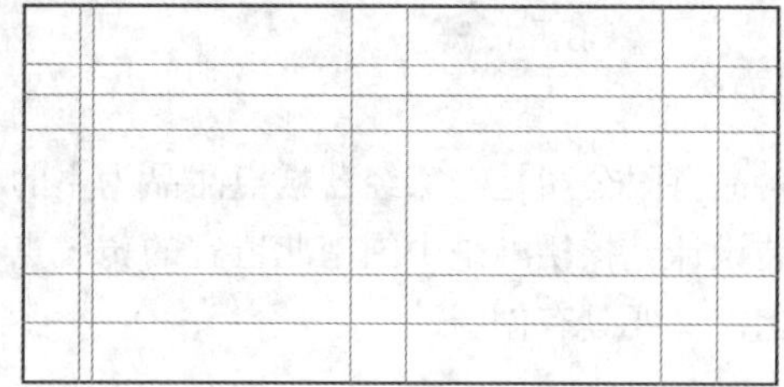

图 10-52

步骤 3 使用“矩形”工具和“钢笔”工具，在页面适当的位置分别绘制图形，如图 10-53 所示。选择“选择”工具，将绘制图形同时选取，设置图形填充色的 C、M、Y、K 值分别为 0、100、100、5，填充图形并设置描边色为无，效果如图 10-54 所示。

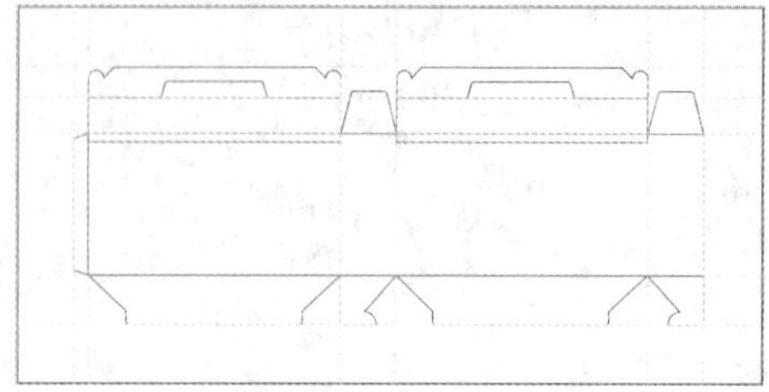

图 10-53

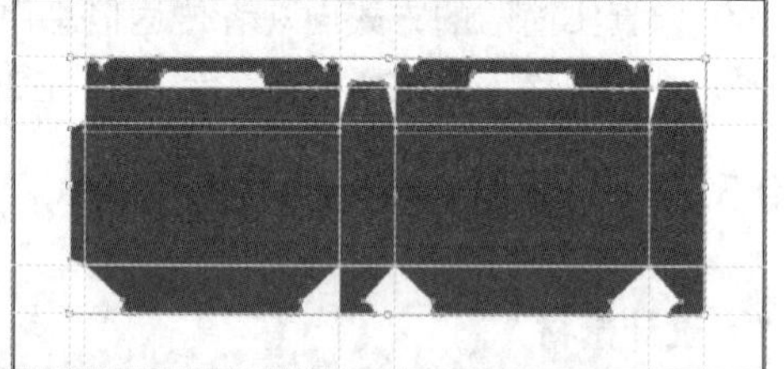

图 10-54

步骤 4 选择“窗口 > 路径查找器”命令，弹出“路径查找器”面板，单击“联集”按钮，如图 10-55 所示，生成新对象，效果如图 10-56 所示。

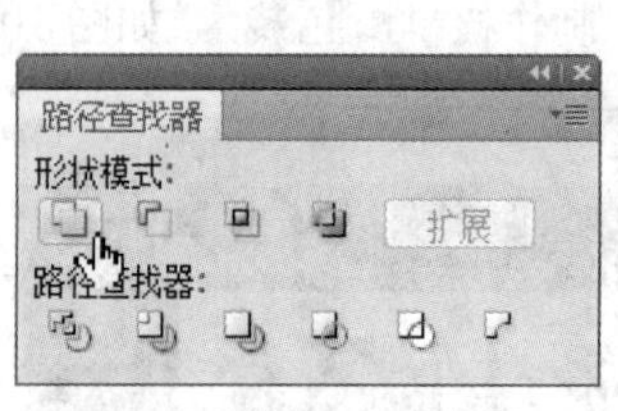

图 10-55

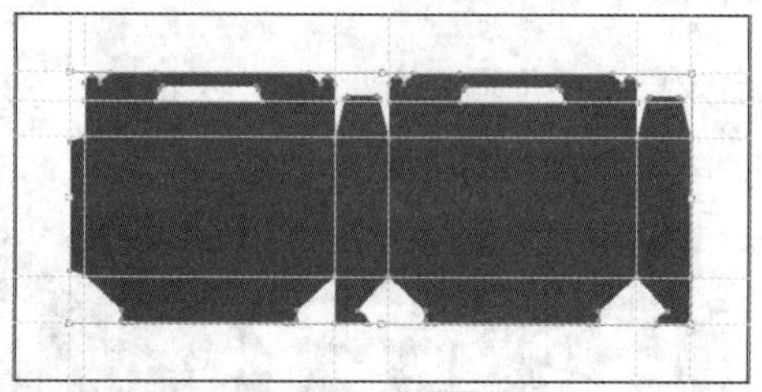

图 10-56

步骤 5 选择“窗口 > 描边”命令，弹出“描边”控制面板，将“粗细”选项设为 3 pt，其他选项的设置如图 10-57 所示。按 Enter 键，效果如图 10-58 所示。

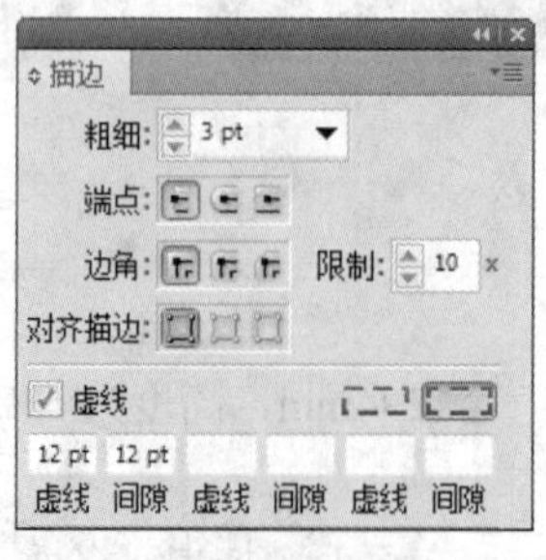

图 10-57

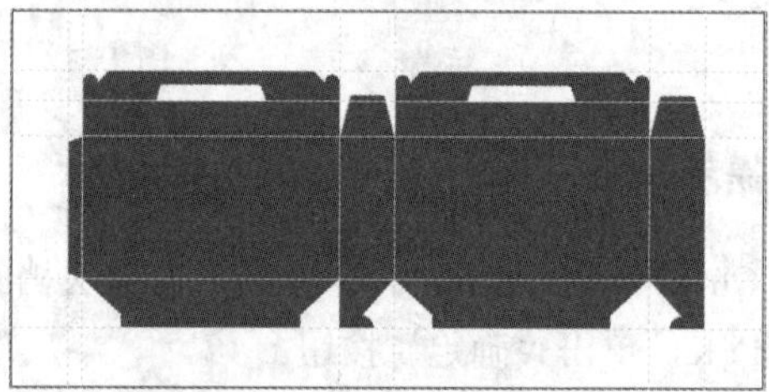

图 10-58

步骤 6 使用相同方法制作其他虚线效果，如图 10-59 所示。选择“圆角矩形”工具，在适当的位置分别绘制两个圆角矩形，填充图形为白色并设置描边颜色为无，效果如图 10-60 所示。

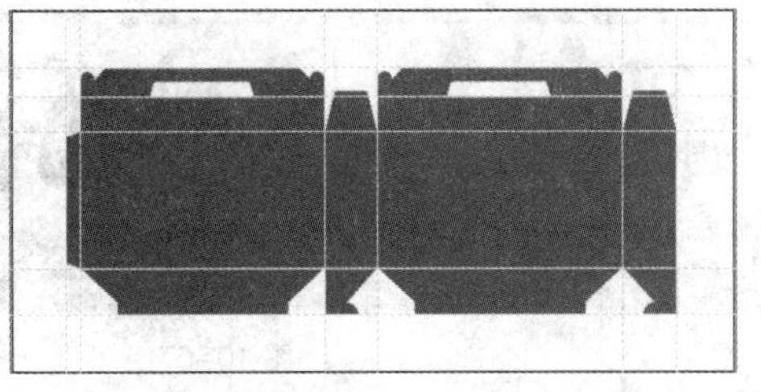

图 10-59

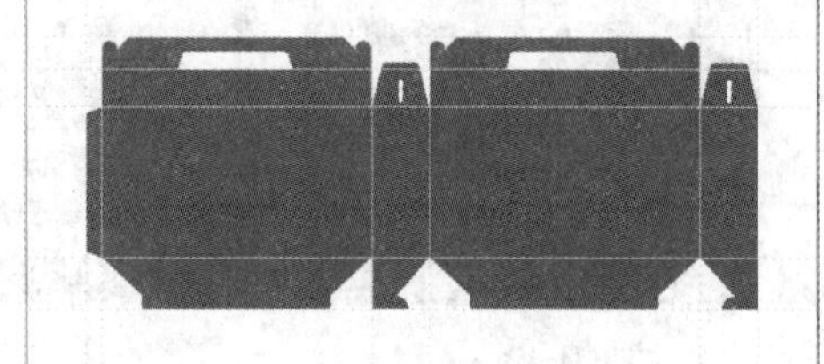

图 10-60

步骤 7 选择“矩形”工具，在适当的位置绘制矩形，填充图形为白色并设置描边色为无，效果如图 10-61 所示。选择“文件 > 置入”命令，弹出“置入”对话框。分别选择光盘中的“Ch10 > 素材 > 制作核桃酥包装 > 01”文件，单击“置入”按钮，将图片置入到页面中，单击属性栏中的“嵌入”按钮嵌入图片。选择“选择”工具，拖曳图片到适当的位置，在属性栏中将“不透明度”选项设置为 50%，效果如图 10-62 所示。

图 10-61

图 10-62

步骤 8 选择“文件 > 置入”命令，弹出“置入”对话框。分别选择光盘中的“Ch10 > 素材 > 制作核桃酥包装 > 02”文件，单击“置入”按钮，将图片置入到页面中，单击属性栏中的“嵌入”按钮嵌入图片。选择“选择”工具，拖曳图片到适当的位置并调整其大小，效果如图 10-63 所示。

步骤 9 按 Ctrl+O 组合键，打开光盘中的“Ch10 > 素材 > 制作核桃酥包装 > 03”文件。按 Ctrl+A 组合键将所有文字同时选取，按 Ctrl+C 组合键复制文字。选择正在编辑的页面，按 Ctrl+V 组合键将复制的文字粘贴到页面中，并拖曳到适当的位置，效果如图 10-64 所示。

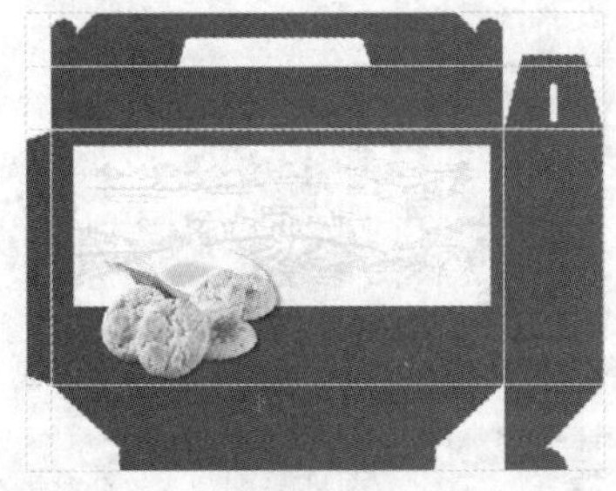

图 10-63

图 10-64

步骤 10 选择“椭圆”工具，按住 Shift 键的同时在页面适当的位置绘制一个圆形，如图 10-65 所示。选择“选择”工具，按住 Alt+Shift 组合键的同时水平向右拖曳图形到适当的位置，复制图形，效果如图 10-66 所示。连续按 Ctrl+D 组合键再复制出多个图形，效果如图 10-67 所示。

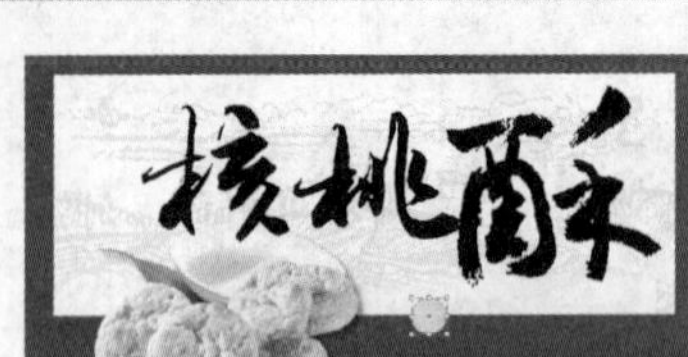

图 10-65

图 10-66

图 10-67

步骤 11 选择“文字”工具T，在页面中适当的位置输入需要的文字。选择“选择”工具，在属性栏中选择合适的字体并设置文字大小，按 Alt+→组合键适当调整文字字距，效果如图 10-68 所示。设置文字填充色的 C、M、Y、K 值分别为 0、100、100、0，填充文字，效果如图 10-69 所示。

图 10-68

图 10-69

步骤 12 使用相同方法制作其他图形和文字，效果如图 10-70 所示。核桃酥包装制作完成。

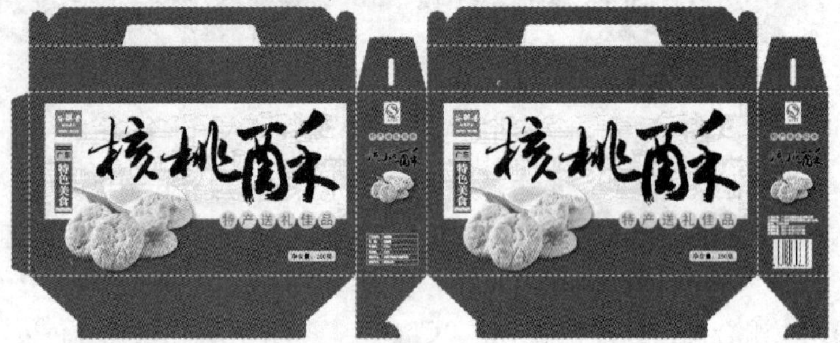

图 10-70